石油和化工行业"十四五"规划教材

食品大数据机器学习基础及应用

Fundamentals and Applications of
Machine Learning in Food Big Data

朱金林　闫博文　张　灏　主编

化学工业出版社

·北京·

内容简介

本书是为食品科学与技术领域中的数据分析和机器学习应用而编写的基础教材。本书以食品行业的大数据分析为核心，系统地介绍了机器学习的基础理论、关键技术及其在食品行业的具体应用案例，旨在培养学生和专业人士在食品数据分析领域的实际操作能力和创新思维。本书共分为 9 章，包括：绪论、Python 数据分析与可视化基础、特征工程、聚类算法、线性模型、概率模型、核方法与核函数、决策树与集成学习，以及深度学习技术及其在食品行业中的应用。本书内容丰富、结构清晰，同时涵盖了从大数据基础概念到深度学习在食品领域的前沿应用，具有较强的实用性。

本书适合作为高等院校食品科学与工程、数据科学与大数据技术等专业的机器学习相关课程教材或教学参考书，也适合作为人工智能、数据科学、机器学习相关领域工程技术人员的参考书。

图书在版编目（CIP）数据

食品大数据机器学习基础及应用 / 朱金林，闫博文，张灏主编. -- 北京：化学工业出版社，2025. 5.
（石油和化工行业"十四五"规划教材）. -- ISBN 978-7-122-47742-2

Ⅰ. TS201-39

中国国家版本馆 CIP 数据核字第 2025SH4452 号

责任编辑：傅四周　　　　　　　文字编辑：李宁馨
责任校对：王鹏飞　　　　　　　装帧设计：韩　飞

出版发行：化学工业出版社
　　　　　（北京市东城区青年湖南街 13 号　邮政编码 100011）
印　　装：大厂回族自治县聚鑫印刷有限责任公司
787mm×1092mm　1/16　印张 14¼　字数 321 千字
2025 年 8 月北京第 1 版第 1 次印刷

购书咨询：010-64518888　　　　售后服务：010-64518899
网　　址：http://www.cip.com.cn

前　言

在当今这个数据驱动的时代，大数据和机器学习已成为食品行业创新和发展的关键。从食品安全监测到营养分析，从生产过程优化到消费者行为预测，机器学习技术正在食品科学的各个领域发挥着重要作用。本书在这样的背景下应运而生，旨在为读者提供一个全面、系统的学习讲义和资源，帮助理解并应用机器学习技术解决食品领域的实际问题。

本书共分为 9 章，内容涵盖了从大数据的基本概念到深度学习在食品行业应用的相关主题。第 1 章绪论为读者提供了大数据和机器学习的基础概念，为后续学习打下坚实的基础。第 2 章介绍了 Python 数据分析与可视化的基础知识，为读者提供了处理和分析食品大数据的工具。第 3 章到第 8 章，详细探讨了特征工程、聚类算法、线性模型、概率模型、核方法与核函数、决策树与集成学习等机器学习的核心方法。第 9 章介绍了深度学习的基本原理和框架，并探讨了卷积神经网络、循环神经网络、生成对抗网络、迁移学习和自然语言处理技术等在食品领域的应用。

本书的编写宗旨在于以平实的语言介绍机器学习的核心理念，避免深入复杂数学的困境，同时确保理论易理解。出于实用性的考量，书中结合具体案例，将机器学习的基础理论与代码实现相结合，以此来塑造应用思维。期望读者通过学习本教材，不仅能够理解机器学习技术"是什么"，更能够上手研习"如何"将这些技术应用到现实问题中去，从而在实践中能够自信地运用机器学习技术，有效解决实际问题。

作为基础性质教材，在编写本书的过程中，笔者力求做到内容的全面性和易读性。尽管如此，受限于时间、精力以及个人学识的局限，书中可能无法覆盖所有前沿话题，并且难免出现纰漏。最后，感谢所有为本教材的编写提供帮助和支持的人，本书从材料收集、撰写到阅读校勘，都得到了笔者团队和同事的帮助，在此谨列出他们的姓名以致谢意：徐天阳、李辉、高星可、顾世鑫、胡明逸、农礼铭、乔冠华、伍洋祥、翁庆辉等。同时也真诚期待读者诸君的宝贵意见。

编者

2025 年 5 月

目 录

1 绪 论

随着信息技术的不断发展和应用，大数据分析已经成为各个领域中的重要工具之一。食品科学与技术的发展与人类生活密切相关，而食品加工生产、质量安全和营养健康成为关注的重点。大数据分析在此背景下崭露头角，为食品行业带来了全新的机遇与挑战。大数据分析，可以实现生产流程的精细化管理，保障食品质量安全，深入挖掘食品营养信息，并为人们提供科学的饮食建议。因此，将大数据技术应用于食品科学研究具有重要意义，对促进食品工业的发展和提升国民健康水平具有长远的影响。

1.1 大数据概述

1.1.1 数据基础概念

数据是指用来描述事物特征、属性或者现象的符号记录，是信息的载体。在当今信息时代，数据已经成为人类社会运行和发展的重要基础，对各个领域的决策和发展起到了至关重要的作用。

一般而言，数据作为未经加工的原始符号记录，通常以数字、文字、图像等形式存在，没有明确的含义或用途。作为描述事物属性和特征的符号化表示，数据在没有被处理或解释的情况下，并不具备直接的价值。将数据转化为有价值内容的过程，需要依赖于信息系统的精心处理。如图 1-1 所示，通过这一过程，原始数据能够被转换成有用的资源，进而形成信息、知识乃至智慧。信息是从数据中加工出来的有意义的内容，具有上下文和意义。当数据经过处理、分析和解释后，被赋予了特定的含义和用途，成了信息。知识运用是对信息进行理解、组织和应用的能力。它不仅包括对信息的掌握和理解，还涉及将信息与已有的知识结合起来，形成新的见解、规律或模式。智慧是对知识的综合运用，涉及判断、决策和行动的智慧。智慧不仅包括了对知识的正确应用，还涉及对复杂问题的分析、综合和创新解决的能力。

打个比方，数据就像是食材，它们是未经加工的原始材料，包含原料的产地、温

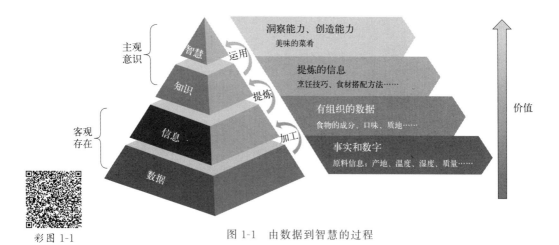

彩图 1-1

图 1-1　由数据到智慧的过程

度、湿度、质量等原始信息。当这些数据经过处理和加工，比如混合、加热、搅拌等，就形成了信息，比如食物的成分、口味、质地等。然后，通过对这些信息的理解和组织，就形成了知识，比如烹饪技巧、食材搭配方法等。最终，在烹饪过程中，厨师们根据自己的经验，结合特定的食材和口味需求，创造出美味的菜肴，则是智慧的体现。

1.1.2　大数据的来源与定义

（1）大数据来源

大数据的来源非常丰富多样，涵盖了几乎所有的领域和行业。随着技术的不断发展和应用范围的扩大，大数据的来源将变得更加多样化和复杂化。图 1-2 所示为大数据的各种来源。

图 1-2　大数据的来源

① 企业内部系统：企业在日常运营中产生大量数据，包括销售记录、库存信息、客户反馈等。这些数据通常存储在企业内部的数据库系统中，可以通过数据仓库或其他系统进行管理和分析。

② 互联网和社交媒体：互联网和社交媒体平台每天都会产生海量的数据，包括网页浏览记录、搜索查询、社交互动等。这些数据具有多样性和实时性，可以用于市场营销、用户行为分析等方面。

③ 传感器和物联网设备：随着物联网技术的发展，越来越多的传感器和智能设备

被应用于生产、物流、环境监测等领域。这些设备产生的数据可以实时监测和记录各种物理量和环境参数，为智能决策和管理提供支持。

④ 科学研究和实验：科学研究领域也是大数据的重要来源之一，包括天文学、地球科学、生命科学等各个领域。科学家们通过仪器和实验产生大量数据，用于探索未知领域和解决复杂问题。

⑤ 其他数据源：除了以上几个主要来源外，还有许多其他数据源，比如政府公共数据、金融交易数据、医疗健康数据等。这些数据源可能涉及个人隐私和商业机密，需要进行合法合规的管理和使用。

（2）大数据定义

在当下，大数据仿佛成了一个流行词，许多科研机构都展开了对大数据相关工作的专门研究，而关于大数据的定义，不同学者从不同角度出发给出了不同的定义。

麦肯锡全球研究所给出大数据的定义是：一种规模大到在获取、存储、管理、分析方面大大超出了传统数据库软件工具能力范围的数据集合。这一定义突出了大数据的第一大特点，表示其不仅超出了传统硬件的存储能力，而且超出了传统计算机的处理能力。

国际数据公司（international data corporation，IDC）给出的大数据定义是：具有数据规模量大、数据快速动态可变、类型丰富和巨大的数据价值四个特征的数据集合。这种描述涵盖了大数据的主要特征，突出了其在数据规模、变化速度、数据类型和数据价值方面的独特性。

咨询机构 Gartner 给出的大数据定义是：大数据是指超出正常处理范围，需要用户使用新的处理模式才能具有更强的决策力、洞察发现力和流程优化能力来适应的海量、高增长率和多样化的信息资产。这一定义强调了大数据技术在决策和洞察方面的潜力。

维基百科给出的大数据定义是：大数据是指利用常用软件工具获取、管理和处理数据所耗时间超过可容忍时间的数据集。这一定义说明大数据对处理速度的要求比较高，因为大数据包含的信息价值是具有时效性的，数据无时无刻不在产生，谁的处理速度更快，谁就有信息优势。

这些定义虽然表述各异，但都试图从不同角度揭示大数据的本质和特征。总之，随着大数据理念的传播及其应用的逐步深入，大数据在内涵和外延上已超越传统意义上的"数据"概念。大数据不再仅是技术，而是一种能力和方法论，通过海量数据挖掘关联、预测趋势，帮助人们更准确地认识事物。它是一种思维方式，让数据成为决策的基础，引领人们科学探索事物本质和发展规律。

1.1.3 大数据的特征与结构类型

1.1.3.1 大数据特征

人们在认识大数据的时候，虽然定义的表述各异，但对于大数据的特征或多或少存在着共识，如图 1-3 所示。2001 年 Doug Laney 最先提出"3V"模型，从三个方面来定义大数据，即数据规模巨大（Volume）、处理速度快（Velocity）、数据类型多样（Variety）。后续国际数据公司进一步扩展成"4V"模型来定义大数据，补充了大数据潜在价值高但是价值密度低（Value）的特点。大数据分析兴起后，它的另一关键特征也引起了人们的重视，国际商业机器公司（international business machines corporation，IBM）又在"4V"的基础上强调了大数据的真实性（Veracity），要求数据的来源真实可靠、可信度高和有效性强。

图 1-3　大数据的特征

随着时间的推移，大数据的概念不断演化和丰富，除了提出的"5V"特征之外，人们逐渐意识到大数据还具有更多的特征和价值。随着互联网的普及和物联网技术的发展，数据的生成速度变得越来越快，呈现出前所未有的高速度。传输速度已经不再仅仅是数据流动的问题，而是一种对实时性和即时决策的需求。因此，实时性成了大数据的重要特征之一。更重要的是，人们的数据隐私保护和安全意识变得越来越强。大数据时代不仅需要关注数据的采集和分析，还需要注重数据的合规性和安全性。因此，合规性和安全性成了大数据的另外两个重要特征。

1.1.3.2　大数据结构类型

大数据结构类型包括结构化、半结构化和非结构化三种，数据的结构化程度指的是数据在存储和处理上的组织程度，决定了数据的存储管理以及处理技术方法。

（1）结构化数据

结构化数据是指具有明确定义的数据模式，通常存储在数据库表格中，并且容易以行和列的形式进行存储和管理。这些数据类型包括数字、日期、字符串等，常见于企业的数据库系统中，例如客户信息、交易记录等。

（2）半结构化数据

半结构化数据具有某种程度的结构化，但不符合传统的关系型数据库的严格要求。例如 XML 文件、JSON 格式数据等就属于半结构化数据，它们通常具有标签或者键值对的形式，但是具体的结构可能不是固定的，需要通过解析和处理才能得到有用的信息。

（3）非结构化数据

与结构化数据相对的是非结构化数据，这些数据没有明确定义的数据模式，通常以自由形式存在，比如文本文档、图像、音频和视频文件等。这些数据类型无法直接存储在传统的关系型数据库中，需要使用特殊的处理方法进行分析和挖掘，例如用自然语言处理技术处理文本数据，用图像处理技术处理图像数据等。

1.1.4　大数据的存储与分析技术

1.1.4.1　大数据存储技术

大数据的海量性要求存储系统不仅必须要以较低的成本实现大量的数据存储，更要适应多样的数据格式需求。对于不同结构类型的大数据，适合的存储系统也不同。现有大数据的存储系统通常包括以下几种。

（1）关系型数据库

关系型数据库是一种使用关系模型来组织数据的数据库系统。在关系型数据库中，数据以表格的形式存储，表格由行和列组成，行表示实体或记录，列表示属性或字段，每个表都有一个唯一的名称，并且具有严格预定义的结构。多个表之间可以通过键（key）建立关系，这种关系通过共享相同的值或标识符来实现。关系型数据库存储结构化数据，使用结构化查询语言（structured query language，SQL）进行数据查询和操作，SQL 提供了强大的查询功能。常见的关系型数据库包括 MySQL、PostgreSQL、Oracle 等，目前关系型数据库尤其是开源的 MySQL，由于其体积小、速度快、总体拥有成本低等，被广泛地应用在中小型网站中。

（2）NoSQL 数据库

NoSQL 数据库是指非关系型的数据库系统，它们是为了应对半结构化和非结构化数据的需求而设计的。NoSQL 不遵循传统的关系型数据库管理系统中使用的表格结构，而是采用了更灵活的数据模型。根据存储数据的类型，NoSQL 数据库可以进一步被划分，包括文档型数据库（如 MongoDB）、键值型数据库（如 Redis）、列式数据库（如 HBase）、图形数据库（如 Neo4j）等。与传统的关系型数据库相比，大多数 NoSQL 数据库具有分布式架构，能够处理非结构化和半结构化数据，并且在处理大规模数据时更灵活且具有更好的可扩展性和容错性。NoSQL 数据库适用于各种实时数据应用场景，例如日志、社交媒体数据、传感器数据等。

（3）分布式文件系统

分布式文件系统是一种专门设计用于存储和管理大型文件和大规模数据的系统，它提供了文件系统的功能，如文件的存储、读取和写入，并在分布式环境下实现了高可靠性、高可扩展性和高性能。分布式文件系统将数据分布在多台服务器上，通过网络连接进行协作和管理，如此采用横向扩展的方式，可以随着数据量的增加而动态地扩展存储容量和处理能力，从而满足大数据的海量性需求。例如，HDFS 作为 Hadoop 生态系统的核心组件之一，是一个典型的分布式文件系统。HDFS 可以在廉价的硬件上构建大规模的存储集群，支持海量数据的存储和高吞吐量的数据访问。HDFS 的设计理念是通过将数据分成多个块并在集群中的多个节点上进行分布式存储，以提高数据的可靠性和可用性。与关系型数据库和 NoSQL 数据库相比，分布式文件系统更适合存储大文件和批处理型的数据，但在对数据进行复杂查询和实时分析时性能可能略逊一筹。总的来讲，分布式文件系统适用于需要高可靠性、高可扩展性和高性能的大规模数据存储场景，例如云计算环境、大数据分析平台等。

1.1.4.2 大数据分析技术与工具

数据分析和挖掘是指利用相关数学模型、统计分析等技术对数据库的大量数据进行统计、计算和可视化等操作，从中挖掘出潜在的、未知的但又有价值的信息的过程，所挖掘的信息包括规律、模式、知识和模型等。图 1-4 所示为大数据分析的方法技术图谱。

图 1-4 大数据分析的方法技术图谱

① 大数据处理框架：常用的大数据处理框架包括 Hadoop、Spark 和 Flink。Hadoop 是一个开源的分布式存储和处理框架，可用于存储和处理大规模数据集。它的核心组件包括 HDFS 和 MapReduce，可以在大量廉价的硬件上进行数据存储和处理。Spark 提供了比 MapReduce 更快的数据处理速度，并支持更多种类的计算模型，如内存计算和流处理。Flink 是另一个数据流处理框架，它具有低延迟和高吞吐量的特点，适用于需要实时数据处理的场景。

② 统计分析方法：在统计分析方法中，描述统计主要用于总结和描述数据集的特征，推断统计则涉及从样本数据中推断总体特征。回归分析用于建立变量之间的关系模型，时间序列分析用于处理时间相关的数据。聚类分析用于将数据集中的观察值划分为不同的组别。另外，因子分析和主成分分析通常用于降维和发现数据集中的结构。

③ 机器学习算法：机器学习算法包括监督学习、无监督学习和半监督学习等多种方法。监督学习算法使用带标签的数据进行训练，包括线性回归、逻辑回归、决策树、随机森林等。无监督学习算法则使用无标签数据进行训练，包括聚类算法（如 K-means、层次聚类）和降维算法（如主成分分析、t-SNE）。半监督学习算法则结合了有标签和无标签数据进行训练，以提高模型的性能。关于这些机器学习算法的原理后续会进行详细介绍，这里不再展开。

④ 执行算法的编程语言：常用的编程语言包括 Python、R 和 MATLAB 等。这些都是数据科学领域常用的编程语言，它们具有丰富的数据分析和机器学习库。

⑤ 可视化工具：可视化工具用于将数据转化为可视化图表，以便更直观地理解数据。常用的可视化工具包括 Excel、PPT 和商业可视化工具 Power BI 等，以及

Matplotlib、Seaborn 和 Plotly 这些编程中的可视化函数库等。

⑥ 数据分析软件：数据分析软件则是专门设计用于数据分析和建模的软件工具，包括 SAS 系统和 SPSS 等。这些软件提供了丰富的数据处理和统计分析功能，可用于解决各种数据分析问题。

1.2 食品大数据概述

1.2.1 食品大数据的定义

大数据和人工智能的发展正在实现人类从生活到工作、从思想到行动的大变革，当然也给与所有人都息息相关的食品领域带来了强烈的冲击。食品大数据是指与食品相关的大规模数据集合，这些数据可以来自食品生产、质量监测、供应链、销售、消费行为、饮食健康等多个方面。这些数据的收集、整理和分析为食品加工生产、质量安全保障以及营养健康研究提供了科学的决策支持和创新解决方案。

1.2.2 食品大数据的特点

随着食品行业数据获取技术的不断更新和获取手段的增多，食品大数据的规模持续扩大，并呈现出海量的特征。食品数据获取手段的多样化，导致了食品数据类型的多样性，并展现出多层次的特征。同时，食品数据作为一种典型的数据类型，也表现出其独有特征。总的来说，食品大数据的特征可以归纳为以下几点。

(1) 海量性

食品大数据的规模非常庞大。知名乳制品企业蒙牛集团的总裁曾提到，超市里一盒小小的牛奶背后，有 170MB 的质量安全数据，这些数据覆盖牧场到工厂再到市场的物流全链条，共计 36 个监控节点和 105 项关键检验指标，用于实现牛奶全生命周期的质量精确管理和追溯。数据背后是一条长长的产业链。从田间的一株牧草，到手中的一杯牛奶，经过种植、养殖、加工、物流、销售等许多环节，每个环节又由许多小工序组成。数据背后是一个庞大的消费群体，拥有巨大的数据量和覆盖面。而这还只是世界上一个企业产生的数据量，可想而知世界上所有的食品企业生产、加工、运输、销售等环节还有餐饮行业产生的数据有多么巨大，例如，农场的种植数据、生产工厂的生产线数据、物流公司的运输轨迹数据等等。这些数据量的庞大程度，即便是以每天的产生量来衡量，也是令人难以置信的。综合来看，食品大数据的规模已经超越了传统数据处理工具的处理能力，它的价值和潜力也随之增大。

(2) 多样性

食品大数据来源于食品生产、加工、销售等各个环节，对于食品行业的发展和消费者的健康有着重要的影响。在原料采购阶段，食品生产企业需要记录原料的采购来源、质量检测结果、采购数量和价格等信息。这些数据直接关系到产品的质量和安全。生产加工阶段，食品企业会记录生产过程中的温度、湿度、压力等参数，以及生产线上的运行状态、设备维护记录等数据。这些数据有助于追溯产品的生产过程，确保产品符合质量标准。销售阶段，食品企业会记录产品的销售渠道、销售数量、销售地区等信息，同时还会收集消费者的反馈和投诉数据。这些数据能够帮助企业了解市场需求，优化产品结构和销售策略。食品大数据也包含大量的非结构化数据，特别是与食品相关的图片、视频数据等，这些数据可能来自生产现场监控摄像头、产品包装照片、广告宣传视频等。总的来说，食品大数据类型多样，具有一定复杂性。

（3）实时性

传统的食品数据采集方式一般依赖人工采集，数据采集周期长、阶段跨度大，实时性较弱。然而，进入大数据时代后，现有的食品大数据具备高度的精确性，能够关联每一个产品的生产过程、质量状态、销售情况等。通过传感器和监控设备实时地、连续地采集数据，食品大数据具有很强的实时性。食品大数据的实时性能够一定程度上保证食品质量安全，而且使得企业能够更加敏锐地感知市场变化和产品状态，及时做出反应，提升生产效率和产品竞争力。

（4）流通性

食品大数据的流通性很强。在食品生产和销售领域，数据的流通速度至关重要。从原料采购到产品销售，数据需要在各个环节之间实时传递和共享，以确保生产过程的顺利进行和产品质量的可控性。例如，当一批原料到达食品生产企业时，其相关数据就会被迅速录入系统，并与供应商的信息进行匹配和验证。一旦生产开始，生产过程中产生的数据，如温度、湿度、压力等参数，会被快速传输到监控系统中进行实时监测和分析。同时，产品的质量检测数据也会在生产过程中不断产生，并与生产线上的数据进行关联，以及时发现并解决潜在问题。随着产品的生产完成，销售数据将迅速反馈给企业，从不同销售渠道获取的销售数据能够帮助企业了解市场需求和竞争态势。基于这些数据，企业可以及时调整生产计划、优化产品结构，以满足市场需求并提升竞争力。因此，食品大数据的强流通性能够帮助企业提高生产效率和产品质量。

（5）价值大

食品大数据的出现填补了传统食品行业在数据管理和分析方面的空白，为企业提供了全新的发展路径和决策支持。传统的食品生产和销售过程往往依赖于经验和传统模式，缺乏科学的数据支持，容易导致生产效率低下、产品质量不稳定以及市场竞争力下降的问题。食品大数据的清洗、整合和挖掘使得企业能够从海量、异构、多维的数据中提取出有价值的信息。例如，通过对生产过程中各种参数的分析，企业可以及时发现生产异常，并采取措施加以调整，提高产品质量和生产效率。同时，销售数据的分析也能帮助企业了解市场需求和竞争态势，优化产品结构和销售策略，实现精准营销和资源配置。食品大数据不仅可以帮助企业提升生产效率和产品质量，还能为消费者提供更安全、更健康的食品选择，促进食品行业的健康发展。因此，食品大数据之"大"并非单指数量之大，更加强调价值之大，即能够从复杂的食品数据中发现相关关系、优化生产流程、提升产品质量、满足市场需求，为食品行业的可持续发展提供重要的支撑和保障。

1.2.3　食品大数据的分类

在食品领域，随着科技的不断发展，大数据也逐渐融入整个产业链中。食品大数据来源多样，包括生产、流通、销售等多个环节。从数据结构化程度的角度来看，食品大数据可以分为结构化数据、半结构化数据和非结构化数据；从数据产生的环节来看，可以分为生产数据、加工数据、物流数据、销售数据、消费数据；从数据获取的领域范畴来看，可以分为生产与加工数据、质量与安全数据、营养与健康数据。

1.2.3.1　根据数据结构化程度划分

食品大数据的数据结构呈现出结构化、半结构化和非结构化的混合状态，见图1-5。常规的结构化数据是重要基础，但非结构化数据将越来越占据主导地位。

图1-5　食品大数据的类型

（1）结构化数据

结构化数据可以通过二维表格形式存储，并且具有明确定义的字段和值。如食品生产企业的产品批次信息、食品加工工艺参数、食品检测信息统计表、供应链中的物流轨迹、销售数据等都属于结构化数据。

（2）半结构化数据

半结构化数据介于结构化数据与非结构化数据之间，结构变化很大，食品产业中存在许多半结构化数据，这些数据在结构上没有完全规范，但具有一定的模式或标签，例如采购订单的电子文档、供应商的产品规格说明、消费者线上调查问卷结果等。这些数据在信息交流和业务流程中起到重要作用，但通常需要一定程度的处理才能进行有效利用。

（3）非结构化数据

非结构化数据是数据结构不规则、没有预定义的数据模型、不便用数据库二维逻辑表来表现的数据。食品产业也涉及大量的非结构化数据，包括图片、视频、声音记录、社交媒体上的评论和反馈等。这些数据源广泛而多样，可能包含有关产品品质、消费者偏好、市场趋势等重要信息。利用这些非结构化数据进行情感分析、图像识别和声音处理等，可以提供更深入的市场洞察和消费者反馈。

1.2.3.2　根据数据产生环节划分

食品大数据的产生环节多种多样，涵盖了整个食品产业链的各个环节。这些环节产生的数据种类繁多，反映了食品行业的复杂性和多元性，如图 1-6 所示。

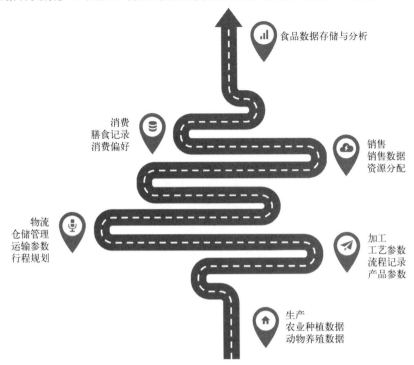

图 1-6　食品产业链的大数据

（1）生产数据

生产环节是食品产业链的起点，生产环节不仅包括食品原料采购信息，还涵盖农作物种植和动物养殖等农业生产环节。生产数据在从农田到餐桌的整个过程中产生，包括农作物种植数据如种植面积、播种时间、施肥、灌溉等，以及动物养殖数据如养殖环境监测、饲料配方、疫病防治等。这些数据对于保证食品质量和安全至关重要。此外，农产品追溯数据也是生产数据的重要组成部分，记录了种植养殖环节的详细信息，如农药使用情况、采摘/收获时间等，实现了对农产品从田间到消费者手中的全程可追溯。

（2）加工数据

食品加工过程，会产生大量的加工数据，包括工艺参数、加工流程记录、设备运行状态等。工艺参数的记录是至关重要的。这些参数包括温度、压力、时间等，它们直接影响到最终产品的质量和安全性。通过准确记录这些参数，生产管理者可以对生产过程进行有效监控，及时调整工艺，以确保产品符合标准要求。例如，对于高温杀菌的过程，如果温度控制不当，可能导致细菌未被有效灭活，从而影响产品的安全性。因此，监控和分析工艺参数数据对于确保产品质量至关重要。此外，加工流程记录也是重要的数据来源，加工流程记录详细说明了产品的加工过程，包括原料投入、加工步骤、生产时间等信息。这些记录不仅有助于追溯产品的生产历史，还可以帮助发现生产过程中的问题。例如，如果某一批产品在特定加工步骤出现异常，通过分析加工流程记录，可以追溯到具体的操作环节，找出问题的原因，并采取相应的措施加以解决。

（3）物流数据

物流环节是指食品运输的关键环节，物流数据包括货物运输轨迹、温湿度监控、配送时间等信息。运输轨迹包括货物的起点、终点、中途经过的节点、停留时间以及运输过程中的各种状态。对这些数据进行监控和分析，可以实时追踪货物的位置和状态，及时发现并解决运输中的问题，确保货物运抵目的地时的品质和完整性。而由于食品的特殊性，在运输过程中对温湿度的要求非常严格，特别是易腐食品。因此，物流数据中的温湿度监控尤为重要。需要实时监测运输过程中的温湿度变化数据，及时采取措施调节环境，确保货物在适宜的温湿度条件下运输，从而保持其新鲜度和安全性。

（4）销售数据

销售数据包括销售额、销售渠道、销售地区、产品库存等信息。对销售额的分析包括各个产品线的销售额、不同地区的销售额、不同渠道的销售额等，可以帮助了解哪些产品、哪些地区或者哪些渠道是最具有潜力的，以便优化资源分配。另外，对销售渠道大数据的深入分析可以帮助决定应该加强哪些渠道的开发，或者是否需要调整销售策略以适应不同的渠道。

（5）消费数据

消费环节是食品产业链的最终节点，消费数据包括消费者偏好、购买行为、摄入饮食行为、产品评价等信息。对消费数据的分析，可以深入了解消费者的偏好和购买行为，食品生产企业可以推出更符合市场需求的新产品，提升消费者满意度，增强品牌影响力。其次，饮食摄入数据也反映了消费者的饮食习惯和健康意识，可以帮助消费者了解自身饮食情况，及时调整膳食，改善身体健康状况，促进健康生活方式的推广。

1.2.3.3 根据数据领域范畴划分

在当今数字化时代，食品领域的广度与深度在不断延伸。从农田到餐桌，从生产到消费，食品大数据贯穿了方方面面。这一庞大的领域不仅涉及农业、畜牧业、渔业和轻工业等生产加工领域，还涉及质量与安全监管、营养与健康管理等多个层面。对食品大数据进行领域范畴划分，不仅有助于更好地理解和管理这些数据，还能够促进食品行业的持续发展与创新。

（1）生产与加工数据

农业、畜牧业和渔业是重要的食物原材料生产领域，其生产与加工数据包含着丰富的信息。在农业种植方面，生产数据包括种植作物的种类、品种、播种面积、播种时间、生长周期、预计产量以及农作物生长过程中所需的气候数据，如温度、降水量、日照时数等。在畜牧业养殖方面，生产数据涵盖了畜禽种类、养殖数量、饲养环境控制参数、饲料配给与管理、生长发育情况监测、疫病防控等方面的信息。在渔业方面，生产数据包括捕捞船只信息、捕捞区域、捕捞工具、捕捞时间、捕捞量以及渔获物种类、大小等信息。加工数据则涵盖了从原材料到成品的加工过程中的各种信息，这包括工厂仓储方面的数据，如原材料的存储量、仓库管理情况等；加工过程中的工艺参数控制、生产速度、产量、品质控制等；以及物流运输方面的数据，如运输路径、运输工具的利用率、运输时间等。这些数据作为丰富的经验信息，结合机器学习技术后，不仅能够帮助生产方进行生产计划制订与资源配置，还可以用于优化生产流程、提高产品质量和降低生产成本。

（2）质量与安全数据

在食品质量与安全领域，数据涵盖了多个方面的信息，包括但不限于食品溯源、质量检测、食源性疾病调查等。食品溯源数据是确保食品安全的重要一环，其包括了食品从生产、加工到销售的全过程信息。这些数据记录了食品的生产地点、生产日期、原材料来源、加工流程、运输途径等重要信息。质量检测数据涉及食品中的各种类型的质量检测，包括缺陷与品质检测、掺假检测、新鲜度检测、病原体检测、残留农药检测等。缺陷与品质检测会产生对食品外观的检查数据和对食品口感、色泽、气味等方面的评估数据，以确保产品质量。掺假检测则是针对食品可能存在的掺假行为进行的检测，产生对食品成分的检测与分析数据，保障食品的纯度和安全性。新鲜度检测涉及对食品新鲜度的评估，包括温度、湿度等参数的监测数据，以确保食品在流通过程中保持良好的品质和风味。病原体检测则是针对食品中可能存在的病原微生物进行检测，以保障食品不会成为传播疾病的载体。残留农药检测则涉及对食品中可能残留的农药残留量进行检测，以保障消费者的健康安全。另外，食源性疾病调查则是对食源性疾病的发生进行监测和调查，涉及人群发病情况、致病因素、摄入食物情况、流行病学调查、实验室检测结果以及医疗情况等方面。

（3）营养与健康数据

在营养与健康领域，食品大数据涵盖了食品的营养成分、功能性成分、健康相关数据、饮食指南与营养建议等多个方面。食品的营养成分数据是非常重要的。这些数据包括食品中的蛋白质、碳水化合物、脂肪、纤维素等营养成分的含量。蛋白质含量反映了食品的营养价值和供给身体所需的氨基酸状况。碳水化合物提供身体能量，并影响血糖水平。脂肪含量则与心血管健康、体重管理等密切相关。此外，纤维素含量对消化系统健康和预防便秘也至关重要。功能性成分包括维生素、矿物质、抗氧化物质等，对于维持身体健康具有重要作用。维生素如维生素C、维生素E等具有抗氧化功能，有助于预防氧化应激引起的疾病。矿物质如钙、铁、锌等对于骨骼健康、血液循环和免疫功能至关重要。此外，健康相关数据也是食品大数据中的重要部分。这些数据包括食品对特定健康问题的影响评估信息，如血糖控制、心血管健康、抗炎抗氧化等效果的评估数据。例如，一些食品可能含有血糖稳定因子，有助于控制血糖水平，对糖尿病患者有益，对这些食品进行的相关实验评估会产生相应的数据。饮食指南与营养建议也是食品数据中的重要内容，这些指南和建议基于营养学和健康科学的研究成果，旨在为人们提供科学合理的饮食指导，以维持健康的生活方式和身体状况。

1.2.4　食品大数据的研究现状

随着互联网的普及和移动设备的普及，食品行业早在数十年前就开始积累大量的数据，包括食物从生产到加工再到消费的系列数据以及消费者购买行为、偏好、营养需求等方面的数据。同时，传感器技术的发展也使得食品生产过程中的数据采集更加容易和准确，这些数据的积累为进行大数据分析提供了基础。随着数字化技术的快速发展和食品行业的不断变革，政府和越来越多的企业以及研究机构开始意识到利用大数据分析来改进食品生产、供应链管理、市场营销以及消费者洞察的重要性。然而，这一过程并非一蹴而就。它是通过时间的积累、数据的沉淀、技术的进步以及理论基础的深化逐步实现的。从基础的食品质量安全检测，到个性化的膳食营养推荐，再到创新的食谱开发，食品大数据研究正持续不断地向前发展，展现出其深远的影响力和广阔的应用前景。

图 1-7 展示了科学网（web of science）上与"食品"及"大数据"相关的发文量变化趋势。早在 21 世纪初，就已经有科研人员对大数据在食品领域的应用展开研究。2005 年第一家提出"人工厨师"这一概念的 Foodpairing 公司成立，其构建食物气味数据库，利用化学与算法相结合的方式推荐气味相似的食材搭配对食谱进行创新，如今 Foodpairing 已经拥有世界上最大的食物气味数据库和最成熟的机器学习模型，对欧洲食品产业作出了巨大贡献。2011 年推出的 Fooducate 是一款食品评价的手机应用，该应用背后由包含二十万款产品的数据库支持，人们可以通过扫描产品条形码，获取关于产品成分、食品添加剂甚至加工过程等信息，并查看其他用户的评价，从而得到食品的安全保障和选择更利于健康的膳食。2014 年 12 月，中国农产品大数据联盟在北京成立，旨在深入挖掘并有效整合散落在各处的农产品生产和流通数据，进行专业分析解读，为农产品生产和流通提供高效优质的信息服务，以提高农业资源利用率和流通效率，保障食品安全。大数据技术同样在食品加工等方面发挥了巨大作用。2017 年中国农业科学院提出构建基于大数据关联的加工全过程组分结构修饰与调控理论体系与平台，创新性地运用大数据分析方法，建立加工工艺参数、组分结构变化、品质功能三者之间的全数据网络关系，构建碳水化合物类、蛋白质类、脂质类食品品质功能预测理论模型，并进行模型校正与实验验证，建立食品加工过程调控可视化平台。2018 年 10 月，IBM 开发的一个名为 IBM Food Trust 的基于区块链技术的食品溯源平台正式商用，该平台利用区块链技术实现了对食品供应链的透明追溯，消费者可以通过扫描产品包装上的 QR 码或条形码查看该产品的生产、加工、运输等信息，确保食品质量。2019 年 6 月，在我国，由国务院指导开展的食品产业健康发展大数据交流会在北京举行，围绕食品行业新技术探讨互联网大数据时代食品安全治理体系和治理能力现代化建设方向、措施建议，提高食品安全监管效能，推动食品产业健康发展。2022 年，美国农业科技公司 Inari 建立了一个基因编辑育种平台 SEEDesign，能利用基因编辑工具对作物种子进行"设计"。该平台结合生物学、大数据分析和软件工程等学科，能将大豆产量提高 20%，玉米产量提高 10%，同时减少 40% 的用水量和玉米 40% 的氮消耗量。2022 年开始，ChatGPT、BLOOM、PaLM、Gemini、LLaMA、DocLLM 等大语言模型接连发布，它们都经过大数据训练由人工智能技术驱动为用户提供建议，使食品科学技术又得到了进一步发展。将大语言模型整合到食品科学消费者反馈分析中的研究工作表明，对 InstructGPT 这样带有人类反馈的语言模型进行微调可以显著提高对食品行业消费者需求的理解和响应。至于将大语言模型应用到食品安全方面，已经出现了几种创新的方法，特别是将自然语言处理技术和时间序列预测相结合的方法，2023 年 Makridis 等人利用大语言模型处理大量非结构化数据并预测未来的食品安全问题。同年，Ooi 等人（2023）则引入大语言模型将其应用于处理各种来源的大量数据，如供应链记录、在线市场和监管数据库，以识别食品造假与欺诈问题。适应特定的饮食需求或偏好创造食谱是大语言模型适用的另一个领域，2023 年 Venkataramanan 等人（2023）开发了一种生成式人工智能方法 Cook-Gen，它将对食谱的理解从配料和营养扩展到具体烹饪，增强了对食谱的适应性和交互性，这些调整对于个性化食谱至关重要，使它们更

易于访问并符合用户需求。

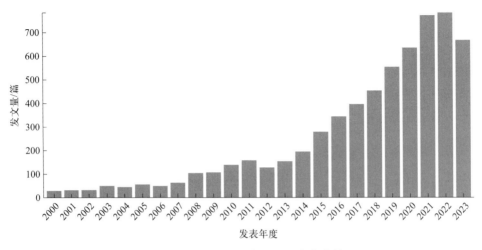

图 1-7　食品大数据文献发文量变化趋势

　　食品大数据的浪潮迎面而来，食品领域各项工作已经逐渐引入大数据技术，但目前仍存在许多问题：首先，许多偏远地区没有构建完善的网络系统，这给数据的传输和利用带来了极大的不便；其次，大数据的真实性和隐私安全问题使得数据的存储和应用存在一定困难；此外，大数据技术仍需要大范围普及，成本也待进一步降低。尽管存在上述挑战，获取食品大数据中有价值的信息对于食品领域的发展有重要作用，大数据为促进食品加工生产综合改革与发展提供了重要机遇，成为一股推进食品科学创新发展的关键力量。

1.3　机器学习概述

　　如果说大数据是锁在仓库里的宝藏，那么机器学习毫无疑问就是开门的钥匙。什么是机器学习？机器学习概念的提出源于 1950 年 Alan Turing 进行的图灵测试，该测试表明机器的思考是有可能的。这也体现了机器学习的出发点：与其编写程序输入数据让计算机根据规则得到结果，不如让计算机根据数据和结果学习规则，借助算法完成任务。目前公认的机器学习的定义源自亚瑟·塞缪尔（Arthur Samuel），他对机器学习定义如下：机器学习是一门研究在没有特定编程的情况下如何使计算机具有学习能力的技术与学科。本节从机器学习的定义开始，介绍机器学习的概念、机器学习的一般流程与评估方法及其在食品领域的应用等内容。

1.3.1　机器学习概念

　　机器学习是一种宏观概念，代表智能系统的演进。通俗而言，机器学习通过数据处理和规律发掘解决问题，使计算机系统能够从经验中学习并在新情境下做出适应性决策。从学习的方式看，机器学习包括监督学习（通过已标记数据进行训练）、无监督学习（自主发现未标记数据的模式）和强化学习（通过环境互动优化行为）。在这个过程中，它整合了统计学、概率论、优化算法和神经网络等多学科方法，关注模型准确性的同时强调系统的智能化和自适应能力。如图 1-8 所示，机器学习的关键要素包括任务目的、数据、方法、规律和适应性，它们共同构建了机器学习应用的框架。

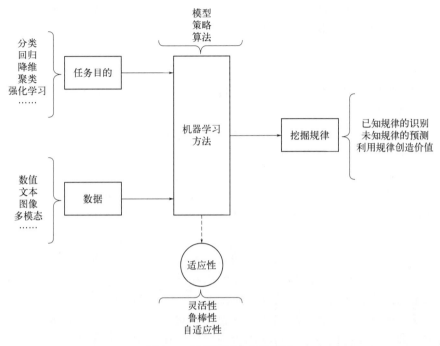

图 1-8　机器学习的关键要素

首先，明确的目的是机器学习项目的起点。机器学习的任务可以多种多样，例如，对食品进行分类和识别、预测食品中的营养成分含量，或构建食品分类系统等。数据是机器学习的核心动力，高质量且多样化的数据集是模型学习的基石。它不仅包括用于模型训练的数据，还应包括用于测试和验证模型泛化能力的数据。方法决定了模型的构建方式、训练过程以及最终的性能表现。接着，规律的发现是机器学习的核心任务。通过对数据中隐藏的模式和规律的学习，模型能在面对新情况时做出精确的预测或决策。这通常需要通过精心设计的特征选择和特征工程来实现，确保模型能够有效捕捉并利用这些规律。最后，适应性是衡量机器学习模型优劣的重要标准。强大的机器学习模型应能够适应新的数据环境，保持其预测性能。这包括模型的在线学习能力，对概念漂移的应对能力，以及在面对异常或新奇情境时的鲁棒性。

1.3.2　机器学习任务

机器学习的应用非常广泛，下面将从分类、回归、降维、聚类、强化学习等多个角度来介绍机器学习任务。

机器学习中的分类任务旨在将输入数据划分为不同的类别或标签。这一目的的重要性在于让计算机能够自动地识别和归纳数据的特征，从而实现对未知数据的分类。在食品领域，机器学习的分类任务发挥着重要作用，通过对不同食品进行自动分类，实现更高效的食品管理、供应链优化以及个性化推荐服务。

与分类相对应，回归任务的目的是预测连续值输出而不是离散类别。通过学习输入数据的模式和关系，机器学习模型可以预测未知数据的输出。在食品领域，机器学习的回归任务是针对连续性数值的预测和优化，为食品生产、质量控制和营养分析等提供了强大的工具。通过回归分析食品的成分和营养含量，机器学习模型可以预测食品对人体健康的影响，为制订个性化饮食计划提供科学依据。这对于满足消费者对于健康饮食的需求，以及生产更符合市场需求的食品具有重要意义。

降维作为机器学习任务的一种，旨在通过减少数据的维度，去除冗余信息和噪声，从而实现对数据更高效、精准的处理和分析。该任务的主要目标是在保留数据关键特征的同时，减少数据的复杂性，提高模型的泛化能力，并为后续的建模、分析和应用提供更有效的基础。这种降维任务在食品生产、质量控制和分析等方面发挥着关键作用。降维技术可以帮助识别对于食品营养价值最为关键的特征，从而更准确地评估食品的营养价值，为消费者提供科学合理的饮食建议。

聚类是机器学习中另一个重要的任务，其目的是将没有明确标签的数据划分为具有相似特征的簇，也就是根据数据特征的分布进行分组。与分类不同，聚类不需要预先定义类别标签，而是通过发现数据内在的模式和结构进行分组，这在数据探索和分析中非常有用。在食品领域，机器学习的聚类任务是一项重要的工作，旨在将相似特征的食品进行分组，从而更好地理解食品的内在结构和关系。这种聚类任务对于食品产业中的市场细分、产品分类以及供应链管理都具有关键作用。

强化学习的目的在于让计算机系统通过与环境的交互，学习最优的行为策略。通过尝试不同的行动并根据结果获得奖励或惩罚，强化学习模型能够逐渐学到如何在特定环境中做出最优决策。在食品领域，强化学习任务为解决食品生产、供应和销售等方面的复杂问题提供了一种创新的方法。生产过程的优化是强化学习任务中的一个重要方面，通过在生产线上引入强化学习算法，系统可以根据实时数据和反馈不断调整生产参数，以最大化产量、降低成本或提高产品质量。

以上只是一个粗略的分类，实际上机器学习用途非常广泛，各种类型的机器学习任务是机器学习的关键出发点，只有明确了目的，才能针对不同的任务选取合适的方法去实现。

1.3.3　机器学习数据

在进行机器学习大数据分析时，充分了解并确定不同数据类型是确保成功应用相应数据处理和机器学习方法的关键一环。不同类型的数据需要采用不同的处理方式和模型选择，而这些数据类型在大数据中占据着重要的地位。

最常用的数据类型是数值型数据，这类数据可以分为连续型数据和离散型数据。以仓储参数为例，温度可以是一个连续型数值，而设备台数则可能是离散型数值。对于连续型数据，可能会选择使用回归模型，以预测温度对食品质量的影响；而对于离散型数据，分类模型可以帮助预测不同销售数量范围内的产品表现。其次，分类数据在机器学习中也占有一席之地。在食品行业中，可能会面对二分类数据，比如某产品是否合格，或者多分类数据，如食品的不同种类。适用于这类数据的模型包括逻辑回归、支持向量机等，它们能够有效地处理各种分类场景。

文本数据是机器学习中一个复杂而丰富的领域，尤其在食品评论和描述方面。自然语言文本可能包含用户对食品的评论，而结构化文本则可能包括配方和成分信息。处理这些数据需要使用自然语言处理技术，例如词袋模型、循环神经网络等，以深入挖掘文字中的信息。

图像数据是涉及视觉信息的重要数据类型，适用于许多领域，包括食品图像的分析。在处理食品图像时，卷积神经网络（CNN）等深度学习模型可以有效地提取图像中的特征，帮助了解食品的外观和品质。

近年来，多模态数据的综合分析成为越来越常见的情况，特别是在食品研究中。例如，对于同时包含文本描述和食品图像的数据，可能需要采用能够整合不同数据类型信息的多模态模型，以全面分析食品的特性。

1.3.4　机器学习方法

机器学习的核心在于利用给定的有限训练数据集进行学习，假设给定数据是相互独立且符合某种分布的。同时假设待学习的模型属于一个特定的函数集合，即假设空间。然后，通过选择合适的模型、评价准则以及相应的学习算法，能够从假设空间中找到最优模型，该模型在训练数据和未知测试数据上都能实现最佳预测。因此，机器学习的关键要素包括模型的假设空间、评价准则以及学习算法，分别简称为模型（model）、策略（strategy）和算法（algorithm）。它们共同决定了整个学习过程的效果和性能。

（1）模型

确定模型的假设空间是机器学习的关键步骤之一，模型选择对于机器学习的成功至关重要，因为它直接决定了系统能够处理的问题类型和解决方案的可能性。模型选择过程是复杂的，需要综合考虑诸多因素，包括数据特性、任务目的等。在实践中，必须根据具体任务和数据的特征来选择合适的模型类型和学习方法。通常情况下，模型是数学模型，通过将输入数据映射到输出数据来揭示数据内在的规律和关系。模型学习是通过不断调整参数以最小化预测误差的过程。构建有效模型的关键在于明确问题定义、目标和约束条件。例如，根据标签的属性确定是回归模型还是分类模型，通过分析数据集的特征选择线性模型或非线性模型。

（2）策略

基于选择的评价准则，确定选择最优模型的策略，这一策略通常以损失函数为核心。损失函数是衡量模型预测与实际结果之间差异的重要工具，通过最小化损失函数来优化模型。例如，回归模型常用均方误差，而分类模型则常用对数损失或交叉熵。损失函数反映了模型对单个样本的预测准确性，而风险函数则关注所有样本的平均误差。尽管关心模型在新数据上的表现，但新数据通常是未知的，因此采用经验风险函数作为代替。然而，过度拟合可能导致模型学习到训练集特定的特征，因此需要正则化来平衡模型在训练集和新数据上的性能。例如，针对标签不平衡数据集，可能需要设计新的损失函数以关注少数类别。对于复杂结构的数据，可能需要开发新的正则化技术来更好地捕捉信息。不同的学习策略导致不同的学习算法和模型性能。例如，在有监督学习中，损失函数通常根据标签信息计算误差；在无监督学习中，则根据数据间的相似性或距离进行计算。另外，强化学习等特殊类型的学习策略关注与环境的交互以最大化奖励。在选择损失函数时，应考虑具体问题、数据特性和模型要求，以达到最佳效果。

（3）算法

确定理想模型的关键在于优化模型参数，以最小化损失函数或风险函数。这一过程本质上是一个优化问题，通常通过最小化经验风险函数或结构风险函数来求解。因此，机器学习问题可以被视为一种优化问题，算法旨在解决这一类问题。优化算法在确定最优模型参数时发挥着关键作用。一些常用的优化算法包括以下五种。

① 梯度下降法：梯度下降是一种迭代优化算法，通过沿着损失函数梯度的反方向更新参数，逐步降低损失函数的值，直至找到局部最优解或收敛到全局最优解。

② 随机梯度下降法：与梯度下降类似，但是每次迭代只使用一个样本或一个小批量样本来估计梯度，因此更适用于大规模数据集和在线学习。

③ Adam优化算法：结合了动量法和自适应学习率的优点，具有良好的收敛性和鲁棒性，广泛应用于深度学习中。

④ 遗传算法：模拟生物进化过程的一种优化算法，通过交叉、变异等操作生成新的解，并根据适应度评价筛选出较优解，适用于复杂的非线性优化问题。

⑤ 贝叶斯优化算法：基于贝叶斯模型的序列优化算法，通过建模目标函数的后验分布来指导参数搜索过程，适用于高代价、高噪声的优化问题。

在实践中通常根据问题的特点和需求选择合适的算法，以求得最优模型参数，从而实现模型的训练和优化。

1.3.5　数据规律的挖掘

在机器学习的探索中，规律同样一直被视为一个至关重要的要素，其在构建智能、适应性和自适应性系统中扮演着核心角色。规律是指数据中存在的可识别的、重复性的结构或趋势，通过深入挖掘这些规律，机器学习系统能够更好地理解和预测未知数据。这可以涉及对数值型数据的趋势分析、分类数据的类别关系，或是时间序列数据中的周期性等。举例而言，考虑食品销售数据，可能存在与季节相关的销售高峰，通过机器学习系统识别这种季节性规律可以帮助企业更好地调整供应链策略。另外，同样，规律的发现通常涉及特征工程，即对原始数据进行转换和提取，以使模型能够更好地捕捉到数据中的规律。在食品领域，特征工程可能包括将食品属性转化为可供模型理解的形式，例如将配料信息转化为二进制特征表示。机器学习模型的训练过程实质上就是在学习数据中的规律，从而能够在未见过的数据上做出准确的预测。而在食品领域，从销售数量到配方成分，从消费者口味到季节性需求，都蕴藏着丰富的规律。在食品销售数据中，常常存在与季节相关的规律，例如，冰淇淋在夏季销售量可能高涨，而热饮在冬季更受欢迎。通过机器学习系统分析，可以发现并利用这种季节性规律，使企业在不同季节做出更加智能的库存管理和市场推广决策。其次，消费者口味在不同时间和地点也存在着变化，这是一个动态的规律。机器学习系统可以通过分析消费者购买历史和口味偏好，识别出食品口味的趋势规律。这有助于食品生产商更好地调整产品组合，推出符合市场趋势的新品。另外，食品的配方中包含着各种成分和比例，而不同的配方可能受到市场和消费者的不同偏好。机器学习系统可以分析消费者的反馈和销售数据，找出最受欢迎的配方规律，为生产商提供优化产品配方的建议。至于食品安全，这是一个至关重要的问题，而机器学习可以用于检测食品中的污染物，通过对大量食品检测数据的分析，系统可以学习出污染产生的规律，提高食品安全的监测效率，及时发现异常。当然食品的营养价值也是消费者关心的一个方面，而机器学习可以通过分析食品成分和消费者偏好，发现不同食品的营养规律，这有助于制订更健康的产品推广策略。

综上所述，在整个机器学习过程中，规律的发现和应用是成功实现机器学习的核心。对规律的深入理解不仅有助于提高模型的准确性，更能够为决策者提供对数据背后本质的深刻洞察。

1.3.6 机器学习模型的适应性

在机器学习中，适应性是一个至关重要的要素。系统的智能性和适应性决定了机器学习系统在不同环境和任务下的表现。机器学习的适应性首先应当与系统的目的相契合。适应性不仅仅是为了适应单一的环境或任务，更应当服务于系统的整体目标。以食品生产为例，一个适应性强的系统不仅能够适应原料供应的波动，还能够灵活应对市场需求的变化，确保生产过程在不同条件下依然高效。需要注意的是，适应性建立在对数据的深刻理解之上，机器学习系统需要不断学习和适应新的数据，以保持对环境的敏感性。另外，适应性不仅仅是对已知规律的适应，更包括对未知规律的探索与发现，机器学习系统需要具备发现新模式和规律的能力，以更好地适应未来的变化。在食品科学中，适应性强的系统能够通过数据挖掘和分析，发现新的食品组合或工艺，推动行业创新。除了适应性外，机器学习系统的自适应性是指系统在运行时能够根据当前环境和任务的变化做出实时调整。这种自适应性使得系统更具弹性，能够适应复杂多变的条件。在食品制造中，系统可能需要根据原料的变化实时调整生产参数，以确保产品质量的稳定性。

总的来说，适应性是机器学习系统中不可或缺的要素，其重要性体现在对多变环境的应对能力上。目的驱动的适应性、数据驱动的适应性、规律探索与发现以及系统的自适应性，这些要素相互交织，共同构成了机器学习系统在实际应用中取得成功的关键。通过深刻理解和强调适应性，研究者能够建立更智能、更具适应性的机器学习系统，为不同领域的问题提供具创新性的解决方案。

1.3.7 机器学习的一般流程

学习和使用机器学习不是一件非常容易的事情，尤其是实施一些复杂项目的时候，往往需要运用一些高难度的算法和烦琐的数据处理以及大量的模型调优等。但是实际上，机器学习也没有那么难以理解和晦涩，如图1-9所示，它存在一个一般性的流程，可以帮助初学者理解和应用这一领域的知识。下面将结合一个食品质量检测的具体案例来对机器学习的一般流程进行介绍。

① 定义问题与目标：在机器学习流程的开始阶段，首要任务是明确定义问题和明确目标，这包括确定问题的类型、期望的输出，以及机器学习模型应该达到的性能指标。对于食品质量检测而言，目标是通过机器学习技术检测食品生产过程中可能存在

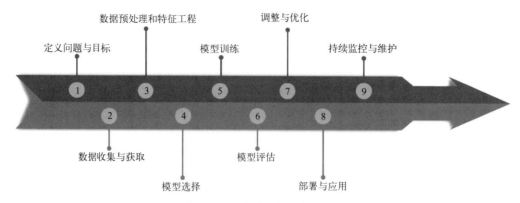

图 1-9　机器学习的一般流程

的质量问题，例如检测瑕疵产品、确保符合食品安全标准。

② 数据收集与获取：收集与问题相关的数据是机器学习的基础，这可能涉及从各种来源获取数据，包括数据库、文件、传感器等，数据的质量和多样性对于模型的性能至关重要。在案例中，从生产线传感器、质检记录和供应链数据中收集食品生产相关信息，得到类似表 1-1 的数据。

表 1-1　食品质量检测案例数据集

生产批次	温度/℃	湿度/%	产品质量/g	质检结果
Batch1	25	60	150	合格
Batch2	28	55	148	不合格
Batch3	23	65	152	合格
Batch4	26	58	155	合格
Batch5	27	62	147	不合格
Batch6	24	63	153	合格

③ 数据预处理和特征工程：在数据进入模型之前，通常需要进行数据预处理和实施特征工程。数据预处理包括处理缺失值、处理异常值、标准化数据、转换数据类型等步骤，以确保数据的质量并适应模型的要求。特征工程涉及选择、构建和转换输入特征，以便更好地适应模型。这可能包括降维、特征缩放、独热编码等操作，以提高模型对数据的理解能力。以表 1-1 的数据为例，经过数据预处理与特征工程后，数据转换成了表 1-2 的形式。

表 1-2　经过处理后的食品质量检测案例数据集

生产批次	温度(标准化)	湿度(标准化)	产品质量(标准化)	合格(独热编码)
Batch1	−0.5	0.5	0.0	1
Batch2	0.5	−0.5	−0.5	0
Batch3	−1.0	1.0	0.5	1
Batch4	0.0	−0.5	1.0	1
Batch5	0.3	0.0	−1.0	0
Batch6	−0.8	0.2	0.5	1

④ 模型选择：根据问题的性质选择适当的机器学习模型，不同类型的问题可能需要不同类型的模型，例如决策树、支持向量机、神经网络等。在本案例中，选择适当的机器学习模型，如决策树分类器，将质检结果作为目标变量，其他特征作为输入变量。

⑤ 模型训练：利用已准备好的数据对选定的模型进行训练，这涉及调整模型的参数，使其能够从数据中学到模式，并且能够对新数据进行泛化。通常使用 80% 的数据作为训练集对选择的模型进行训练，然后调整模型参数以提高性能。

⑥ 模型评估：使用预留的测试数据集对训练好的模型进行评估，常用的评估指标包括准确率、精确率、召回率、F1 分数等，具体选择取决于问题的性质，对于这些评估指标的描述将在后续的章节中详细介绍。

⑦ 调整与优化：根据评估结果，可能需要调整模型的超参数、改进特征工程或采取其他措施以优化模型的性能，这是一个迭代的过程，直到达到满意的结果。

⑧ 部署与应用：一旦模型训练和评估完成，就可以将其部署到实际应用中。这可能涉及将模型集成到现有系统中或通过应用程序接口（API）等方式提供服务。在食品质量检测案例中，如果能够利用这些数据成功训练一个分类效果比较成功的机器学习模型，那么就能够将训练好的模型部署到生产环境中，用于实时预测新产出的食品质量。

⑨ 持续监控与维护：机器学习模型需要定期监控，以确保其在生产环境中的性能，可能需要定期重新训练模型，以适应新数据和变化的环境。在食品质量检测中，需要根据新数据和质检结果，定期更新模型以保持预测准确性。

机器学习的流程是一个迭代的过程，需要不断优化和调整以适应问题的复杂性和数据的变化，这个流程中的每个阶段都是关键的，对整个机器学习项目的成功起着决定性的作用。

1.3.8　机器学习模型性能的评估

在机器学习中，对模型性能的评估有助于模型的参数调优和确定最佳模型。就像机器学习任务的目的分为分类、回归等，针对不同的任务所能使用的模型性能评价指标也有所不同，本节将讨论不同任务下所使用的常见评价指标。

1.3.8.1　二分类问题下模型性能的评估

在二分类问题下，可以使用多种指标来评估模型的性能，接下来将讨论混淆矩阵的构建和如何利用基于其衍生的各项评价指标来评估模型性能。首先需要了解什么是混淆矩阵，混淆矩阵也称误差矩阵，是表示精度评价的一种标准格式。如表 1-3 所示，二分类问题的混淆矩阵是一个二维矩阵，用于比较模型的预测结果与实际标签。

表 1-3　混淆矩阵

预测/实际		实际	
		阳性	阴性
判断结果	阳性	真阳性（TP）	假阳性（FP）
	阴性	假阴性（FN）	真阴性（TN）

在混淆矩阵中，"阳性"和"阴性"是对于二分类问题中目标变量的两种可能取值

的描述。阳性（positive）表示模型预测的类别为正类别（positive class），阴性（negative）表示模型预测的类别为负类别（negative class），混淆矩阵的四个元素如下：真阳性（true positive，TP）表示模型正确地预测为阳性的样本数量，即实际为阳性，模型也预测为阳性的数量；假阳性（false positive，FP）表示模型错误地预测为阳性的样本数量，即实际为阴性，但模型预测为阳性的数量；假阴性（false negative，FN）表示模型错误地预测为阴性的样本数量，即实际为阳性，但模型预测为阴性的数量；真阴性（true negative，TN）表示模型正确地预测为阴性的样本数量，即实际为阴性，模型也预测为阴性的数量。

根据混淆矩阵的四个元素，就衍生出了二分类问题的各项评价指标，下面将介绍这些常用评估指标，以及它们各自的优缺点和应用场景。

最为常见和通用的是准确率（accuracy），即算法分类正确的数据个数占输入算法的数据的个数的比例：

$$Accuracy = \frac{TP + TN}{TP + TN + FP + FN} \tag{1-1}$$

准确率的优点在于其直观，易于理解，对于平衡类别的数据集有效，缺点是在不平衡类别的情况下，可能会受到极端类别的影响，不适用于数据集不平衡或有重要类别不平衡的情况。举个例子，如果对由 90 个阳性样本和 10 个阴性样本构成的数据集进行标签预测，模型将所有的样本都预测为了阳性样本，这样准确率能高达 0.9，但这并不代表模型的性能就一定很优秀，因为可能存在不论输入是什么模型始终输出预测为阳性的情况，所以这种情况下准确率没办法对模型性能完成很好的评估。

精确率（precision）又被称为查准率，它关注的是模型在预测结果为真时的准确率，表示的是模型在预测结果为真时的可信度，而不关心模型能从真正的正例中识别出多少正例：

$$精准率 = \frac{TP}{TP + FP} \tag{1-2}$$

召回率（recall）又被称为查全率，表示在实际正样本中模型能预测出多少，召回率关注的是真正为正类的样本中被预测为正类的比例，衡量的是模型对实际正类的提取能力：

$$召回率 = \frac{TP}{TP + FN} \tag{1-3}$$

也就是说，精确率是指在所有系统判定的阳性的样本中，确实是阳性的样本占比，召回率是指在所有确实为阳性的样本中，被判为阳性的样本占比。精确率衡量模型预测正类时的准确率，召回率衡量模型识别出正类的能力，这两者一般情况下互相冲突，此消彼长。一般来说，精确率高时，召回率往往偏低；而召回率高时，精确率往往偏低。考虑极端情况，比如当只预测出很少的正例的时候，精确率接近百分之百，但召回率却很低，当把所有结果都预测为正例时，召回率百分之百，但精确率却很低。所以不同的情况下肯定希望对精确率和召回率有个权衡选择，在某些情况下希望精确率更高，在另一些情况下希望召回率更高。例如，在一个食品质量检测系统中，将预测为有质量问题的食品定义为"TP+FP"，而真正有质量问题的食品为"TP+FN"。在这种情况下，假设有质量问题的食品可能会对消费者的健康产生严重影响，因此避免漏检（FN）是关键，所以优先考虑的指标是召回率，因为需要更关心的是确保系统能够尽可能多地识别出真正有质量问题的食品。即便一些正常食品被错误标记为有问题（FP），也能够容忍，但是不能容忍有质量问题的食品漏检。假如在一个食品广告分类系统中，将预测为食品的广告定义为"TP+FP"，而真正是食品的广告为"TP+FN"。在这种情况下，误判一些不是食品的广告（FP）可能会让用户感到困扰，但是漏掉一些真正的广告（FN）的影响相对较小。所以优先考虑的指标为精确率，因为更需要关心的是确保系统标记为食品的广告中大部分都是真正的食品广告，避免用户受到不必要的干扰，尽管可能会漏掉一些广告，但是在这个情境下，用户体验更为重要。所以实际应用中，选择精确率还是召回率取决于任务的特性和实际需求，需要根据具体情境进行权衡。

F1 分数（F1 score）是精确率和召回率的兼顾指标，是精确率和召回率的调和平均数：

$$F1 \text{ 分数} = \frac{2 \times \text{精确率} \times \text{召回率}}{\text{精确率} + \text{召回率}} \tag{1-4}$$

只有当精确率和召回率二者都非常高的时候，它们的调和平均数才会高，如果其中之一很低，调和平均数就会被拉得接近于那个很低的数。假设有一个食品质量检测系统，它的任务是在食品生产线上检测出所有存在质量问题的产品，前期收集了一批包括合格和不合格食品的样本数据，其中合格的样本数量较多，但不合格的样本数量相对较少，存在类别不平衡的情况，那么可以使用 F1 分数来评估这个系统的性能。目标是通过机器学习模型来识别不合格的食品，由于不合格的食品在样本中相对较少，希望评估模型时综合考虑其精确率和召回率。F1 分数的平衡性对于减少不合格产品进入市场（提高精确率）并捕捉到尽可能多的不合格产品（提高召回率）都是重要的。

在处理二分类问题时，通常通过设定阈值来决定样本属于哪一类。然而，在这个阈值设定的过程中，精确率和召回率往往会受到阈值选择的影响。为了更全面地评估分类器的性能，需要引入一个指标，能够排除阈值选择的影响，更好地反映模型的特征提取能力。在这种情况下，ROC（receiver operating characteristic，受试者工作特征）曲线成为一种有力的评估工具。ROC 曲线能够将真阳性率（true positive rate，TPR，即召回率）和假阳性率（false positive rate，$FPR = \frac{FP}{FP+TN}$）绘制成一个曲线，直观地表示了分类器在不同阈值下的性能表现。当 ROC 曲线越接近左上角时，代表分类器性能越好，更能正确地分类样本。通过比较 ROC 曲线下的面积（AUC），可以得出不同阈值下模型的整体性能，而这个性能指标不会受到分类阈值的影响。总体而言，ROC 曲线和 AUC 提供了一种更全面、更不受阈值选择干扰的评估方法，能够更准确地判断分类器的性能，特别是在面对不同阈值和类别不平衡的情况下。如图 1-10 所示，ROC 曲线的纵坐标为真阳性率，即将正例分对的概率，横坐标为假阳性率，即将负例错分为正例的概率，AUC 为 ROC 曲线下的面积，介于 0 到 1 之间，AUC 的值越大，分类器效果越好。

ROC 曲线有个很好的特性，即当测试集中的正负样本的分布变化的时候，ROC 曲线能够保持不变。在实际的数据集中经常会出现类不平衡现象，即负样本比正样本多很多（或者相反），而且测试数据中的正负样本的分布也可能随着时间变化。

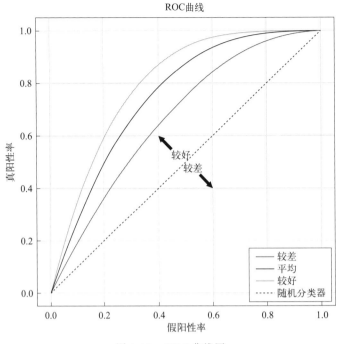

图 1-10　ROC 曲线图

1.3.8.2　多分类问题下模型性能的评估

在多分类问题中，评估模型性能涉及多个类别的分类情况，因此需要使用适用于多分类情景的评估指标，但实际上多分类问题在评价的时候通常是看成多个不同的二分类问题进行评估的。对于一个具有 n 个类别的问题，针对类别 1，混淆矩阵的形式如表 1-4 所示，其中 TP_1 表示属于类别 1 的样本被正确地预测为类别 1，FP_1 表示不属于类别 1 的样本被错误地预测为类别 1。以此类推，针对其他的类别 i，同样存在相应的混淆矩阵和 TP_i 等指标。

表 1-4　多分类情况下针对类别 1 的混淆矩阵

预测/实际		实际	
		类别 1	不是类别 1
判断结果	类别 1	真阳性（TP_1）	假阳性（FP_1）
	不是类别 1	假阴性（FN_1）	真阴性（TN_1）

基于多分类的混淆矩阵，准确率（accuracy）是所有类别预测正确的样本占总样本数量的比例，可以表示为：

$$准确率 = \frac{\sum_{i=1}^{n} TP_i}{TP_1 + TN_1 + FP_1 + FN_1} \tag{1-5}$$

另外，如果只有一个二分类混淆矩阵，即只针对某一类别，可以用前面介绍的精确率、召回率、F1 分数等指标进行评价，但是当综合考虑模型对于 n 个类别的总体预测情况时，就会用到宏平均、微平均和加权平均等。宏平均（macro-average，Macro）

是按照二分类的方式先针对每一个类别计算一个相应的精确率、召回率、F1 分数，然后再对所有类别的指标求算术平均值，以精确率为例：

$$\text{MacroP} = \frac{1}{n}\sum_{i=1}^{n}\frac{\text{TP}_i}{\text{TP}_i + \text{FP}_i} \tag{1-6}$$

适用于对每个类别平等关心的情况。而与宏平均不同，微平均（micro-average，Micro）先将混淆矩阵的 TP、FP、TN、FN 对应位置求均值，然后再根据公式计算，适用于对每个样本平等关心的情况，以精确率为例：

$$\text{MicroP} = \frac{\sum_{i=1}^{n}(\text{TP}_i)}{\sum_{i=1}^{n}(\text{TP}_i) + \sum_{i=1}^{n}(\text{FP}_i)} \tag{1-7}$$

加权平均（weighted-average）则是根据每个类别的样本数进行加权，适用于处理不平衡类别的情况，以精确率为例：

$$\text{WeightedP} = \sum_{i=1}^{n}\left(\frac{N_i}{N}\times\frac{\text{TP}_i}{\text{TP}_i + \text{FP}_i}\right) \tag{1-8}$$

式中，N_i 代表真正属于类别 i 的样本数目；N 代表样本总数。

除了上述提到的这些指标外，如果需要进行更为细致的评估的话，可以采用分类报告的形式，分类报告提供了每个类别的精确率、召回率和 F1 分数等指标，可以帮助更详细地了解模型性能。在多分类问题中，综合使用这些评估指标能够提供全面的性能分析，帮助了解模型在各个类别上的表现，并找到可能需要改进的方面。

1.3.8.3 回归问题下模型性能的评估

在回归问题中，评估模型性能的方式与分类问题略有不同，接下来将讨论回归问题下常见的评估指标及其应用场景。

均方误差（mean square error，MSE）是回归问题中最常用的评估指标之一，它通过计算模型预测值与实际值之间的平方差并取平均值来衡量模型的性能，在食品领域的应用中，可以将其理解为对于某一食品属性（比如口感得分），模型预测值与实际值的平方差的平均值，公式如下：

$$\text{MSE} = \frac{1}{n}\sum_{i=1}^{n}(y_i - \hat{y}_i)^2 \tag{1-9}$$

式中，n 是样本数量；y_i 是实际值；$\hat{y}_i$ 是模型的预测值。

均方误差的优点在于直观易懂，对于大部分回归问题都是一个有效的指标，然而，它对异常值较为敏感，因为误差平方项的存在会放大异常值的影响。

平均绝对误差（mean absolute error，MAE）是另一常见的回归评估指标，它计算了模型预测值与实际值之间的绝对差并取平均值，公式如下：

$$\text{MAE} = \frac{1}{n}\sum_{i=1}^{n}|y_i - \hat{y}_i| \tag{1-10}$$

与均方误差不同，平均绝对误差对异常值相对较为稳健，因为它使用的是绝对值，异常值对其影响的程度较小。

决定系数（R^2）是衡量模型对目标变量变异性解释程度的统计量，通常取值范围在 0 到 1 之间，R^2 值越接近 1 说明模型对目标变量的解释越好，模型也拟合得越好，其定义如下：

$$R^2 = 1 - \frac{\frac{1}{n}\sum_{i=1}^{n}(y_i - \hat{y}_i)^2}{\frac{1}{n}\sum_{i=1}^{n}(y_i - \bar{y})^2} \tag{1-11}$$

式中，$\bar{y}$ 是所有样本实际值的均值。

R^2 的优点在于它提供了一种相对直观的模型拟合度量，但它也有一些限制，特别是在样本量较小时容易过度拟合。

前面介绍的都是回归任务中一些常规的评价指标，这些指标在许多食品领域的应用中都能提供对模型性能的有效评估。然而，随着数据任务的不断发展，尤其是在面对更为复杂的回归任务时，也需要考虑一些特殊的指标和方法。例如时序任务预测中可以使用平均绝对百分比误差（mean absolute percentage error，MAPE）或其他基于时间序列性质的评价指标，以更全面地衡量模型对未来趋势的预测性能。此外，在某些涉及异常检测的食品领域，还需要引入一些专门用于异常检测的指标，以评估模型对异常情况的敏感性和准确性。总的来说，在实际应用中，还是需要根据具体任务和数据特点来选取评价指标，本节不做额外展开，后续将会在具体的案例中进一步展示说明。

1.3.8.4 聚类问题下模型性能的评估

在聚类问题中，评估模型性能涉及对数据集进行无监督分组，并衡量分组的质量。与分类问题不同，聚类问题一般没有明确的标签，无法直接使用类似于混淆矩阵、精确率和召回率这样的监督学习指标。在这种情况下，聚类算法遵循"类内相似度尽可能大，而类间相似度尽可能小"的目标原则，因此大部分聚类算法评估都以此为依据，通过计算评估指标量化值对算法的聚类效果进行评估。另一方面，若明确了待使用的性能度量指标，则可以直接将其作为聚类过程的优化目标，从而更好地得到符合要求的聚类结果。聚类结果性能评估指标大致有两类：将聚类结果与标准参考结果进行比较的外部指标和直接比较聚类数据内部量关系的内部指标。

（1）外部指标

外部指标的计算前提是需要有一个已知的参考聚类结果，这个结果可以是由专家给定的也可以是公认的聚类标准。假定对于数据集 $X = \{x_1, x_2, \cdots, x_s\}$，通过某个聚类算法对其划分得到的聚类结果是 $D = \{d_1, d_2, \cdots, d_m\}$，而已知的参考聚类结果是 $C = \{c_1, c_2, \cdots, c_n\}$。其中，$D$ 中的聚类数 m 与 C 中的聚类数 n 不一定相同。对数据集中的样本任意进行两两配对如（x_i, x_j），则样本对的个数为 $M = s(s-1)/2$。显然，对于样本对将可能存在以下几种情况。

$a =$ 在 D 中属于相同类别且在 C 中属于相同类别的样本对的数量；

$b =$ 在 D 中属于相同类别但在 C 中属于不同类别的样本对的数量；

$c =$ 在 D 中属于不同类别但在 C 中属于相同类别的样本对的数量；

$d =$ 在 D 中属于不同类别且在 C 中属于不同类别的样本对的数量。

由于每个样本只能出现在一种类别中，因此，可以得到 $M = a + b + c + d$。

基于以上分析，可以得出以下常用的聚类结果外部性能评估指标。

① Jaccard 系数（Jaccard coefficient，JC）常用来表示集合之间的相似性和差异性，常常被定义为集合交集大小与集合并集大小的比值，因此也常被称为并交比。其公式为：

$$JC = \frac{a}{a+b+c} \tag{1-12}$$

② Rand 指数（Rand index，RI）

$$RI = \frac{a+d}{a+b+c+d} = \frac{a+d}{M} \tag{1-13}$$

③ FM 指数（Fowlkes and Mallows index，FMI）

$$FMI = \sqrt{\frac{a}{a+b} \times \frac{a}{a+c}} \tag{1-14}$$

上述三个评估指标均通过比较算法聚类结果与已知的参考聚类结果来评判聚类效果，指标值均在 [0，1] 区间内，数值越大则说明算法聚类结果与参考聚类结果越相近，聚类效果越好。

（2）内部指标

内部指标只考虑算法聚类之后的各类别之间的效果，其聚类结果的评价标准只依赖数据集自身的特征和量值。内部指标的度量通常从数据集的几何结构信息或统计信息指标来评判，包括对数据集结构的紧密度、分离度、连通性等方面的评估。常见的内部指标有以下几种。

① 误差平方和（sum of the squares of errors，SSE）表示各个类簇 $C = \{c_1, c_2, \cdots, c_k\}$ 中的样本点 p 与其类簇中心 m_i 的距离的平方和，SSE 的值越小越好。计算公式为：

$$SSE = \sum_{i=1}^{k} \sum_{p \in c_i} (p - m_i)^2 \tag{1-15}$$

② CH 指数（Calinski Harabasz index，CHI）通过样本的类内协方差矩阵（描述紧密度）与类间协方差矩阵（描述分离度）来衡量聚类结果的分离程度。计算公式为：

$$CHI(k) = \frac{tr(\boldsymbol{B}_k)(n-k)}{tr(\boldsymbol{W}_k)(k-1)} \tag{1-16}$$

式中，$\boldsymbol{B}_k$ 与 $\boldsymbol{W}_k$ 分别表示类间的协方差矩阵和类内的协方差矩阵；tr 表示矩阵的迹；n 表示聚类的样本数；k 表示聚类的类别数。CH 指标的值越大越好。

③ DB 指数（Davies-Bouldin index，DBI）是基于样本的类内散度与各聚类中心间距的测度，其最小值对应的类别数作为最佳聚类数。计算公式为：

$$DBI = \frac{1}{k} \sum_{i,j=1}^{k} \max_{j \neq i} \left(\frac{W_i + W_j}{d_{ij}} \right) \tag{1-17}$$

式中，d_{ij} 表示两个簇类别中心之间的距离；W_i 和 W_j 分别表示类别 i 和 j 中的所有样本到其类簇中心的平均距离。DB 指数的值越小越好。

④ 轮廓系数（silhouette coefficient，SC）计算公式为：

$$SC(i) = \frac{1}{n} \sum_{i=1}^{n} \frac{b(i) - a(i)}{\max\{a(i), b(i)\}} \tag{1-18}$$

　　式中，$a(i)$ 表示同一个类簇中的样本 i 到其他样本的平均距离；$b(i)$ 表示样本 i 到最近簇中样本的平均距离。轮廓系数的范围在 $[-1, 1]$ 之间，数值越接近于 1 越好。

1.4　机器学习与食品大数据分析

　　机器学习并非独立存在的工具，而是随着技术和行业需求的发展而应运而生的技术手段。介绍机器学习时，必须将其置于行业应用的背景下进行考虑。图 1-11 展示了机器学习在食品行业的几个关键应用。结束了前面对于机器学习的总体介绍，下面将从食品生产与加工、食品质量与安全、食品营养与健康三个方面为读者展现机器学习技术到底为食品产业带来了哪些创新和提升。

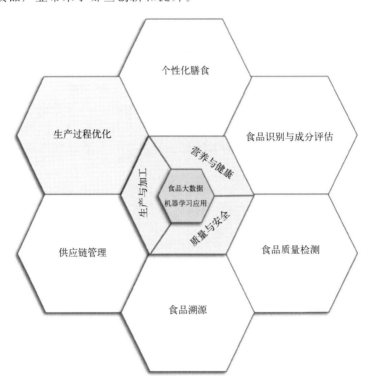

图 1-11　机器学习在食品领域的应用

1.4.1　食品生产与加工

　　在食品生产与加工领域，机器学习技术的应用正逐渐改变着传统的生产方式，提高了生产效率、质量和安全性。本节将探讨机器学习在食品生产与加工中的具体应用，以及它们对行业的影响。

　　(1) 生产过程优化

　　机器学习技术在食品原材料生产领域中的应用广泛而深远。在农业领域，机器学习算法能够进行高效的数据分析和模式识别，可以为农民提供精准的农业建议和决策支持，确定最佳的种植时间、施肥量、灌溉频率以及病虫害防治策略，提高作物产量和质量，同时减少资源浪费和化学农药的使用。在畜牧业方面，机器学习同样发挥着关键作用。通过监测动物的行为、健康状况和生长情况，机器学习技术可以帮助畜牧场主实现精准的畜禽管理。例如，基于传感器数据和机器学习算法，可以实时监测牲畜的活动模式，从而发现异常行为并及时识别潜在的健康问题。此外，机器学习还可以利用大数据分析动物的遗传信息，帮助畜牧场主进行优良品种的选育和疾病抵抗力的提升。通过这些方法，畜牧业能够进行更高效的饲养管理，提高养殖效益。

（2）加工过程优化

机器学习还可用于优化食品加工过程，从生产线的整体效率到具体的工艺参数调整，都可以通过机器学习的数据分析得以改善。机器学习能够挖掘潜在的生产瓶颈和效率低下的环节，在传统的生产管理中，这些问题可能由于数据量庞大、复杂性高而难以被及时察觉。另外，通过监测生产环境的因素，如温度、湿度、压力等，机器学习系统还可以对生产参数进行自动调整，这种实时反馈机制使得生产过程更加智能化，能够随时根据环境变化和设备状态进行调整。例如，在食品加工中，温度的控制对产品质量有着重要影响，机器学习系统可以根据实时监测的温度数据自动调整加热设备的温度，确保产品符合质量标准。此外，机器学习还可以通过预测性维护的方式，提前识别设备的潜在故障，避免由于设备停机导致的生产中断。通过监测设备的运行状态和维护历史，机器学习模型可以预测设备何时需要维护，以及需要进行何种类型的维护，提高生产效率和设备的可靠性以及稳定性。

（3）供应链管理

食品供应链的复杂性不仅涉及产品的生产与运输，还牵涉原材料采购、生产过程、分销、零售等多个环节。这种多层次、多环节的复杂性往往导致信息流动不畅、运营效率低下，而机器学习技术的应用能够在多个方面优化整个供应链管理。销售状况方面，机器学习可以更准确地预测需求，而传统的需求预测可能受限于静态的统计方法，机器学习可以利用实时数据、市场趋势和消费者行为等信息，建立更为灵活、精准的预测模型，这有助于避免过多或过少的库存，提高库存周转率，降低库存成本。库存管理方面，根据销售数据、产品寿命以及市场需求的变化，系统可以更加智能地调整库存水平，避免产品过期而导致的损失。这对于食品行业尤为重要，因为许多食品有一定的保质期，对库存的及时管理直接关系到产品的质量和安全。而对于供应链整体而言，机器学习技术可以动态可视化供应链，智能化系统实现对整个供应链的实时监控，使各个参与方能够更清晰地了解产品流向、库存状况以及生产进度等信息。这种透明度有助于快速发现潜在问题，加强协同合作，提高整体供应链的效率和反应速度。

（4）个性化营销与新产品开发

机器学习还可以通过分析消费者的购买历史、喜好和行为模式，实现个性化营销。通过分析消费者的购买历史、喜好和行为模式，机器学习能够生成详细的消费者画像，这些画像包括个体的口味偏好、购物频率、购买渠道等信息，从而为企业提供更全面、深入的了解。基于这些信息，企业可以实施个性化的营销策略，针对性地调整产品的配方、包装和宣传活动，以更好地满足不同消费者群体的需求。例如，对于健康意识强的消费者，可以推出低糖、低脂的产品，而对于追求创新口味的消费者，可以提供新颖的食品组合。在了解消费者的消费偏好和习惯后，机器学习还能够通过模拟和优化加速新产品的研发过程。传统的新产品研发往往需要耗费大量时间和资源，而机器学习可以通过分析市场趋势、消费者反馈以及产品配方等数据，预测新产品的潜在市场接受度，从而减少创新的风险。通过模拟不同的产品配方、包装设计和市场推广策略，机器学习帮助企业在虚拟环境中优化方案，提前发现潜在问题，并在产品正式推向市场前进行必要的调整。另外，个性化营销和新产品研发的结合还能相互促进进一步建立更加密切的消费者关系，通过利用消费者的反馈数据，机器学习可以不断优化个性化推荐系统，提高产品推荐的准确性。这种双向的互动使得企业更好地了解消费者的变化需求，使产品更符合市场趋势。

1.4.2　食品质量与安全

食品质量与安全一直是社会关注的焦点之一，食品行业在不断发展的同时也面临着越来越复杂的质量管理和安全监控挑战。随着机器学习技术的不断进步，其在食品质量与安全领域的应用逐渐成为解决问题的利器。本节将介绍机器学习在食品质量与安全中的具体应用，重点关注其在流行病学、食源性疾病监测等方面的贡献。

（1）食源性疾病监测与预测

机器学习在食品安全领域的一个重要应用是食源性疾病的监测与预测，通过分析大量的医疗数据、疾病暴发历史以及食品供应链数据，机器学习能够识别出潜在的食源性疾病的关联性，这包括了患者的就医记录、病原体的基因序列、患者的地理位置以及食品供应链的相关信息等。通过整合这些多源数据，机器学习算法可以建立模型来分析疾病的传播路径，追溯患者的食品摄入历史，从而更精准地判断食品是否可能成为疾病传播的媒介。而通过监测和分析不同因素的变化，如气象数据、人口流动、就医数据等，机器学习模型能够识别出与疾病暴发相关的模式，预测潜在的食源性疾病暴发。这种预测性的模型有助于在疾病暴发前采取预防措施，包括及时调整食品监测计划、强化食品供应链的安全管理，从而最大程度地减少疾病传播风险。除此以外，机器学习技术还能够加强对受感染食品的监测与隔离，通过结合物联网技术，例如使用传感器监测食品温度、湿度等因素，机器学习系统可以监控食品供应链的各个环节，一旦有异常情况或者疾病暴发的预测结果，系统可以快速定位问题源头，追溯受感染的食品，实施隔离和处理措施，防止受感染食品流入市场。

（2）智能化食品检测

传统的食品检测方法通常耗时且昂贵，而机器学习技术可以通过图像识别、声音分析等手段，实现对食品质量的智能化检测。例如，通过使用机器学习模型分析食品的纹理、颜色、形状等特征，可以迅速而准确地判断食品是否符合标准。这种智能化的图像识别技术不仅提高了检测的速度和准确性，还能够在高速生产线上连续不断地检测，大大提高了生产效率。除了图像方面的识别与分析，机器学习技术还可以通过声音分析等手段实现对食品质量的检测，声音分析技术可以用于检测食品生产过程中的异常声音，如设备故障、材料异常等，从而及时发现潜在的质量问题。当然，机器学习还可以结合其他传感器技术，如气味传感器、化学传感器等，实现对食品质量的多维度检测。这种多传感器融合的检测系统能够更全面地评估食品的品质，发现潜在的问题，并及时采取措施加以解决，从而保障消费者的食品安全。

（3）数据驱动的溯源系统

机器学习在食品质量与安全中的另一个关键应用是建立数据驱动的食品溯源系统。从生产、加工、运输到销售这一完整的食品生产链条存在着大量数据，这些数据涵盖了从原材料采购到产品配送的全过程，包括生产批次、加工环节、运输路径、存储条件等关键信息。机器学习算法可以对这些数据进行分析和挖掘，识别出生产链条中的关键节点和风险因素，从而建立起高效、精准的食品追溯系统。传统的食品溯源往往依赖人工操作，耗时耗力且容易出现错误。而机器学习可以利用大数据技术和自然语言处理技术，实现对海量数据的快速处理和分析，从而快速追溯产品的生产和流通轨迹，这种自动化的溯源系统不仅提高了溯源的效率，还减少了人为错误的发生，保障了数据的准确性和可靠性。

1.4.3 食品营养与健康

食品营养与健康一直是人们生活中关注的重要话题，随着社会的发展和科技的进步，机器学习技术在食品营养与健康领域的应用逐渐展现出巨大潜力。本节将介绍机器学习在食品营养与健康中的具体应用，着重介绍其在食品数据分析和推进健康饮食等方面的重要贡献。

（1）个性化饮食建议

机器学习技术在个性化饮食建议方面的应用，为人们提供了更加科学和个性化的营养指导，有助于改善健康状况、预防疾病，并提升生活质量。利用机器学习系统分析个体的生理状况、基因型、饮食习惯等多方面数据，可以建立个体化的健康模型。这些数据包括个体的身体指标、基因组信息、生活习惯、饮食偏好等，通过对这些数据进行深度学习和数据挖掘，机器学习系统可以识别出个体的健康风险因素，了解其对不同营养物质的需求，从而为个体提供定制化的饮食建议。根据个体的健康模型，进一步能够预测个体对不同营养物质的需求，并推荐合适的饮食组合，而且通过分析个体的生理特征和代谢情况，系统可以了解其对蛋白质、碳水化合物、脂肪、维生素、矿物质等营养物质的需求量，以及对特定营养素的吸收能力。基于这些信息，机器学习系统可以为个体制定合理的饮食计划，包括推荐的食物种类、摄入量、食物搭配等，以达到最佳的健康效果。而且机器学习系统和个体还能形成交互式的良性循环，可以根据个体的反馈数据不断优化饮食建议，通过监测个体的饮食习惯、生理指标的变化等数据，动态调整个体的饮食计划，使其更加贴合个体的实际需求。这种个性化的反馈机制有助于人们更科学地调整饮食结构，预防疾病、改善健康。

（2）食品成分分析与评估

机器学习技术在食品成分分析和评估方面的应用，极大地提升了消费者对食品的了解和控制，为实现健康饮食目标提供了便捷的途径。通过图像识别技术，机器学习可以对食物照片进行分析，识别出食品的成分、热量、营养含量等信息。这种直观的方式使得消费者无需翻阅复杂的食品标签或进行烦琐的查询，就能快速获取到所需的营养信息。例如，消费者可以通过智能手机应用拍摄一道菜肴的照片，系统会识别出食材的种类、分量以及所含营养成分，并提供相应的营养评估结果，如热量、蛋白质、脂肪、碳水化合物等，这使得消费者能够更直观地了解食物的营养价值，有助于他们做出更为理性和健康的饮食选择。进一步结合语音识别技术，消费者可以通过语音指令向智能设备查询食品的营养信息，而机器学习系统则能够快速识别并解析语音内容，从而提供更加智能的食品成分分析和评估服务。这种便捷的交互方式不仅节省了消费者的时间和精力，还提高了用户体验，使得健康饮食更加易于实践。

（3）食品标签解读与推荐

机器学习在解读食品标签和为消费者提供个性化建议方面发挥了重要作用，为消费者提供了更加智能和便捷的购物体验，帮助他们更好地实现健康目标。结合自然语言处理技术和图片识别技术，机器学习系统可以准确解读食品标签上的信息。传统上，消费者在购物时可能会被食品标签上的复杂信息所困扰，难以准确理解其中的含义。而机器学习系统通过分析大量的食品数据和营养知识，能够快速、准确地解读食品标签，提取出关键信息，并以用户友好的方式呈现给消费者。例如，系统可以将食品标签上的营养成分转化为可以处理的数值表格，直观地展示食品的营养价值，帮助消费者更好地了解产品的质量和特点。而且这样做更方便了机器学习系统根据消费者的健康需求和个人喜好为其推荐符合其健康目标的产品。

1.5 小结

本章着重介绍了大数据和机器学习在食品领域的相关概念和技术以及应用前景。首先对大数据进行了概述，包括大数据的基本概念、大数据的来源与定义，以及大数据的特征与结构类型，同时介绍了大数据的存储与分析技术。针对食品领域的大数据，论述了其定义、特点、分类以及当前研究现状，指出了食品行业面临的挑战和机遇。结束大数据相关内容的说明后，本章引入了机器学习的概念，介绍了机器学习的关键要素和一般流程，强调了其在处理大规模食品数据和挖掘数据规律方面的重要性。最后，通过介绍机器学习与食品大数据分析的应用领域，如食品生产与加工、食品质量与安全、食品营养与健康等，展示了机器学习在解决食品领域问题中的潜力和价值。这一章的内容旨在为读者提供对大数据和机器学习在食品领域应用的整体认知，并为后续章节的具体内容铺垫了基础。

◆ 参考文献 ◆

陈海虹，黄彪，刘锋，等，2017. 机器学习原理及应用 [M]. 成都：电子科技大学出版社.

崔晓晖，李伟，顾诚淳，2021. 食品科学大数据与人工智能技术 [J]. 中国食品学报，21(2)：1-8.

骆靖阳，陆柏益，2021. 基于文献计量学的食品大数据技术研究分析 [J]. 食品科学，42(5)：278-287.

潘宁，2022. 现代数据库原理与索引设计优化 [M]. 北京：华文出版社.

王强，石爱民，刘红芝，等，2017. 食品加工过程中组分结构变化与品质功能调控研究进展 [J]. 中国食品学报，17（1）：11.

Makridis G, Mavrepis P, Kyriazis D, 2022. A deep learning approach using natural language processing and time-series forecasting towards enhanced food safety [J]. Machine Learning, 112(4), 1287-1313.

Ooi K, Watcharasupat K N, Lam B, et al, 2023. Autonomous soundscape augmentation with multimodal fusion of visual and participant-linked inputs [J]. ArXiv: 2303. 08342.

Venkataramanan R, Roy K, Raj K, et al, 2023. Cook-gen: Robust generative modeling of cooking actions from recipes [J]. In 2023 IEEE International Conference on Systems, Man, and Cybernetics (SMC) : 981-986.

2 Python 数据分析与可视化基础

Python 是一种面向对象的解释型编程语言，因其语法简洁明了和具有高度的可读性而受到推崇，适合各种类型的项目和开发者使用。与其他语言相比，Python 具有库支持广泛、开发效率高、可读性强等优点。随着大数据、人工智能技术的飞速发展，Python 在数据分析领域优势显著。同时，对初学者而言，Python 具有简单易学、开源免费、跨平台性和丰富的第三方库等优势。通过本章的学习，读者能够对 Python 数据分析与可视化有一个全面的认识。

2.1 Python 开发环境介绍

Python 有多种可供选择的开发环境，以下是简要介绍。

IDLE：IDLE 是 Python 自带的集成开发环境，提供了简单易用的界面和基本的编辑、运行 Python 代码的功能。它适合初学者快速上手 Python 编程，并具有交互式 Shell 和调试功能，是学习和探索 Python 语言的良好起点。

Anaconda：Anaconda 是一个用于科学计算的 Python 开源发行版，它集成了众多与科学计算相关的库和工具，例如 NumPy、Pandas 和 Matplotlib 等，这使得它非常适合用于数据分析和机器学习项目。

PyCharm：PyCharm 是专业级 Python 集成开发环境，它具有强大的代码补全、调试、自动化测试等高级功能，提供了丰富的插件和工具支持，适合开发大型项目和专业开发者使用。

Visual Studio Code（VSCode）：VSCode 是一个轻量级但功能丰富的跨平台代码编辑器，用户可以通过丰富的插件系统扩展其功能，进行代码编辑、调试和版本控制等操作。

Jupyter Notebook：Jupyter Notebook 是一个基于 Web 的交互式计算环境，用户可以创建包含实时代码、可视化结果和文本说明的笔记本，特别适合于数据分析、数据可视化和机器学习任务。

Spyder：Spyder 是一个开源的科学计算和数据分析环境，专为 Python 开发而设计。它集成了 IPython 控制台、变量浏览器、文本编辑器等工具，适合于进行数据分析、科学计算和机器学习任务。

总而言之，不同开发环境之间的区别只是在于开发界面、交互性、库支持或者面向对象等方面。但当研究者需要编写代码完成一些数据分析任务的时候，关键在于熟练掌握一些常用的 Python 函数库，这些函数库提供了丰富的功能和工具，帮助开发者更高效地完成各种任务。接下来，本书将结合具体的案例和代码介绍这些常用函数库的特点和用途。

2.2 数值计算工具 NumPy

2.2.1 NumPy 简介

NumPy 是 Python 中一个用于科学计算和数据分析的高性能基础库。它提供了两种主要的数据结构——用于存储单一数据类型的多维数组和矩阵，并且配备了一系列用于进行数学和统计计算的函数。它可以用于快速处理大型数据集、执行各种数值计算和线性代数运算，具体功能和特点如下。

① NumPy 最主要也是最重要的特点是其数据结构 ndarray，它是一个数组对象，可以存储同类型的数据，NumPy 大部分的函数都是围绕该数据结构展开的，如索引、切片等。

② 函数库底层使用 C 语言编写，利用了 C 语言的性能优势，提供高效的数据操作和计算功能。另外，NumPy 还支持使用 C/C++ 和 Fortran 编写的扩展模块，可以通过其提供的接口在 Python 中调用这些模块，实现更快速的数据处理和计算。

③ 丰富的函数功能，如矩阵乘法、求逆矩阵、特征值分解等线性代数函数，用于信号处理和频域分析的傅里叶变换函数，还有可用于模拟实验和随机抽样的随机数生成函数。

④ NumPy 与其他科学计算库如 SciPy、Pandas 等紧密结合，提供了良好的兼容性和协作能力，使得数据处理和分析更加便捷。

2.2.2 ndarray 对象

前文提到 NumPy 最重要的一个特点是其定义的数组对象 ndarray，它是一系列同类型数据的集合，以 0 为起始下标对集合中元素进行索引操作。ndarray 对象是用于存放同类型元素的多维数组，其中的每个元素在内存中都有相同存储大小的区域。

ndarray 内部由以下内容组成：①数据指针，一个指向数据（内存或内存映射文件中的一块数据）的指针；②数据类型，描述在数组中的固定大小值的格子；③维度，一个表示数组形状的元组，表示各维度大小的元组；④跨度，一个跨度元组，其中的整数指的是为了前进到当前维度下一个元素需要"跨过"的字节数。

2.2.3 数组的创建、切片和索引

数组可以通过多种方式创建，例如使用内置的 list 类型或利用 NumPy 库创建 ndarray 对象。

［程序 2-1］使用底层 ndarray 构造器来创建一维和二维数组。

```
1. import numpy as np
2. arr_1d = np.array([11, 25, 83, 94, 55])
3. print(arr_1d)
4. arr_2d = np.array([[18, 27, 35],[44, 56, 26]])
5. print(arr_2d)
```

该程序的输出结果如下：

```
[11 25 83 94 55]
[[18 27 35]
[44 56 26]]
```

ndarray 对象的元素可以通过索引或切片进行访问和修改。这种数组支持基于 0 到 n 的下标索引。切片对象可以通过内置的 slice 函数，并根据设置的 start、stop 及 step 参数从原数组中切割出一个新数组。

［程序 2-2］通过 slice 函数和分割符"start：stop：step"进行数组切片。

```
1. import numpy as np
2. a = np.arange(8)              # 创建一个 0~ 7 的数组
3. s = slice(1,6,2)             # 从索引 1 开始到索引 6 停止,间隔为 2
4. b = a[1:6:2]                 # 从索引 1 开始到索引 6 停止,间隔为 2
5. print(a[s])                  # 输出结果:[1,3,5]
6. print(a[b])                  # 输出结果:[1,3,5]
```

［程序 2-3］多维数组的切片。

```
1. import numpy as np
2. a = np.array([[12,22,33],[31,34,75],[74,58,65]])
3. print(a)
4. print('从数组索引 a[1:]处开始切割')     # 从某个索引处开始切割
5. print(a[1:])
```

该程序的输出结果如下：

```
[[12 22 33]
[31 34 75]
[74 58 65]]
从数组索引 a [1:] 处开始切割
[[31 34 75]
[74 58 65]]
```

2.3　可视化工具 Matplotlib

2.3.1　Matplotlib 简介

Matplotlib 是一个广泛使用的 Python 绘图库，非常适合于二维图形的绘制。它是 Python 数据科学生态系统中的关键组成部分，可以轻松地与 NumPy、Pandas 等 Python 库集成，方便地处理和可视化数据，使用户能够创建各种类型的图表，在科学计算、数据分析、机器学习等领域具有巨大的应用价值。Matplotlib 的具体功能和特点如下：①绘制多种图形，Matplotlib 拥有广泛的绘图功能和参数选择，能够生成多种类型的静态、动态以及交互式图表，这些图表类型包括折线图、散点图、条形图、直方图、饼图、箱线图等，使用户可以轻松地创建各种类型的图形来展示数据；②自定义样式，用户可以自定义图表的几乎所有元素，如颜色、标签、线型、字体、布局等，以达到理想的视觉效果；③3D 绘图能力，通过 mpl _ toolkits. mplot3d 模块，Matplotlib 还可以创建基本的 3D 图形；④嵌入其他应用，Matplotlib 图形可以嵌入 GUI 应用程序中，如 Tkinter、WxPython、Qt 或 GTK 应用。

2.3.2　Matplotlib 中的 Pyplot

（1）Pyplot 的绘图方法

本节介绍 Matplotlib 中最常用的子库 Pyplot。Pyplot 提供了一系列绘图函数的相关函数，这些函数可以对当前图像进行修改，如添加标签，生成新图像，或在图像中创建新的绘图区域等。在使用时，通常通过 import 语句导入 Pyplot 库，并为其设置别名 plt，这样便可以通过 plt 来调用 Pyplot 库中的方法。

```
1. import matplotlib. pyplot as plt
```

绘图的一般步骤如下：首先用 figure() 函数创建一个绘图对象（这一步可选）；接着，需要用数组或者序列设置坐标值；最后用 plot() 函数在坐标系中绘制图形。以下介绍一些简单的实例。

［程序 2-4］通过坐标（2，4）、（3，9）、（4，1）、（5，6）绘制一条不规则线。

```
1. import matplotlib. pyplot as plt
2. import numpy as np
3. xpoints = np. array([2, 3, 4, 5])      # 使用 numpy 创建一个数组,包含 x 轴的点
4. ypoints = np. array([4, 9, 1, 6])      # 使用 numpy 创建一个数组,包含 y 轴的点
5. plt. plot(xpoints, ypoints)            # 使用 plt. plot 绘制线图
6. plt. show()                            # 显示图表
```

该程序的输出结果如图 2-1 所示。

［程序 2-5］使用 pie( ) 方法绘制饼图。

```
1. import matplotlib. pyplot as plt
2. import numpy as np
```

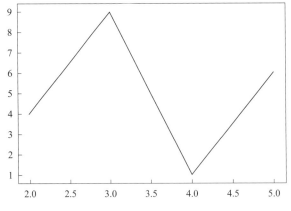

图 2-1　使用 Pyplot 绘制不规则直线

3. y = np.array([35, 25, 25, 15]) # 使用 numpy 创建一个数组,表示饼图中每一块的值
4. plt.pie(y, autopct='% 1.1f% % ') # 绘制饼图,autopct='% 1.1f% % '用于格式化显示每一块的百分比,保留 1 位小数
5. plt.show()　# 显示图表

该程序的输出结果如图 2-2 所示。

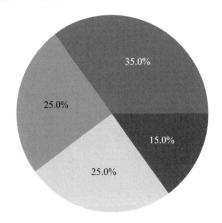

图 2-2　使用 Pyplot 绘制饼图

［程序 2-6］使用 bar( ) 方法绘制柱形图。

```
1. import matplotlib.pyplot as plt
2. import numpy as np
3. x = np.array([1, 2, 3, 4])
4. y = np.array([10, 14, 5, 20])
5. plt.bar(x,y)
6. plt.show()
```

该程序的输出结果如图 2-3 所示。

（2）保存图像文件

可以使用 plt.savefig() 函数来保存当前绘图文件,该函数支持多种文件格式,包括 png、jpeg、svg、pdf 等。此外,它还提供了多种选项来自定义保存的图像,例如分

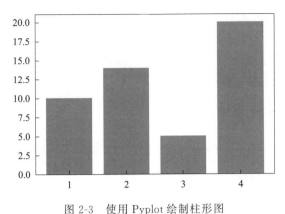

图 2-3　使用 Pyplot 绘制柱形图

辨率（dpi）、背景色和裁剪选项等。接下来，通过一个简单的实例来介绍。

［程序 2-7］使用 plt. savefig（）函数来保存图像文件。

```
1. import matplotlib. pyplot as plt
2. plt. plot([1, 2, 3, 4])                                    # 创建一个简单的图表
3. plt. ylabel('some numbers')
4. plt. savefig('my_figure. png')                             # 保存图表为 PNG 文件
5. plt. savefig('my_figure_high_resolution. png', dpi= 300)   # 以高分辨率保存图像，
设置 dpi 参数
6. plt. savefig('my_figure_trimmed. png', bbox_inches= 'tight')   # 保存图像时去除
周围的空白,使用 bbox_inches 参数
```

实际使用中，在调用 savefig（）之前，一般先要确保所有的绘图命令如 plot（）、title（）、xlabel（）等已经执行。考虑到图像质量和文件大小的平衡，还需要合理选择图像格式和分辨率。使用 bbox_inches＝'tight'参数可以去除图像周围不必要的空白，使图像更为紧凑。

2.4　统计工具 Scipy

2.4.1　Scipy 简介

Scipy 是一个开源的 Python 库，用于数学、科学和工程领域。它建立在 NumPy 数组对象的基础上，提供了一系列用户友好且高效的数值算法，包括线性代数、数值积分、优化、插值、特殊函数、快速傅里叶变换、信号处理和图像处理等。Scipy 是基于 NumPy 的，因此它可以高效地处理多维数组的运算，这对于大规模的科学计算尤其重要。Scipy 的功能繁多，因为篇幅原因，这里主要介绍 Scipy 中较常用的稀疏矩阵和图结构。

2.4.2　Scipy 稀疏矩阵

在 Scipy 中，稀疏矩阵是指绝大多数元素为 0 的矩阵。在科学和工程计算中，尤其

是在处理大规模数据集或高维问题时，经常会遇到稀疏矩阵。与密集矩阵相比，稀疏矩阵在存储和计算上更为高效，因为只需要存储非 0 元素及其位置信息。Scipy 通过scipy. sparse 模块提供了多种稀疏矩阵的存储格式和相关操作，以优化存储和计算性能，本小节主要使用 CSR 矩阵。

〔**程序 2-8**〕**创建 CSR 矩阵。**

```
1. import numpy as np
2. from scipy. sparse import csr_matrix    # 从 scipy. sparse 导入 csr_matrix,用于创建压缩稀疏行矩阵
3. arr = np. array([0, 0, 0, 0, 0, 1, 1, 0, 2]) # 使用 numpy 创建一个数组,包含矩阵的元素
4. print(csr_matrix(arr))
```

该程序的输出结果如下：

```
(0，5)    1
(0，6)    1
(0，8)    2
```

〔**程序 2-9**〕**使用 data 属性查看存储的非 0 元素。**

```
1. import numpy as np
2. from scipy. sparse import csr_matrix
3. arr = np. array([[0, 0, 0],[0, 0, 1],[1, 0, 2]])
4. print(csr_matrix(arr). data)                    # 输出结果:[1 1 2]
```

〔**程序 2-10**〕**使用 count_nonzero( ) 方法计算非 0 元素的总数。**

```
1. import numpy as np
2. from scipy. sparse import csr_matrix
3. arr = np. array([[0, 0, 0],[0, 0, 1],[1, 0, 2]])
4. print(csr_matrix(arr). count_nonzero())         # 输出结果:3
```

〔**程序 2-11**〕**使用 eliminate_zeros( ) 方法删除矩阵中 0 元素。**

```
1. import numpy as np
2. from scipy. sparse import csr_matrix
3. arr = np. array([[0, 0, 0],[0, 0, 1],[1, 0, 2]])
4. mat = csr_matrix(arr)  # 将二维数组转换成 CSR 格式的稀疏矩阵
5. mat. eliminate_zeros()  # 调用 eliminate_zeros 方法,移除稀疏矩阵中的所有零元素
6. print(mat)
```

该程序的输出结果如下：

```
(1，2)    1
(2，0)    1
(2，2)    2
```

〔**程序 2-12**〕**使用 sum_duplicates( ) 方法来删除重复项。**

```
1. import numpy as np
2. from scipy. sparse import csr_matrix
3. arr = np. array([[0, 0, 0],[0, 0, 1],[1, 0, 2],[0, 0, 1]])
```

4. mat = csr_matrix(arr)　　# 调用 sum_duplicates 方法,合并矩阵中所有重复的条目,即
[0, 0, 1]

5. mat.sum_duplicates()

6. print(mat)

该程序的输出结果如下:

(1,2)　　1

(2,0)　　1

(2,2)　　2

2.4.3　Scipy 图结构

图结构是算法学中最强大的框架之一,它由节点(顶点)和边组成,其中节点代表单个对象,边则表示对象间的联系或连接。为了有效处理这种数据结构,Scipy 库中包含了 scipy.sparse.csgraph 模块,专门用于操作和分析图结构。

[程序 2-13] Dijkstra 最短路径算法。Dijkstra 算法是一种用于查找图中单一源节点到其他所有节点的最短路径的算法。下面的示例展示如何使用这个算法来确定节点之间的最短路径。

1. import numpy as np

2. from scipy.sparse.csgraph import dijkstra

3. from scipy.sparse import csr_matrix

4. arr = np.array([[11, 23, 15], [16, 4, 2], [12, 4, 9]])

5. narr = csr_matrix(arr)　　　　# 将二维数组转换成 CSR 格式的稀疏矩阵,以高效地
存储和处理图

6. indices, predecessors = dijkstra(narr, return_predecessors= True)

7. print(indices,predecessors)　　# 调用 dijkstra 函数计算从节点 0 到所有其他节点
的最短路径,同时返回前驱节点信息

该程序的输出结果如下:

indices: [[0　19　15]

　　　　 [14　 0　 2]

　　　　 [12　 4　 0]],

predecessors: [[-9999　 2　 0]

　　　　　　　 [2　-9999　 1]

　　　　　　　 [2　 2　-9999]]

数组 [0., 19., 15.] 表示从节点 0 到节点 0 的距离是 0(自环),从节点 0 到节点 1 的最短路径长度是 19,从节点 0 到节点 2 的最短路径长度是 15。数组 [-9999,2,0] 表示节点 0 的前驱节点是无效的(因为它就是源节点),节点 1 在最短路径上的前驱节点是节点 2,节点 2 在最短路径上的前驱节点是节点 0。其中-9999 是一个标记值,表示没有路径。

[程序 2-14] Floyd Warshall 弗洛伊德算法,该算法也用于查找节点对之间的最短路径。

1. import numpy as np

```
2. from scipy. sparse. csgraph import floyd_warshall
3. from scipy. sparse import csr_matrix
4. arr = np. array([[11, 23, 15], [16, 4, 2], [12, 4, 9]])
5. narr = csr_matrix(arr)
6. print(floyd_warshall(narr, return_predecessors= True))#  调用 floyd_warshall
```
函数计算图中所有节点对的最短路径及前驱节点,打印结果

该程序的输出结果如下:

[[0.19.15.]

[14.0.2.]

[12.4.0.]]

数组 [[0.,19.,15.], [14.,0.,2.], [12.,4.,0.]] 表示从节点 0 到节点 0 的距离是 0,从节点 0 到节点 1 的最短路径长度是 19,从节点 0 到节点 2 的最短路径长度是 15,从节点 1 到节点 0 的最短路径长度是 14,从节点 1 到节点 1 的最短路径长度是 0,从节点 1 到节点 2 的最短路径长度是 2,从节点 2 到节点 0 的最短路径长度是 12,从节点 2 到节点 1 的最短路径长度是 4,从节点 2 到节点 2 的最短路径长度是 0。

2.5 数据处理工具 Pandas

2.5.1 Pandas 简介

Pandas 是一个面向 Python 的开源数据分析库,它以高性能和易用性的数据结构及分析工具著称。这个库是在 NumPy 的基础上构建的,使得数据分析过程不仅大为简化,而且速度更快。Pandas 主要包括两种核心数据结构:Series 和 DataFrame。Series 是一个一维的标签化数组,可以存储各种类型的数据(如整数、字符串、浮点数、Python 对象等),每个元素都配有一个标签。DataFrame 则是一个二维的数据结构,相当于多个具有相同标签的 Series 集合,使得数据管理更为高效。

2.5.2 Pandas 数据结构——Series

Series 可以通过多种方式创建,最简单的方法是使用 pd. Series(data,index=index),其中 data 可以是列表、NumPy 数组或字典等,index 是一个可选的索引列表,用于标记数据点。

[程序 2-15] 使用 pd. Series 创建 Series。

```
1. import pandas as pd #  通过列表创建 Series
2. s1 = pd. Series([1, 3, 5, 7, 6, 8])      #  通过字典创建 Series,自动使用字典键作为索引
3. s2 = pd. Series({'x': 1, 'y': 2, 'z': 3})  #  指定索引
4. s3 = pd. Series([11, 12, 13, 14], index= ['x', 'y', 'z', 's'])
```

Series 同样支持基本的索引和数学运算操作。在进行运算时,它会按索引自动对齐数据。

［程序 2-16］Series 索引。

```
1. element = s3['x']              # 选择单个元素
2. sub_series = s3['x':'y']       # 切片操作
3. filtered_series = s3[s3 > 2]   # 布尔索引
4. element_by_position = s3.iloc[1]   # 使用 iloc 进行位置索引
5. print(element_by_position)     # 输出结果为 12
```

［程序 2-17］Series 运算。

```
1. s4 = pd.Series([11, 12, 17, 14], index=['x', 'y', 'a', 'b'])
2. s5 = pd.Series([14, 15, 21, 22], index=['j', 'k', 'a', 'b'])
3. result = s4 + s5
4. print(result)  # Series 相加,索引自动对齐,没有对应索引的位置会产生 NaN,索引对应
的地方自动相加
```

该程序的输出结果如下：

```
a     38.0
b     36.0
j     NaN
k     NaN
x     NaN
y     NaN
dtype：float64
```

2.5.3 Pandas 数据结构——DataFrame

（1）创建 DataFrame

DataFrame 是 Pandas 库中的一个强大的二维数据结构，它可以通过多种方式创建，如从字典、NumPy 数组、另一个 DataFrame 等创建。例如，从字典创建 DataFrame 时，字典的键将成为列名，字典的值（一个列表）则被视为数据。如果数据来源是 NumPy 数组，可以指定列名来创建 DataFrame，并且还可以指定索引来增强数据的可访问性。

［程序 2-18］创建 DataFrame。

```
1. import pandas as pd
2. import numpy as np
3. # 从字典创建 DataFrame,字典的键自动成为列名
4. info = {'Name':['Cora', 'Jane', 'Eva'], 'Age':[23, 16, 33], 'Gender':['Female',
'Male', 'Male']}
5. df = pd.DataFrame(info)
6. # 从 NumPy 数组创建 DataFrame,可以指定列名
7. array = np.array([[11, 12],[14, 15]])
8. df2 = pd.DataFrame(array, columns=['A', 'B'])
9. # 指定索引的 DataFrame 创建
10. data = {'x':[1, 2], 'y':[4, 5]}
11. df3 = pd.DataFrame(data, index=['CN', 'IN'])
```

DataFrame 提供了多种方法来索引和选择数据。

［程序 2-19］ DataFrame 索引。

```
1. country_col = df['Name']                      # 选择列
2. row_by_label = df.loc[0]                       # 使用.loc进行标签索引
3. row_by_position = df.iloc[0]                    # 使用.iloc进行位置索引
4. slice = df.iloc[0:1]                            # 切片
5. filtered_df = df[df['Age']> 18]                 # 条件选择
```

（2）Pandas 处理 CSV 文件

Pandas 提供了非常方便的功能来处理 CSV（逗号分隔值）文件，这包括读取 CSV 文件到 DataFrame、对数据进行操作以及将 DataFrame 数据写回 CSV 文件。这些功能使 Pandas 成为处理表格数据的强大工具，尤其适用于数据清洗、分析和预处理等任务。

使用 pandas.read_csv() 函数可以将 CSV 文件读入为 DataFrame。这个函数提供了多种参数来处理不同类型的 CSV 文件，包括但不限于指定分隔符、处理缺失值、选择特定的列、解析日期等。

［程序 2-20］ 读取 CSV 文件。

```
1. import pandas as pd
2. df = pd.read_csv('file.csv')                    # 基本读取
3. df = pd.read_csv('file.tsv', sep= '\t')         # 指定分隔符（例如制表符分隔）
4. df = pd.read_csv('file.csv', parse_dates= ['date_column'])  # 解析日期列
5. df = pd.read_csv('file.csv', index_col= 'id')   # 使用特定列作为 DataFrame 的索引
6. df = pd.read_csv('file.csv', usecols= ['column1', 'column2'])  # 仅读取特定的列
```

使用 DataFrame.to_csv() 方法可以将 DataFrame 数据写回到 CSV 文件。这个方法同样提供了多种参数来定制输出的 CSV 文件，如指定分隔符、是否写入索引、选择哪些列写入等。

［程序 2-21］ 写入 CSV 文件。

```
1. df.to_csv('output.csv')                         # 基本写入
2. df.to_csv('output.csv', index= False)           # 不包含索引
3. df.to_csv('output.tsv', sep= '\t')              # 指定分隔符
4. df.to_csv('output.csv', columns= ['column1', 'column2'])  # 仅写入特定的列
5. df.to_csv('output.csv', encoding= 'utf-8')      # 处理中文和其他字符编码
```

2.6 机器学习工具 Sklearn

2.6.1 Sklearn 简介

Sklearn（Scikit-learn）是一个广泛使用的开源 Python 库，用于执行各种机器学

习、数据挖掘和数据分析任务。它依赖于 NumPy、Scipy、Pandas 和 Matplotlib 等库，提供了一系列简洁而高效的数据处理和分析工具。它提供了一套完整机器学习算法和工具，用于执行所有机器学习的常见任务，涵盖从数据预处理、特征工程、模型选择到模型评估等各个方面。

2.6.2　Sklearn 数据

（1）数据格式

在 Sklearn 中，可直接用于模型的数据主要是 NumPy 中二维数组形式的稠密数据，以及 Scipy 矩阵的稀疏数据。在实际应用过程中，需要根据具体的数据类型和需求选择合适的数据格式。例如，当数据集中包含大量的零或者非常稀疏时（在文本分析中，对一个含有 100000 个词汇的词典进行独热编码，编码后数据集的维度会增加，导致数据变得非常稀疏），使用 NumPy 的 ndarray 存储这类数据将变得非常低效，而且需要消耗巨大的内存资源。此时，转而采用 Scipy 的稀疏矩阵表示将显得更为合适，它通过仅存储非零元素来大幅降低内存的使用，从而高效处理和分析大规模的稀疏数据集。

（2）数据集

值得一提的是，为方便测试和学习，Sklearn 提供了多种标准数据集，可以通过 sklearn.datasets 模块轻松访问。标准数据集通常分为两类：小型数据集和可从互联网下载的大型数据集。其中知名内置数据集有波士顿房价数据集、鸢尾花数据集、糖尿病数据集等。

［程序 2-22］加载大型数据集新闻组数据集。

```
1. from sklearn. datasets import fetch_20newsgroups
2. # 定义要选择的新闻组类别
3. categories = [' sci. space ', ' rec. sport. baseball ', ' talk. politics. guns ', 'comp. graphics']
4. # 加载 fetch_20newsgroups 数据集
5. newsgroups = fetch_20newsgroups(categories= categories)
6. # 打印数据集信息
7. print("数据集大小:", len(newsgroups. data))
8. print("类别数量:", len(newsgroups. target_names))
```

该程序的输出结果如下：

数据集大小：2320　　　　　类别数量：4

Sklearn 中的这些数据集对于学习机器学习算法、测试算法性能以及教学目的非常重要。它们提供了一个简单易用的资源，可以帮助初学者理解算法的工作原理，也可以帮助研究者测试和比较不同算法的性能。

2.6.3　Sklearn 模型

（1）分类模型

Sklearn 中的分类模型提供了广泛的功能和选项，使得用户能够根据数据特点和问题需求选择最合适的算法。例如，k-近邻算法适用于简单的数据集和快速的原型构建，而支持向量机在高维空间中表现良好，适用于复杂的非线性分类任务。决策树易于解释和理解，可用于探索数据中的特征重要性，而随机森林则通过集成多个决策树来提高模型的稳定性和准确性。此外，朴素贝叶斯模型则适用于大规模数据和文本分类等场景，并且具有快速训练和预测的优势。总之，Sklearn 中的分类模型为用户提供了丰富的选择，使得机器学习任务更加便捷和高效。

（2）回归模型

Sklearn 提供了丰富的回归模型，适用于不同类型的数据和问题。其中，线性回归是最基本的模型之一，用于建模特征与目标之间的线性关系。岭回归和 Lasso 回归则是线性回归的改进版本，通过正则化项来控制模型复杂度，避免过拟合。弹性网回归结合了岭回归和 Lasso 回归的优点，适用于特征数多于样本数的情况。通过 Sklearn，用户可以轻松地使用这些回归模型进行数据建模和预测，并通过交叉验证等技术来评估模型的性能和泛化能力。

（3）超参数调节

在机器学习中，超参数是在开始学习过程之前设置的参数，其值无法从数据中估计。为了获得最佳性能的模型，需要对这些超参数进行调节。Sklearn 提供了多种工具来帮助自动化超参数的搜索和优化过程。其中，网格搜索通过遍历给定的参数值组合来寻找最佳超参数，而随机搜索则在给定的参数范围内随机选取参数值进行试验，适用于参数空间较大的情况。此外，贝叶斯优化是一种更高级的超参数优化方法，它建立了参数和目标函数之间的概率模型，并利用这个模型来选择下一组参数，以期望最大化性能改进。虽然 Sklearn 本身不直接支持贝叶斯优化，但可以借助第三方库，如 scikit-optimize 来实现。

2.7　小结

Python 在食品大数据领域的应用主要涉及数据收集、处理、分析和可视化等环节。利用 Python 的强大库，如 Pandas 用于数据处理和分析，NumPy 用于数值计算，Matplotlib 和 Seaborn 用于数据可视化，可以有效地挖掘食品数据中的关键信息。Python 还支持诸如 Sklearn 等机器学习库，使得对食品安全预测、消费趋势分析以及口味偏好建模等复杂问题的研究变得更加容易，而无需关注底层复杂的算法细节。

◆ 参考文献 ◆

华振宇，2023. 两个 Python 第三方库：Pandas 和 NumPy 的比较［J］. 电脑知识与技术，19(1)：71-73，76.
卢菁，2021. 速通机器学习［M］. 北京：电子工业出版社.
余本国，刘宁，李春报，2021. Python 大数据分析与应用实战［M］. 北京：电子工业出版社.
张雪萍，唐万梅，景雪琴，2019. Python 程序设计［M］. 北京：电子工业出版社.

3 特征工程

特征工程在数据分析领域中至关重要。现实中获取的原始数据常常存在质量不高、信息不完整或不一致的问题，因此合理的特征工程可以帮助从复杂的数据中提取出有用的信息。在食品大数据分析中，特征工程涉及对原始食品数据进行处理和转换，以提取具有代表性和区分性的特征，从而增强数据的表达能力，提高机器学习模型的性能和泛化能力。本章节将介绍特征工程的原理和方法，了解特征工程在食品分析领域的重要意义。

3.1 数据获取与数据清洗

数据获取与数据清洗是数据分析和机器学习流程中的基础环节。数据获取涉及从各种来源收集数据，包括数据库、API、网络爬虫等；而数据清洗则是对获取的数据进行预处理，包括处理缺失值、异常值、重复值等，以确保数据的完整性和准确性。本节将介绍数据获取与数据清洗的基本概念、常用工具和技术，同时结合实际案例帮助读者更好地理解和应用这些关键技术。

3.1.1 数据获取

数据获取是机器学习和数据科学中至关重要的一环，它为构建可靠的机器学习模型提供了基础数据。在这一步骤中，需要从各种数据源中收集原始数据，以便后续进行数据处理和特征提取。数据质量和数量直接影响着机器学习模型的性能和预测能力。因此，数据获取是确保模型训练和预测准确性的关键步骤之一。只有采集到足够数量和质量的数据，模型才能够充分学习数据中的模式和规律，从而做出准确的预测或分类。

3.1.1.1 数据来源与获取方法

数据可以来自多个渠道，包括从数据库中获取的结构化数据，如关系型数据库

（MySQL、PostgreSQL 等）或 NoSQL 数据库（MongoDB、Cassandra 等）中的数据；从文件系统中读取的数据文件，如 CSV、JSON、Excel 等格式的文件；使用网络爬虫从互联网上抓取数据，如网页数据、社交媒体数据等；从传感器设备中获取实时数据，如温度传感器、压力传感器、图像传感器等；通过调用 API 获取数据。

一些常用的食品大数据 API 有如下几种。

① Edamam API：提供了食品营养信息、食谱和饮食建议的 API。可以获取食谱的详细营养成分以及对食谱的个性化推荐。

② Nutritionix API：提供了食品营养数据，包括食品的热量和蛋白质、脂肪等营养成分，还提供了餐馆菜单的信息。

③ Open Food Facts API：是一个开源的食品信息数据库，包含了世界各地的食品品牌和产品信息。用户可以获取产品的成分表及过敏原信息等。

3.1.1.2 数据获取注意事项

在获取数据时，需要注意以下几个方面。

数据质量：确保获取到的数据准确、完整、一致，避免数据中的错误、缺失和重复。

数据隐私：遵循数据隐私和保护规定，确保数据获取过程合法、合规。

数据安全：保护数据的安全性，防止数据泄露和滥用，采取必要的安全措施保护数据的机密性和完整性。

3.1.2 数据清洗

在特征工程的流程中，数据清洗是获取数据之后的重要步骤。数据清洗旨在处理数据中缺失、异常、重复以及量纲不一致的部分，以确保数据的质量和准确性。数据清洗通常涉及以下几个方面的处理。

（1）处理缺失值

有些特征可能因为无法采样或者没有观测值而缺失。例如，用户的隐私信息可能会被禁止授予。此时需要识别并处理数据中的缺失值，填充缺失值或删除含有缺失值的记录。常见的缺失值填补方法有众数、近邻值、平均值等。

（2）处理异常值

异常值可能是测量误差、录入错误、数据收集问题或其他原因引起的，它们可能会对模型训练和分析产生不良影响。因此，需要识别并处理异常值，以确保数据的准确性和可靠性。常用的异常样本检测方法有基于统计的方法、基于距离的方法和基于密度的方法。其中，基于统计的方法包括极差、四分位数间距、均差、标准差等方法；基于距离的方法将数据集中到其他大多数点的距离均大于某个阈值的点视为异常点，主要使用的距离度量方法有欧氏距离和马氏距离等方法；基于密度的方法考察当前点周围密度，可以发现局部异常点，常用方法有局部离群点因子。

（3）处理重复值

重复值的出现可能是数据录入错误、数据收集问题或其他原因引起的。重复值可能会导致模型训练和分析的偏差，因此需要对其进行适当的处理，识别并处理数据中的重复值、删除重复的记录或标识重复值并进行合并。

（4）处理不一致数据

不一致数据是指在数据集中存在的格式、单位、编码或命名不一致的情况。这些不一致可能导致数据分析和建模的错误或误导性结论，因此需要识别并处理数据中的不一致或不准确的部分，统一数据格式、单位、编码或命名，以确保数据的一致性和准确性。

3.2　特征转换

特征转换旨在将原始数据的特征进行变换、缩放或组合，以使其更适合于机器学习模型的训练和预测。在这一节中，将介绍特征转换的目的和方法技术。

3.2.1　无量纲化

无量纲化指的是需要通过特征转换将不同规格不同量纲的数据转换到同一规格，消除特征之间的量纲影响，常用的方法包括归一化、普通 Z-score 和鲁棒 Z-score。

3.2.1.1　归一化

归一化的目的是将特征的数值缩放到一个范围，通常是 $[0, 1]$ 或者 $[-1, 1]$ 之间。归一化的公式如下：

$$x' = \frac{x - \min(x)}{\max(x) - \min(x)} \tag{3-1}$$

式中，x 是原始特征的值；$\min(x)$ 是特征的最小值；$\max(x)$ 是特征的最大值。

MinMaxScaler 是 Sklearn 库中的一个预处理函数，它用于将特征的值缩放到一个指定的最小和最大值范围内，默认是 $[0, 1]$。

［程序 3-1］使用 MinMaxScaler 函数归一化标准向量。

```
1. from sklearn. preprocessing import MinMaxScaler
2. import numpy as np
3. feature_vector = [2, 5, 8, 11, 14]  # 示例特征向量,这里是一个一维数组
4. # 将特征向量转换为二维数组,reshape(-1, 1)将其转换为列向量的形式
5. feature_array = np. array(feature_vector). reshape(-1, 1)
6. # 创建 MinMaxScaler 实例
7. min_max_scaler = MinMaxScaler()
8. # 使用 fit_transform 方法来拟合数据并进行归一化
9. min_max_scaled_vector = min_max_scaler. fit_transform(feature_array)
10. # 输出归一化后的特征向量
11. print("归一化后的特征向量:\n", min_max_scaled_vector)
```

输出结果如下：

归一化后的特征向量：

[[0.   ]

```
[0.25]
[0.5 ]
[0.75]
[1.  ]]
```

3.2.1.2 普通 Z-score

普通 Z-score 的目的是将特征的数值转换成均值为 0、标准差为 1 的分布形式。其公式如下：

$$x' = \frac{x - \text{mean}(x)}{\text{std}(x)} \tag{3-2}$$

式中，x 是原始特征的值；$\text{mean}(x)$ 是特征的均值；$\text{std}(x)$ 是特征的标准差。

StandardScaler 是 Sklearn 库中的一个函数，它用于通过普通 Z-score 标准化数据特征。

[程序 3-2] 使用 StandardScaler 函数来标准化特征向量。

```
1. from sklearn. preprocessing import StandardScaler
2. import numpy as np
3. feature_vector = [2, 5, 8, 11, 14]           # 定义原始特征向量
4. feature_array = np. array(feature_vector)      # 将特征向量转换为 NumPy 数组
5. scaler = StandardScaler()                     # 初始化 StandardScaler 对象
6. # 使用 fit_transform 方法来拟合数据并转换
7. standardized_vector = scaler. fit_transform(feature_array. reshape(-1, 1))
8. print("标准化后的特征向量:\n", standardized_vector)
```

输出结果如下。

标准化后的特征向量：

```
[[-1.34]
[-0.67]
[ 0.  ]
[ 0.67]
[ 1.34]]
```

3.2.1.3 鲁棒 Z-score

鲁棒 Z-score（Z 值）是一种常用的统计方法，用于评估数据点与数据集中心的偏离程度，进而识别和处理异常值。Z-score 的鲁棒版本结合了中位数和中位数绝对偏差（MAD），可以更好地处理数据中的异常情况。鲁棒方法 Z-score 的步骤如下。

（1）计算中位数和 MAD

中位数（median）：将数据集排序后，位于中间位置的数值。当数据集的数据量为奇数时，中位数是中间的数值；为偶数时，通常是中间两个数值的平均值。

中位数绝对偏差（median absolute deviation，MAD）：对于数据集中的每个数值，计算它与中位数的差的绝对值，然后取这些绝对差值的中位数。MAD 是数据集中数值分布离散程度的一种度量，与均值和标准差的作用相似，但在处理异常值时更为稳健。

（2）计算 Z-score

对于数据集中的每个数值，使用以下公式计算其 Z-score：

$$Z = \frac{X - \text{median}(X)}{\text{MAD}(X) \times c} \tag{3-3}$$

$$\text{MAD}(X) = \text{median}(\ |X - \text{median}(X)|\ ) \tag{3-4}$$

式中，X 是数据点；$\text{median}(X)$ 是数据集的中位数；$\text{MAD}(X)$ 是中位数绝对偏差；c 是一个常数，用于将 MAD 的尺度转换为与标准差相似的尺度，常见的取值为 1.4826。这样转换后的 Z-score 分布近似为正态分布。

［程序 3-3］使用 NumPy 库函数来实现鲁棒 Z-score。

```
1. import numpy as np
2. def calculate_median(data):
3.     return np.median(data)
4. def calculate_mad(data, median):
5.     return np.median(np.abs(data-median))
6. def calculate_robust_zscore(data, median, mad, threshold= 3.0):
7.     c = 1.4826
8.     z_scores = (data-median)/(mad * c)
9.     outliers = np.where(z_scores > threshold)[0]  # 定义异常值
10.    return z_scores, outliers
11. # 示例特征向量
12. feature_vector = np.array([2, 5, 8, 11, 14,50,-50])
13. # 计算中位数和 MAD
14. median = calculate_median(feature_vector)
15. mad = calculate_mad(feature_vector, median)
16. # 计算鲁棒 Z-score
17. z_scores, outliers = calculate_robust_zscore(feature_vector, median, mad,
threshold= 3.0)
18. # 输出结果,限制小数点后两位
19. print("特征向量中位数: {:.2f}".format(median))
20. print("特征向量中位数绝对偏差(MAD): {:.2f}".format(mad))
21. print("特征向量的Z-scores:
22. [", ", ".join("{:.2f}".format(z)for z in z_scores), "]")
23. print("异常值索引:", outliers)
```

程序输出结果如下：

特征向量中位数：8.00，

特征向量中位数绝对偏差（MAD）：6.00，

特征向量的 Z-scores：[−0.67，−0.34，0.00，0.34，0.67，4.72，−6.52]，

异常值索引：[5，6]。

3.2.2　离散化与哑编码

对于某一些非数值型数据或者复杂连续型数据，它们通常不能直接用于模型训练，为

将这些原始数据转换为适合机器学习算法处理的形式，常用的方法有离散化和哑编码技术。

（1）离散化

离散化的目的是将连续型的特征值划分为若干个离散的区间，从而将连续型特征转换为离散型特征，常见的离散化方法包括等频离散化和等宽离散化。

① 等频离散化：将连续型特征值划分为相同数量的区间，每个区间包含的样本数量相等。这样可以保证每个区间内的样本分布相对均匀，但可能导致区间边界不均匀。

② 等宽离散化：将连续型特征值划分为相同宽度的区间，每个区间的取值范围相等。这样可以保证区间边界的均匀性，但可能导致某些区间内样本数量不均衡。

Pandas 库中的 qcut 函数可被用于等频离散化，cut 函数可被用于等宽离散化。

[程序 3-4] 等频离散化和等宽离散化。

```
1. import pandas as pd
2. # 创建示例数据
3. data = {'Age':[22, 25, 30, 35, 40, 45, 50, 55, 60, 65]}
4. df = pd.DataFrame(data)
5. # 使用 Pandas 的 qcut 函数进行等频离散化
6. df['Age_Category_Freq']= pd.qcut(df['Age'], q= 5, labels= ['Very Young','Young',
'Middle-aged', 'Old', 'Very Old'])
7. # 使用 Pandas 的 cut 函数进行等宽离散化
8. # 定义分箱的边界
9. bins = [20, 35, 50, 65]
10. labels = ['Young', 'Middle-aged', 'Old']# 移除 Very Old 标签,因为只有三个区间
11. df['Age_Category_Width']= pd.cut(df['Age'], bins= bins, labels= labels)
12. print(df)
```

程序的输出结果如下：

	Age	Age _ Category _ Freq	Age _ Category _ Width
0	22	Very Young	Young
1	25	Very Young	Young
2	30	Young	Young
3	35	Young	Young
4	40	Middle-aged	Middle-aged
5	45	Middle-aged	Middle-aged
6	50	Old	Middle-aged
7	55	Old	Old
8	60	Very Old	Old
9	65	Very Old	Old

在离散化示例中，使用了 Pandas 库的 qcut 函数将连续型特征 Age 划分为 4 个区间，确保每个区间内包含相同数量的样本。这种等频离散化方法可以保证每个区间内的样本数量相等，但是区间的边界可能不均匀。

另外，使用了 Pandas 库的 cut 函数对年龄进行了等宽离散化，即将年龄值根据指定的分箱边界划分为若干个区间，每个区间的宽度相等。这种等宽离散化方法可以确

保每个区间的数值范围相等，但是样本数量在每个区间内可能会不同。

（2）哑编码

哑编码的目的是将离散型的特征转换为二进制的编码形式，以便于机器学习算法的处理。哑编码将每个离散值映射为一个二进制向量，向量的长度等于离散值的个数，其中只有一个元素为1，表示当前样本的特征取值。

假设有一个离散型特征，表示用户的性别，取值为"男"和"女"。可以使用哑编码将性别特征转换为二进制编码形式。例如，"男"可以编码为 [0，1]，而"女"可以编码为 [1，0]。

［程序 3-5］使用 OneHotEncoder 函数来实现哑编码。

```
1. import pandas as pd
2. from sklearn. preprocessing import OneHotEncoder
3. # 创建示例数据
4. data = {'Gender':['Male', 'Female', 'Female', 'Male', 'Female']}
5. df = pd. DataFrame(data)
6. # 使用 Sklearn 的 OneHotEncoder 进行哑编码
7. encoder = OneHotEncoder(sparse= False, dtype= int)
8. encoded_data = encoder. fit_transform(df[['Gender']])
9. # 将编码后的结果转换为 DataFrame
10. encoded_df = pd. DataFrame(encoded_data, columns= encoder. get_feature_names_out
(['Gender']))
11. # 将编码后的结果添加到原始 DataFrame 中
12. df_encoded = pd. concat([df, encoded_df], axis= 1)
13. print(df_encoded)
```

程序的输出结果如下：

	Gender	Gender_Female	Gender_Male
0	Male	0	1
1	Female	1	0
2	Female	1	0
3	Male	0	1
4	Female	1	0

在哑编码示例中，使用了 Sklearn 库的 OneHotEncoder 对离散型特征 Gender 进行了二进制编码。哑编码的优势在于它可以将离散型特征转换为机器学习算法更易处理的二进制形式，从而更好地表示特征之间的关系和进行距离或相似度计算。在应用过程中，每个离散值都被映射为一个唯一的二进制向量，这样可以有效地扩展离散特征到欧式空间，为模型训练提供更多的信息。

3.3 特征提取

特征提取在机器学习和数据分析中扮演着至关重要的角色。它涵盖了特征选择和降维两个方面，旨在从原始数据中提取出最具代表性和区分性的特征，以优化模型性能和数据表达效率。特征选择是指从原始特征集中选择出对于目标任务最有意义的特征子集，以减少数据维度和复杂度，提高模型的泛化能力和可解释性。而降维则是通过将高维数据映射到低维空间，保留数据中最重要的信息，同时尽量减少信息损失，从而提高模型的训练效率。本节将介绍特征提取的常用方法，以及如何在实际应用中有效地进行特征提取，从而为数据分析和模型构建提供更加有效的支持。

3.3.1　特征选择

当数据清洗完成后，需要选择有意义的特征输入机器学习的算法和模型进行训练。通常来说，特征选择的方法主要包括过滤法、封装法、嵌入法三种。本节将为读者介绍这三种方法中常用的特征选择技术及其代码实现。

3.3.1.1　过滤法

过滤法基于特征的统计属性或相关性对特征进行评估和排序，常用的评价标准包括以下几种。

（1）方差选择法

方差选择法是通过计算特征的方差来评估特征的相关性，如果一个特征的方差接近于零，则意味着该特征在样本中的变化非常小，可能是无用的特征。

（2）相关系数法

相关系数法是通过计算特征与目标变量之间的相关系数来评估特征的相关性，通常使用皮尔逊相关系数或斯皮尔曼相关系数。使用相关系数法，先要计算各个特征对目标值的相关系数以及相关系数的 P 值。

（3）互信息法

互信息法是一种非参数方法，它可以衡量特征与目标变量之间的非线性相关性，通过计算特征与目标变量之间的互信息来评估特征的相关性。

在接下来提供的代码示例中，使用了 Sklearn 库中的几个特征选择方法。以下是对这些库函数的介绍。

① sklearn. feature＿selection. VarianceThreshold：

VarianceThreshold 是一个简单的方差选择法实现形式，它根据各个特征的方差来筛选特征。如果特征的方差低于指定的阈值，则该特征被认为是不重要的，并在后续的模型训练中被移除。

② sklearn. feature＿selection. mutual＿info＿classif：

mutual＿info＿classif 是一个用于分类任务的特征选择方法，它基于互信息（mutual information）来选择特征。互信息用来衡量两个变量之间的关联程度，互信息越大，表示两个变量之间的关联越强。该方法可以用于选择与目标变量具有高互信息的特征。

数据集：葡萄酒质量数据集是关于葡萄酒品质的分析数据集，这些数据集通常包括红色和白色葡萄酒的样本信息，其中，红色葡萄酒数据集通常包含 1599 个样本，而白色葡萄酒数据集包含 4898 个样本。该数据集共包含 11 个基于理化测试的特征变量，输出变量是基于感官数据得出的质量评分。

［程序 3-6］在葡萄酒质量数据集中使用 Sklearn 库来实现过滤法特征选择方法。

```
1. import pandas as pd
2. from sklearn. feature_selection import VarianceThreshold, mutual_info_classif
3. def variance_selection(X):                            # 定义方差选择法函数
4.     variance_selector = VarianceThreshold(threshold= 0.1)
5.     X_var_selected = variance_selector. fit_transform(X)
6.     var_selected_features = X. columns[variance_selector. get_support()]
7.     return var_selected_features
8. def correlation_selection(X, y):                      # 定义相关系数法函数
9.     correlation_matrix = X. corrwith(y). abs(). sort_values(ascending= False)
10.    corr_selected_features = correlation_matrix. index[1:]   # 排除目标变量自身
11.    return corr_selected_features
12. def mutual_info_selection(X, y):                     # 定义互信息法函数
13.     mi_scores = mutual_info_classif(X, y)
14.     mi_selected_features = pd. Series(mi_scores, index= X. columns). sort_
values(ascending= False). index
15.     return mi_selected_features
16. # 加载葡萄酒质量数据集
17. data = pd. read_csv("winequality-red. csv")
18. X = data. drop(columns= ['quality'])                 # 特征
19. y = data['quality']                                  # 目标变量
20. # 进行特征选择并分别获取结果
21. variance_features = variance_selection(X)
22. correlation_features = correlation_selection(X, y)
23. mutual_info_features = mutual_info_selection(X, y)
24. # 打印各自的选定特征列表
25. print("方差选择法选定的特征:", variance_features)
26. print("相关系数法选定的特征:", correlation_features)
27. print("互信息法选定的特征:", mutual_info_features)
```

程序的输出结果如下。

方差选择法选定的特征：Index（['fixed acidity', 'residual sugar', 'free sulfur dioxide', 'total sulfur dioxide', 'alcohol'], dtype＝'object')；

相关系数法选定的特征：Index（['volatile acidity', 'sulphates', 'citric acid', 'total sulfur dioxide', 'density', 'chlorides', 'fixed acidity', 'pH', 'free sulfur dioxide', 'residual sugar'], dtype＝'object')；

互信息法选定的特征：Index（['alcohol', 'volatile acidity', 'sulphates', 'total sulfur dioxide', 'density', 'citric acid', 'fixed acidity', 'chlorides', 'pH', 'free sulfur dioxide', 'residual sugar'], dtype＝'object')。

从结果中可以看出，程序 3-6 通过三种不同的特征选择方法（方差选择法、相关系数法和互信息法）分别对数据集中的特征进行筛选，打印输出的每种方法选定的特征列名并不完全相同，且特征数量也有所差异。

3.3.1.2 封装法

封装法是一种通过构建具体的机器学习模型对特征子集进行评估的方法，它可以选择最具有预测能力的特征。下面来详细了解封装法中常用的几种评价标准。

（1）递归特征消除（recursive feature elimination，RFE）

递归特征消除是一种递归的特征选择方法，它通过反复训练模型并剔除最不重要的特征，直到达到最优的特征子集。具体步骤如下：首先，使用全部特征训练一个模型，然后根据训练好的模型，评估各个特征的重要性，再剔除最不重要的特征，即特征重要性最低的特征，重复上述步骤，直到达到预设的特征数量或者达到最优的模型性能。递归特征消除能够在保持模型性能的同时，选择最重要的特征子集，提高模型的泛化能力和解释性。

（2）前向逐步选择（forward stepwise selection）

前向逐步选择是一种贪婪的特征选择方法，它从一个空的特征集开始，每次选择一个最佳的特征加入特征集中，直到达到最优的特征子集。具体步骤如下：开始时特征集为空，从未选择的特征中选择一个与目标变量最相关的特征，加入特征集中，然后更新特征集，包含已选择的特征，重复以上步骤，直到达到预设的特征数量或者达到最优的模型性能。前向逐步选择在每一步都选择当前最佳的特征，因此可能会得到一个次优的特征子集，但是计算开销相对较小。

（3）后向逐步选择（backward stepwise selection）

后向逐步选择与前向逐步选择相反，它从包含所有特征的特征集开始，每次选择一个最差的特征从特征集中剔除，直到达到最优的特征子集。

接下来的代码涉及了 Sklearn 库中基于封装法的特征选择模块。以下是对这些模块的详细介绍。

① sklearn. feature_selection. RFECV：

RFECV（recursive feature elimination with cross-validation）是一种递归特征消除方法，它通过递归地移除特征并计算每个特征的重要性来选择特征。RFECV 结合了交叉验证（cross-validation）来找到最佳的特征子集，这有助于提高模型的泛化能力。

② sklearn. feature_selection. SequentialFeatureSelector：

SequentialFeatureSelector 是一个通用的特征选择类，它可以与任何估计器一起使用，通过顺序添加或移除特征来选择特征。它支持三种选择策略："增"（forward selection），"减"（backward selection），以及"交替"（forward-backward selection，即逐步回归）。

数据集：与程序 3-6 使用的数据集相同。

[程序 3-7] 使用 Sklearn 库来实现封装法特征选择方法。

```
1. import pandas as pd
2. from sklearn. feature_selection import RFECV, SequentialFeatureSelector
3. from sklearn. svm import SVC
4. from sklearn. preprocessing import StandardScaler
5. # 加载数据集
6. data = pd. read_csv("winequality-red. csv")
7. X = data. drop("quality", axis= 1)          # 特征
```

```
8. y = data["quality"]                                    # 目标变量
9. # 数据标准化
10. scaler = StandardScaler()
11. X_scaled = scaler.fit_transform(X)
12. # 使用SVM作为基础模型
13. svc = SVC(kernel= 'linear')                          # 选择线性核函数
14. # 递归特征消除(RFECV)
15. selector_rfe = RFECV(estimator= svc, step= 1, cv= 3, n_jobs= -1)
16. X_rfe = selector_rfe.fit_transform(X_scaled, y)
17. selected_features_rfe = X.columns[selector_rfe.get_support()]
18. # 前向逐步选择
19. selector_forward = SequentialFeatureSelector(estimator= svc, n_features_to_
select= 5, direction= 'forward', n_jobs= -1)
20. X_forward = selector_forward.fit_transform(X_scaled, y)
21. selected_features_forward = X.columns[selector_forward.get_support()]
22. # 后向逐步选择
23. selector_backward = SequentialFeatureSelector(estimator= svc, n_features_to_
select= 5, direction= 'backward', n_jobs= -1)
24. X_backward = selector_backward.fit_transform(X_scaled, y)
25. selected_features_backward = X.columns[selector_backward.get_support()]
26. # 打印被选择的特征列名
27. print("递归特征消除选择的特征列名:", selected_features_rfe)
28. print("前向逐步选择选择的特征列名:", selected_features_forward)
29. print("后向逐步选择选择的特征列名:", selected_features_backward)
```

程序代码结果如下:

递归特征消除选择的特征列名:Index(['volatile acidity', 'citric acid', 'chlorides', 'total sulfur dioxide', 'density', 'pH', 'sulphates', 'alcohol'], dtype='object');

前向逐步选择选择的特征列名:Index(['volatile acidity', 'free sulfur dioxide', 'total sulfur dioxide', 'density', 'alcohol'], dtype='object');

后向逐步选择选择的特征列名:Index(['volatile acidity', 'citric acid', 'chlorides', 'total sulfur dioxide', 'alcohol'], dtype='object')。

程序3-7首先使用递归特征消除方法、前向逐步选择和后向逐步选择方法分别创建了特征选择对象,并在分类器的基础上进行特征选择。然后,通过各特征选择器的fit_transform方法对特征矩阵进行特征选择,得到经过选择后的特征矩阵。最后,打印输出了每种方法选择的特征列名。

3.3.1.3 嵌入法

嵌入法将特征选择嵌入到模型训练的过程中,通过正则化或模型的复杂度惩罚项来约束特征的重要性,常用的评价标准包括以下几种。

(1)L1正则化

L1正则化是一种加在模型损失函数上的约束项,它可以使得模型参数稀疏化,从而选择最重要的特征。具体地,L1正则化在模型训练过程中对模型参数施加了一个L1

范数的惩罚，使得许多特征的系数被压缩为零。在使用线性回归模型进行预测时，可以使用 L1 正则化来选择最重要的特征，比如使用 Lasso 回归。

（2）L2 正则化

L2 正则化是一种加在模型损失函数上的约束项，它可以限制模型参数的大小，但不能使得模型参数稀疏化。具体地，L2 正则化在模型训练过程中对模型参数施加了一个 L2 范数的惩罚，使得模型参数的值更加平滑。在使用线性回归模型进行预测时，可以使用 L2 正则化来控制模型参数的大小，防止模型过拟合。

（3）决策树特征重要性

决策树模型可以计算特征的重要性，通过评估特征在决策树中的分裂点选择次数来评估特征的重要性。具体地，决策树特征重要性可以通过基尼系数、信息增益等方法来计算。在使用决策树模型进行分类或回归时，可以使用特征重要性来选择最重要的特征，从而改善模型的性能和解释性。

[程序 3-8] 使用 Sklearn 库来实现嵌入法特征选择方法。

```
1. import pandas as pd
2. from sklearn. linear_model import LogisticRegression
3. from sklearn. tree import DecisionTreeClassifier
4. from sklearn. preprocessing import StandardScaler
5. # 加载数据集
6. data = pd. read_csv("winequality-red. csv")        # 使用与程序 3-6 相同的数据集
7. # 划分特征和目标变量
8. X = data. drop("quality", axis= 1)                 # 假设目标变量为"quality"
9. y = data["quality"]
10. # 数据标准化
11. scaler = StandardScaler()
12. X_scaled = scaler. fit_transform(X)
13. # 嵌入方法 1:L1 正则化
14. lr_l1 = LogisticRegression(penalty= 'l1', solver= 'liblinear', max_iter=
1000)# 使用 L1 正则化的逻辑回归作为基础模型
15. lr_l1. fit(X_scaled, y)                            # 训练模型
16. coefficients_l1 = lr_l1. coef_[0]                  # 获取特征系数
17. selected_features_l1 = X. columns[abs(coefficients_l1)> 0. 05]  # 选择系数绝对值
大于 0. 05 的特征
18. # 嵌入方法 2:L2 正则化
19. lr_l2 = LogisticRegression(penalty= 'l2', max_iter= 1000)  # 使用 L2 正则化的
逻辑回归作为基础模型
20. lr_l2. fit(X_scaled, y)                            # 训练模型
21. coefficients_l2 = lr_l2. coef_[0]                  # 获取特征系数
22. selected_features_l2 = X. columns[abs(coefficients_l2)> 0. 05]  # 选择系数绝对值
大于 0. 05 的特征
23. # 嵌入方法 3:决策树特征重要性
24. dt = DecisionTreeClassifier()                     # 使用决策树作为基础模型
25. dt. fit(X, y)                                      # 训练决策树模型
```

```
26. importances =  dt. feature_importances_              #  获取特征重要性
27. selected_features_dt =  X. columns[importances >  0. 05]#  选重要性大于 0. 05 的特征
28. #  打印被选择的特征列名
29. print("L1 正则化选择的特征列名:", selected_features_l1)
30. print("L2 正则化选择的特征列名:", selected_features_l2)
31. print("决策树选择的特征列名:", selected_features_dt)
```

程序结果如下:

L1 正则化选择的特征列名:Index(['fixed acidity', 'volatile acidity', 'citric acid', 'chlorides', 'total sulfur dioxide', 'density', 'pH', 'sulphates', 'alcohol'], dtype='object');

L2 正则化选择的特征列名:Index(['fixed acidity', 'volatile acidity', 'citric acid', 'residual sugar', 'chlorides', 'free sulfur dioxide', 'total sulfur dioxide', 'density', 'pH', 'sulphates', 'alcohol'], dtype='object');

决策树选择的特征列名:Index(['fixed acidity', 'volatile acidity', 'citric acid', 'residual sugar', 'chlorides', 'free sulfur dioxide', 'total sulfur dioxide', 'density', 'pH', 'sulphates', 'alcohol'], dtype='object')。

通过三种嵌入方法(L1 正则化、L2 正则化和决策树特征重要性)进行特征选择,可以得到各自被选择的特征列名。在实际应用中,可以根据具体情况选择最适合的方法来进行特征选择。

3.3.2 降维

降维是指通过保留数据集中最重要的信息,减少特征的维度,从而达到简化数据、降低计算成本、提高模型效率和泛化能力的目的。常见的降维方法有主成分分析和线性判别分析等,接下来介绍常见的降维方法及其步骤。

3.3.2.1 主成分分析

主成分分析(principal component analysis,PCA)是一种常用的线性降维方法,它通过寻找数据中最大方差方向的线性投影来将数据从原始空间映射到低维空间,其步骤如下。

(1)标准化数据

首先,给定一个包含 n 个样本和 m 个特征的数据集 $X = \{x_1, x_2, \cdots, x_n\}$,对原始数据进行标准化处理,使每个特征的均值为 0,方差为 1。

(2)计算协方差矩阵

计算标准化后的数据的协方差矩阵,该矩阵反映了不同特征之间的相关性。可以通过以下公式计算其协方差矩阵 C:

$$C = \frac{1}{n} \sum_{i=1}^{n} (x_i - \bar{x}_i)(x_i - \bar{x}_i)^{\mathrm{T}} \tag{3-5}$$

式中,$\bar{x}_i$ 表示第 i 个特征的均值向量。

(3)计算特征值和特征向量

对协方差矩阵进行特征值分解,得到特征值和对应的特征向量。特征值和特征向量满足以下关系：

$$Cv = \lambda v \tag{3-6}$$

式中，v 是特征向量；λ 是特征值。

（4）选择主成分

根据特征值的大小，选择最大的前 k 个特征值对应的特征向量作为主成分，其中 k 是降维后的维度。

（5）投影数据

将原始数据投影到选定的主成分上，得到降维后的数据：

$$Y = XW \tag{3-7}$$

式中，Y 是降维后的数据；W 是由选定的前 k 个特征向量构成的投影矩阵。

通过保留数据中最大方差的主成分，PCA 能够在保持数据信息的同时实现降维，进而提高计算效率和模型训练速度。

PCA 是一种快速且简单的方法，适用于大规模数据集。它能够有效地捕获数据中的大部分方差，从而实现数据降维。然而，需要注意的是，PCA 假设数据在主成分上是线性的，因此可能无法捕捉到数据中的非线性结构。

3.3.2.2 线性判别分析

线性判别分析（linear discriminant analysis，LDA）是一种监督学习的降维方法，旨在找到能够最好地区分不同类别的特征。与 PCA 不同，LDA 不仅考虑了数据的方差，还考虑了类别之间的差异。通过最大化类间距离和最小化类内距离的方法，LDA 可以将数据映射到一个低维空间，同时保持数据的判别信息。LDA 的主要步骤如下。

① 计算类内散度矩阵和类间散度矩阵：首先，计算每个类别内部样本的协方差矩阵（类内散度矩阵）和不同类别之间样本均值之间的协方差矩阵（类间散度矩阵）。

② 计算特征值和特征向量：对类内散度矩阵和类间散度矩阵进行特征值分解，得到特征值和对应的特征向量。

③ 选择主成分：选择特征值最大的前 k 个特征向量作为主成分，其中 k 是降维后的维度。

④ 投影数据：将原始数据投影到选定的主成分上，得到降维后的数据。

LDA 考虑了数据的类别信息，有助于在降维过程中增强不同类别之间的差异性。然而，LDA 在处理非线性数据集时表现不佳。适合应用于具有明显类别信息且需要在降维过程中保留这些类别信息的数据集。

3.3.2.3 核主成分分析

核主成分分析（kernel principal component analysis，KPCA）是 PCA 的一种扩展，旨在处理非线性数据。KPCA 通过在高维特征空间中应用核函数来实现对数据的非线性映射，然后在该高维空间中执行 PCA。与标准 PCA 不同，KPCA 不是直接操作原始数据的协方差矩阵，而是操作通过核函数将原始数据映射到的特征空间。在这个特征空间中，KPCA 计算数据的内积并得到核矩阵，然后在该核矩阵上执行 PCA。这样，KPCA 能够捕捉到数据中的非线性结构。

虽然 KPCA 是一种处理非线性数据集的有效方法，能够在降维过程中保留数据的非线性关系。然而，其对参数选择较为敏感，可能需要进行调优，并且计算复杂度较高，尤其在处理大规模数据集时可能会受到限制。

3.3.2.4 局部线性嵌入

局部线性嵌入（locally linear embedding，LLE）是一种非线性降维方法，它尝试保持局部数据点之间的线性关系。具体而言，LLE 首先在每个数据点周围构建局部线性关系，然后通过最小化重建误差来学习数据的低维表示。

LLE 能够有效地保留数据的局部结构，但对参数选择较为敏感，并且计算量较大。它适用于处理具有复杂非线性结构且需要在降维过程中保留数据局部关系的数据集。

3.3.2.5 t-分布邻域嵌入

t-分布邻域嵌入（t-distributed stochastic neighbor embedding，t-SNE）是一种用于探索高维数据结构的非线性降维技术。它是 SNE 的改进版，旨在使用 t-分布来描述数据点之间的相似性。相比于 SNE，t-SNE 在保持数据局部结构的同时更加稳定。t-SNE 能够有效地保留数据的局部结构，尤其适用于数据可视化。然而，t-SNE 对参数选择较为敏感，且计算量较大。因此，它适合处理需要可视化展示且需要保留数据的局部关系的数据集。

3.3.2.6 UMAP

UMAP（uniform manifold approximation and projection）是一种用于降维和可视化高维数据的非线性方法，它尝试在低维空间中保持原始数据中的局部和全局结构。UMAP 最初是作为一种用于流形学习的方法而开发的，其目标是通过在高维空间中建模数据之间的局部连接来捕获数据的流形结构。其核心思想是利用邻近度来量化样本之间的相似性，并将相似的样本映射到低维空间中的相邻位置。UMAP 通常用于可视化高维数据，发现数据中的聚类结构或隐藏的关系，并且在许多机器学习任务中也被用作预处理步骤。

为了更直观地对比各个降维方法，下面将应用 sklearn.datasets 提供的葡萄酒（Wine）数据集来演示不同的降维方法。Wine 数据集是一个经典的多类别分类数据集，包含 178 条记录和 13 个化学成分特征以及 3 种类别标签。通过将 Wine 数据集应用于 6 种不同的降维方法，可以直观地比较它们在保留数据结构、类别分离和数据点聚集等方面的效果。降维和可视化不仅能更好地理解数据中各个变量之间的关系和潜在模式，还能帮助发现异常值，并展示不同葡萄酒样本的分布情况。

[程序 3-9] 在 Wine 数据集上实现 6 种降维方法。

```
1. import pandas as pd
2. import numpy as np
3. import matplotlib.pyplot as plt
4. from sklearn.datasets import load_wine
5. from sklearn.preprocessing import LabelEncoder
6. from sklearn.decomposition import PCA, KernelPCA
7. from sklearn.discriminant_analysis import LinearDiscriminantAnalysis
```

```
8. from sklearn.manifold import LocallyLinearEmbedding, TSNE
9. import umap
10. import seaborn as sns
11. # 加载数据集
12. wine = load_wine()
13. X = wine.data
14. y = wine.target
15. # 自定义调色盘
16. custom_colors = ["#ff7f0e", "#1f77b4", "#2ca02c"]
17. palette = sns.color_palette(custom_colors[:len(np.unique(y))])
18. # 创建子图
19. fig, axes = plt.subplots(2, 3, figsize=(18, 12))
20. # 设置降维方法名称
21. methods = ['PCA', 'LDA', 'KPCA', 'LLE', 'UMAP', 't-SNE']
22. # 定义不同类别的形状
23. markers = ['X', 'D', '.']
24. for i, method in enumerate(methods):
25.     if method == 'PCA':
26.         pca = PCA(n_components=2)
27.         X_transformed = pca.fit_transform(X)
28.     elif method == 'LDA':
29.         lda = LinearDiscriminantAnalysis(n_components=2)
30.         X_transformed = lda.fit_transform(X, y)
31.     elif method == 'KPCA':
32.         kpca = KernelPCA(n_components=2, kernel='rbf', gamma=0.001)
33.         X_transformed = kpca.fit_transform(X)
34.     elif method == 'LLE':
35.         lle = LocallyLinearEmbedding(n_components=2)
36.         X_transformed = lle.fit_transform(X)
37.     elif method == 'UMAP':
38.         umap_model = umap.UMAP(n_components=2)
39.         X_transformed = umap_model.fit_transform(X)
40.     elif method == 't-SNE':
41.         tsne = TSNE(n_components=2, random_state=0)
42.         X_transformed = tsne.fit_transform(X)
43.     # 可视化降维结果
44.     ax = axes.flatten()[i]
45.     for j, marker in enumerate(markers):
46.         ax.scatter(X_transformed[y==j, 0], X_transformed[y==j, 1],
47.                 c=[palette[j]], marker=marker, label=f'Class {j}')
48.     ax.set_title(method)
49.     ax.set_xlabel('Component 1')
50.     ax.set_ylabel('Component 2')
51.     ax.legend()
```

```
52.plt.tight_layout()
53.plt.show()
```

请读者自行运行本案例代码，并尝试对各方法的降维结果进行分析。

3.4 小结

特征工程设计了一系列关键概念和步骤。首先，开始于数据采集，这是获取原始数据的过程，它奠定了特征工程的基础。接着，介绍了数据清洗，包括处理缺失值、异常值和不一致数据，以确保数据质量。随后，介绍了特征转换，通过无量纲化、离散化和哑编码技术，可以获取更加有意义的特征表示。最后，介绍了特征提取的重要性，通过特征选择和降维技术，能够从原始特征中挑选出最具代表性和区分性的特征，以提高模型的性能和泛化能力。

◆ 参考文献 ◆

胡沛，韩璞，2018. 大数据技术及应用探究［M］. 成都：电子科技大学出版社.
克里斯·阿尔本，2019. Python 机器学习手册：从数据预处理到深度学习［M］. 北京：电子工业出版社.
梅宏，2018. 大数据导论［M］. 北京：高等教育出版社.
齐伟，2020. 数据准备和特征工程：数据工程师必知必会技能［M］. 北京：电子工业出版社.

4　聚类算法

本章介绍机器学习中分析数据内在结构的一个重要手段：聚类分析。"物以类聚"一词指的是事物之间通过某种相似的属性聚集到一起，而聚类算法就是对数据进行自动归类的一种方法。在机器学习中，聚类算法是一种典型的无监督学习算法。在没有提供数据样本的初始所属类别的情况下，聚类算法能够依据数据特征的相似度或距离，通过特定方法将数据划分成多个组或簇，使得数据特征相似或距离相近的样本被分配到相同的簇中。通过聚类算法能够发现给定样本空间中数据的内在结构或规律，为进一步的数据分析提供基础。

4.1　聚类的原理与实现

4.1.1　聚类的概念

聚类算法是一种典型的无监督学习方法，它是将待分类对象从未知类别过渡到特定类别的一种有效措施，在没有给出训练目标的情况下，聚类算法能够按照数据点之间的相似性水平将数据集划分为若干类簇。如图 4-1 所示，聚类算法将原始数据划分为3 个不同的类簇。其中，划分类簇的基本原则是尽量使簇内部的数据点间距最小并使簇外部的数据点间距最大。

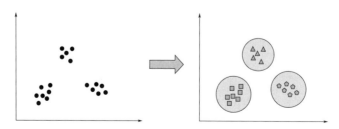

图 4-1　聚类算法的原理

通常，聚类问题的关键特征和要点包括：聚类的簇、特征空间、相似性度量、聚类数目确定、初始值选择等。以下是这些关键特征和要点的详细说明。

簇：聚类分析中的簇是指具有相似性的数据对象组成的集合。聚类算法通过将数据对象分配到不同的簇中来实现最优的聚类效果。

特征空间：在数据分析过程中通常使用样本的特征向量来表示每个样本点，而这些特征向量所存在的空间就被称为特征空间。聚类就是在某个特征空间中，对样本点进行划分并在特征空间中进行聚类的过程。

相似性度量：聚类算法需要使用合适的相似性度量来评估样本之间的相似程度，常用的相似性度量包括欧氏距离、曼哈顿距离、余弦相似度等。

初始值选择：初始值选择是初始化类簇中心的过程，对于迭代类的聚类算法，初始值的选择对最终的聚类结果有较大的影响，因此需要选择合适的初始值选择策略，比如随机初始化、K-means＋＋算法等。

通过一个示例，可以更加清晰地理解聚类算法的目的。表 4-1 展示了 20 个甘蔗样本的特征属性信息，包括含糖率（％）和含水量（％）。除了样本编号，所有样本都不存在任何关于类别的标签，因此可以通过聚类的方式探究其分布规律。

表 4-1　甘蔗案例数据集

样本编号	含糖率/％	含水量/％	样本编号	含糖率/％	含水量/％
1	11.1236	78.0592	11	14.0617	83.0377
2	12.8521	75.6974	12	16.9097	80.8526
3	12.1959	76.4607	13	16.4973	80.3252
4	11.7959	76.8318	14	14.6370	84.7444
5	10.4680	77.2803	15	11.9091	81.8281
6	10.4679	78.9258	16	11.9170	81.0419
7	14.1742	80.9983	17	12.5212	78.5230
8	16.5985	82.5711	18	13.6237	77.4883
9	15.8033	82.9620	19	13.1597	80.4211
10	16.1242	80.2322	20	12.4561	79.2007

数据的特征属性映射了数据的复杂多维信息，图 4-2 展示了基于含糖率和含水量两个属性信息的 20 个甘蔗样本在特征空间中的分布情况，从图中可以看出，样本点呈非均匀的状态散落在空间中，因此很难划分数据之间的区别。

然而，聚类算法可以将这些样本点通过某种度量策略划分成不同的类簇。如图 4-3 所示，从图中可以看出，通过特定的类别划分方式，20 个甘蔗样本点被聚类为 3 个簇，即聚类数目为 3。

通过上面的介绍，可以初步了解到聚类算法的主要功能和特点。这些功能和特点也使聚类算法拥有了独特的优势。首先，聚类算法可以作为一种数据预处理过程，在其他算法学习之前使用聚类算法对数据进行特征抽取或分类能够降低算法训练的开销、提高效率，而且聚类后数据更集中，从而可以去除干扰信息，提高训练精度。其次，聚类算法是调研数据分布情况的有效方法，通过观察聚类得到的每个簇的特点对其中

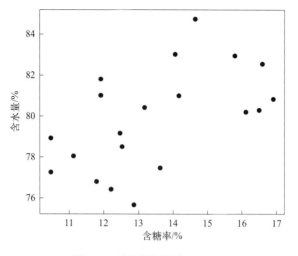

图 4-2   甘蔗数据样本分布图

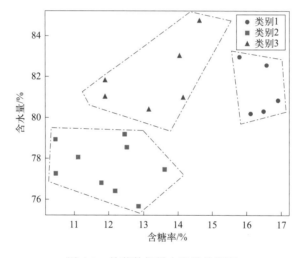

图 4-3   甘蔗数据样本聚类结果图

某些特定的簇集中作进一步分析，从而挖掘更加深入的数据信息。最后，聚类算法也可以完成离群点的挖掘，使其影响最小化。

4.1.2   聚类算法在食品领域的应用

聚类算法在食品领域的应用十分广泛，主要涉及食品质量控制、营养分析、食品市场分析等多个方面。聚类算法在食品领域的广泛应用可以为行业带来更多的数据驱动、智能化和个性化服务。通过聚类算法的应用，食品企业也可以更好地了解和利用食品数据，为行业发展和消费者服务提供更多可能性和潜力。

（1）食品质量控制

在食品质量控制过程中，聚类算法可以用于对食品样品进行分类，从而帮助鉴别食品的品质和种类。欧阳一非等人（2009）将感官品评与 K-均值聚类分析算法相结合，对油炸型方便面样品进行等级分类研究，从而实现了应用感官分析这种便捷、经济的技术手段对产品进行快速等级定位的目的。另一方面，通过对食品样品中的属性特征进行聚类分析，可以识别出具有相似正常特征的食品样品，减少异常样品的干扰，从而帮助监测和控制食品质量。例如，王建芳等人（2020）分析了燕麦品种间各个营养指标的变异性，通过主成分分析法和聚类分析法对燕麦的品质做出了综合性评价，并建立了燕麦品质评价模型。

（2）营养分析

通过对食品的营养进行分析，聚类算法可以发现不同食品样品之间的营养特点和差异，为用户提供更多的营养信息。张梦潇等人（2020）通过聚类算法对不同品种紫薯的营养成分进行分析，有助于区分不同紫薯间的营养差异，为后续的食用选择和加工利用提供建议。对食品中的营养成分进行聚类和分析，也可以帮助用户更好地了解食品的营养价值和特点，为特殊群体的营养摄入提供参考。Yuan 等人（2019）基于营养成分的相似性通过 K-均值聚类方法对食物进行聚类分析，然后根据营养和食物特性向用户推荐合适的替代食物。

（3）食品安全监测

聚类算法可以用于对食品供应链中的安全数据进行分析，从而发现食品生产、加工、运输等过程的潜在风险和问题。李佳益等人（2021）从生鲜食品供应链现状出发，构建食品供应链的质量安全预警指标体系，同时基于聚类算法将各种指标进行分类，从而得到处理指标因素的优先级，为食品安全预警体系提供参考。此外，聚类算法也可以通过分析食品加工过程，对食品安全进行分析预测。Nogueira 等人（2023）根据生物膜特性对食品加工环境中的单核细胞增生李斯特菌菌株进行分类，并通过层次聚类对单核细胞增生李斯特菌的风险潜力进行概念验证研究，揭示了它们通过食品污染到达消费者的潜在风险。

（4）消费市场分析

聚类算法用于对食品市场中的消费者群体或消费结构进行细分，有助于发现具有相似消费偏好的消费者群体，从而为食品企业提供精准营销和个性化建议的支持。例如，黄光等人（2013）对中国绿色食品消费群体进行市场细分，并根据不同细分市场的特点为绿色食品企业提供营销建议。罗幼喜等人（2007）运用聚类分析对各地区的食品消费结构进行划分，得到不同的食品消费类型，并结合相关营养学知识和各地区自身的特点提出优化食品消费结构的参考意见。另外，聚类算法也可以帮助企业进行市场定位，找到企业在市场中的位置以及与竞争对手的差异化，为进一步的改进和发展提出建议。例如，龚丽贞等人（2023）考虑到食品上市公司财务绩效表现参差不齐导致行业发展不均衡，因此通过 K-均值聚类方法分析不同财务指标因素对各食品上市公司财务绩效的影响程度，并进一步对样本公司进行分类，从而针对不同类型的公司提出不同的发展建议。

（5）新产品开发

聚类算法用于对食品新品进行开发和检验，可以发现不同新品之间的特点和差异，从而帮助食品企业了解食品详细情况，促进新产品的开发和推广。例如，de Barros 等人（2020）采用聚类算法根据巧克力工业原料的营养特性开发和分类新品饼干，并对其进行感官评价。

综上所述，聚类算法不仅能够为食品行业提供数据分析和决策支持，而且可以帮助食品企业更好地了解食品的特点和市场需求，从而提高产品质量、满足消费者需求，促进食品行业的发展。

4.1.3 距离的度量方式

在聚类算法中，采用相似性或距离度量的方法来评价样本间的相似性，从而将较为相似的样本划分到相同类别中。为了度量数据集中的两个 u 维的样本点 x 和 y 之间的相似性，一般定义一个距离函数 $\mathrm{dist}(x, y)$ 来表示两个样本点间的相似程度。

在聚类算法中，常见的距离函数是闵可夫斯基距离（Minkowski distance），其公式如下：

$$\mathrm{dist}_{\mathrm{mk}}(x, y) = \left(\sum_{i=1}^{u} |x_i - y_i|^p \right)^{\frac{1}{p}}, p \geqslant 1 \tag{4-1}$$

当 p 取不同值时，可以得到实际使用的距离度量方式，主要存在以下几种形式：

当 $p=1$ 时，为曼哈顿距离（Manhattan distance），即：

$$\mathrm{dist}_{\mathrm{man}}(x, y) = \sum_{i=1}^{u} |x_i - y_i| \tag{4-2}$$

当 $p=2$ 时，为欧氏距离（Euclidean distance），即：

$$\mathrm{dist}_{\mathrm{ed}}(x, y) = \sqrt{\sum_{i=1}^{u} |x_i - y_i|^2} \tag{4-3}$$

除此之外，还可以采用余弦相似度根据余弦定理计算两个样本向量的相似性，即：

$$\cos(\theta) = \frac{\sum_{i=1}^{u}(x_i \times y_i)}{\sqrt{\sum_{i=1}^{u} x_i^2} \times \sqrt{\sum_{i=1}^{u} y_i^2}} \tag{4-4}$$

另外一个常见的相似度衡量方法是杰卡德相似系数（Jaccard similarity coefficient），它被定义为集合 A、B 交集的大小与集合 A、B 并集大小的比值，即：

$$J(A, B) = \frac{|A \cap B|}{|A \cup B|} \tag{4-5}$$

4.1.4 聚类算法的分类

聚类算法有很多类别划分策略，但到目前为止，还没有一种具体的聚类算法能够适用于解释各种不同类型数据集所呈现出来的多样化结构。这也导致了在对数据聚类时需要根据数据类型、目的和应用等方面，综合考虑选取哪一种算法来实现聚类任务。目前，主要的聚类算法大致可以分为以下几种。

（1）划分式聚类算法

划分式聚类算法是一种将数据集划分为不相交的簇的聚类方法，其核心思想是：将一个含有 N 个样本的数据集，按照特定的算法规则划分为 K 个子集合（簇），这 K 个子集合就代表了 K 个类别。其中，每一个类别都至少包含一个样本，且每个样本只能隶属于一个类别中。划分式聚类算法需要先确定想要划分的类别数 K，并分别随机初始化出 K 个类别的中心点，然后通过反复迭代的方式将每个数据点划分到距离最近的类别中，同时不断更新类别中心点，最后达到"类内的数据点足够近，不同类间的数据点足够远"的划分效果。

划分式聚类算法的一个突出优点是简单有效，且在中小规模的数据和数据分布为大小相近的球形簇时效果较好，但是这种算法易受最初设定的 k 个中心点影响，中心点会对整个聚类过程产生一定程度的干扰导致聚类质量不稳定。目前常用的基于划分式思想的聚类算法有：K-means 算法、K-means＋＋算法等。在应用过程中，通常需要考虑数据集的大小、计算复杂性、簇质量要求以及对噪声和离群点的鲁棒性需求来选择合适的划分式聚类算法。

（2）层次聚类算法

层次聚类算法是一种通过计算样本之间的相似性来自动构建层次化结构的聚类算法。其核心思想是：将数据组织划分为若干个聚类，并且构建出一个相应的以类为节点的树状结构来进行聚类分析。层次聚类算法按照层次分解方式可以分为自底向上的凝聚型（agglomerative）与自顶向下的分裂型（divisive）两种。

层次聚类对噪声和异常值具有一定的鲁棒性，然而，由于计算复杂度较高，处理大规模数据集时可能效率较低。同时，层次聚类对初始样本的顺序敏感，可能导致不同的划分结果，因此，在使用层次聚类时需要谨慎选择适当的方法和参数。目前常用的层次聚类算法有 CURE（clustering using representative）算法和 ROCK（robust clustering using links）算法等。

（3）基于密度的聚类算法

不同于划分式聚类算法与层次聚类算法以数据点或聚类间的距离作为聚类依据。基于密度的聚类算法的核心思想是：充分考虑数据分布的紧密程度，以数据点的分布密度为依据，通过寻找数据点密度较高的区域来划分聚类，从而有效地在噪声空间数据库中发现任意形状的聚类。

基于密度的聚类算法不需要事先定义要形成的簇类的数量，而且基于密度的聚类算法不仅可以发现任意形状的簇类，也有助于识别出离群的噪声数据点，但是对于密度分布不均匀、聚类间距差相差很大的数据集的聚类效果不佳。目前常用的基于密度的聚类算法主要有 DBSCAN（density-based spatial clustering of applications with noise）算法、OPTICS（ordering points to identify the clustering structure）算法等。

（4）基于网格的聚类算法

基于网格的聚类方法将数据空间划分为网格单元，并在构建的网状结构中实现聚类分析。其核心思想是：将数据分布空间划分为有限数目的网格，然后在每个网格中计算数据点的密度，并将密度较高的网格合并成一个簇，通过调整网格大小和密度阈值来改变算法的精确程度。

基于网格的聚类方法的突出优点是处理速度快、计算复杂度低，因此可以有效地处理大规模数据集。但是对于数据的形状和密度比较敏感，如果数据分布比较复杂或者存在噪声，可能会导致聚类效果不佳，此外，网格大小、邻域半径等参数的设定也会对聚类效果产生较大影响。目前常用的基于网格的聚类算法有 STING（statistical information grid-based method）算法、CLIQUE（clustering in quest）算法等。

（5）基于图论的聚类算法

基于图论的聚类算法将聚类问题转化为图的分割问题，其核心思想是：将数据样本看作图的节点，将样本间的相似度作为带权重的边，然后通过合理的分割方法将数据图划分为若干个子图，其中连接不同子图的边的权重（相似度）尽可能低，同子图内的边的权重（相似度）尽可能高。最终，分割后还连在一起的顶点被看作同一类别。

图论聚类算法是以样本数据的局域连接特征作为聚类的主要信息源，因此易于处理局部数据的特性。与传统的聚类算法相比，它具有能在任意形状的样本空间上聚类且收敛于全局最优解的优点。目前较为常见的基于图论的聚类算法是谱聚类算法。

（6）基于模型的聚类算法

基于模型的聚类算法假设数据集是由一系列的概率分布所决定的，它的核心思想是：通过对数据进行统计分析，给每个聚类建立适合数据分布的概率模型，然后根据数据样本与概率模型之间的符合程度进行样本划分，得到不同类别的聚类结果。

基于模型的聚类算法具有计算复杂度低、可调参数少、更适合于多峰分布的数据等优点。但因为该算法假设数据分布符合某一种概率模型，所以对于不符合假设的数据分布，其聚类效果可能会受到影响。基于模型的聚类算法主要分为两类：统计学方法和神经网络方法。目前常见的基于模型的聚类算法有高斯混合聚类（Gaussian mixture model）算法、SOM（self organized maps）等。

如前所述，聚类算法包含多种类别方法，因此在对数据进行聚类分析时需要综合考虑数据的类型、聚类的目的和具体的应用等多方面因素，选取更加合适的聚类方式。

4.2 K-means 聚类算法

K-means 聚类算法也叫作 K-均值聚类算法，该算法的目的是将数据集划分为 K 个不同的组或簇，使得每个数据点与所属簇的中心点（质心）之间的距离最小。K-means 聚类算法是划分式聚类算法中较为常见的方法之一，该算法基于距离度量的方式通过最小化数据点与所属簇中心点之间的距离来实现聚类。由于算法的简洁性和效率性，K-means 算法成为许多聚类问题的首选算法之一。

4.2.1 K-means 聚类算法的原理

K-means 聚类算法是一种基于距离的迭代聚类算法。K-means 聚类算法首先需要随机选择 K 个对象作为初始类簇的质心，然后迭代进行以下步骤：计算每个样本点与各个质心之间的距离，并将每个样本点分配给距离最近的质心。每个质心及其分配的样本点构成一个聚类。随着对每个样本点的计算和分配，类簇的质心会根据当前聚类中的样本重新计算。这个迭代的过程会不断进行，直至满足某个收敛准则的终止条件。这个终止条件可以是样本点没有被重新分配的需求，或者质心不再发生变化，或者误差平方和达到局部最小值等。最终 K-means 聚类算法使得每个类簇内部紧密而类簇间距离较远。图 4-4 展示了该算法的基本原理。

从图 4-4 中可以看到，待聚类的样本点被依次标记为号码 1、2、3、4、5，图中的实心五角星即为类簇的质心。初始定义的实心五角星有两个，分别是最上面的橙色五角星和下边的绿色五角星，所以 $K=2$，K-means 聚类算法的原理演示如下。

首先，在图中取 $K=2$ 个点作为类簇的初始化质心，这里表示图中的两个实心五角星，如图 4-4(a) 所示。然后，计算图中的所有点到这两个质心的距离，假如某一点离橙色五角星更近，那么就判定该点属于橙色五角星的集群。如图 4-4(b) 所示，根据相互间的距离，样本点 1 和 2 被聚类到橙色五角星所代表的类内，样本点 3、4 和 5 则被聚类到绿色五角星所代表的类内。

然后，根据初次聚类所得到的两个类别，重新计算这两个类簇的质心，用于更新这两个类簇的质心。如图 4-4(c) 所示，初始的质心被新获得的类簇质心替代。

接下来，根据新的类簇质心再次计算样本点 1、2、3、4、5 到质心的距离，根据距离的远近程度，再一次划分新的类别。如图 4-4(d) 和（e）所示，反复重复上述步骤，直到类簇的质心不再移动，K-means 聚类算法的聚类过程结束。如图 4-4(f) 所示，最终经过 K-means 聚类的结果为：样本 1、2、3 属于橙色五角星类别，样本 4 和 5 属于绿色五角星类别。

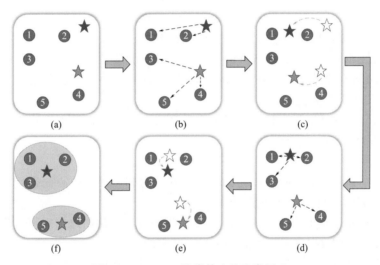

图 4-4　K-means 聚类算法的聚类原理

彩图 4-4

4.2.2　K-means 聚类算法的实现流程

下面是 K-means 聚类算法的基本实现流程。

输入：训练数据集 $X=\{x_1, x_2, \cdots, x_m\}$，样本维度为 u，聚类结果的类簇数目为 K。

算法步骤如下。

① 从训练数据集 X 中随机选择 K 个样本作为初始聚类中心 $v=\{v_1, v_2, \cdots, v_K\}$。

② 计算每个样本 x_i 与各初始聚类中心 v_j 之间的距离，例如欧氏距离 $dist_{ed}(x_i, v_j)$：

$$dist_{ed}(x_i,v_j)=\sqrt{\sum_{s=1}^{u}|x_{is}-v_{js}|^2}$$

③ 根据距离计算结果，将样本 x_i 分配到距离最近的类簇中心 v_j 中，形成新的聚类。

④ 在新的聚类分布中，重新计算 K 个类簇的新的类簇中心。

⑤ 得到新的类簇中心点 $\hat{v} = \{\hat{v}_1, \hat{v}_2, \cdots, \hat{v}_K\}$。

⑥ 重复步骤②到⑤不断迭代更新聚类中心点的位置。

⑦ 判断迭代终止条件：当所获得聚类中心点不再变化或达到设定的最大迭代次数等。输出：最终类簇中心 $\hat{v} = \{\hat{v}_1, \hat{v}_2, \cdots, \hat{v}_K\}$ 和聚类簇数目为 K 的类簇划分结果 $C = \{C_1, C_2, \cdots, C_K\}$。

4.2.3 K-means 聚类算法的优缺点

（1）优点

① 简单便捷：K-means 聚类算法原理简单易实现。

② 性能高效：K-means 聚类算法在处理大规模数据集时具有较高的计算效率且收敛速度较快，能够使模型快速收敛到局部最优解。

③ 扩展性和伸缩性强：K-means 聚类算法能够轻松地扩展到多维数据集，并且可以很容易地处理高维数据。此外，K-means 聚类算法对于大规模数据集有较好的伸缩性，能够处理大量的数据点。

④ 紧密且可解释度强：相比于层次聚类算法，K-means 聚类算法更加紧密、可解释度较强，尤其是在球形聚类的情况下。

（2）缺点

① 对初始聚类中心敏感：K-means 聚类算法对初始聚类中心的选择非常敏感，可能导致不同的初始值得到不同的聚类结果。

② 需要预先确定类簇数量 K：K-means 聚类算法在使用之前需要事先确定簇的数量 K，这对于一些数据集来说可能是一个不确定的因素。

③ 对噪声和异常值敏感：K-means 聚类算法对异常值比较敏感，很难有效处理异常值数据。

④ 易陷入局部最优：由于采用迭代方法，K-means 聚类算法得到的结果可能陷入局部最优。

⑤ 对数据分布要求高：对于高度重叠的数据和隐含类别分布不平衡的数据表现不佳，且不适合非线性数据集。

4.3 层次聚类算法

层次聚类算法是一种基于树状结构的聚类方法，与 K-means 聚类不同，层次聚类可以不用预先指定聚类数量，它通过计算不同类别数据点间的相似度逐层凝聚或分裂数据点来构建聚类层次结构，例如具有层次的嵌套聚类树。该算法的重要意义在于展示了从全局到局部的多个层次上的聚类结果，帮助用户更好地理解数据的内在结构，为后续的数据分析和挖掘提供基础。

4.3.1 层次聚类算法的基本原理

层次聚类算法旨在在不同层次将数据集中的样本划分为不同的簇，形成一个树形的聚类层次结构，以便于对数据的分析和理解。层次聚类算法通常分为凝聚算法（自底向上）和分裂算法（自顶向下）两种类型。其中，凝聚算法在每一步减少聚类簇的数量，通过合并前一步的两个簇来产生新的聚类结果；而分裂算法则相反，它在每一步增加聚类簇的数量，通过将前一步的簇分裂得到新的聚类结果。这两种算法的选择取决于具体的数据特征和聚类需求。其中，凝聚的层次聚类算法适用于数据点分布不规则、簇的形状和大小不固定的情况，而且在处理噪声数据较少、簇之间有重叠或嵌套关系的数据时效果较好。分裂的层次聚类算法适用于数据点分布规则、簇的形状和大小相对固定的情况。凝聚的层次聚类算法和分裂的层次聚类算法的对比如图 4-5 所示。

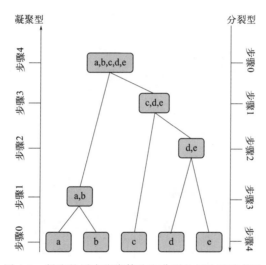

图 4-5　凝聚的层次聚类算法和分裂的层次聚类算法

层次聚类通过计算距离来实现数据的聚合和分裂过程，因此不仅需要考虑聚类的类型还需要预先确定两个要素：合并/分裂规则、停止条件。

合并/分裂规则：用来计算两个簇之间的距离，并依此决定哪些簇应该被合并或分裂。常用的计算簇间距离的方法有三种，分别为最小距离（single linkage）、最大距离（complete linkage）和平均距离（average linkage）。其中，最小距离是指将两个簇之间最近的样本点之间的距离作为簇与簇之间的距离。最大距离是指将两个簇之间最远的样本之间的距离作为簇与簇之间的距离。平均距离是指将两个簇中所有样本之间的距离的平均值作为簇与簇之间的距离。

停止条件：在层次聚类中，需要设定停止条件来确定何时停止聚类过程。常见的停止条件包括达到预设的聚类数目、簇之间的距离超过某个阈值、簇的直径超过某个阈值等。

在凝聚算法中,首先将每个样本作为一个簇,然后根据距离计算和某种合并规则逐步合并两个不同的簇,这样的合并过程会不断减少聚类簇的数量,直到达到凝聚的停止条件。凝聚算法的一个实现流程如图 4-6 所示。

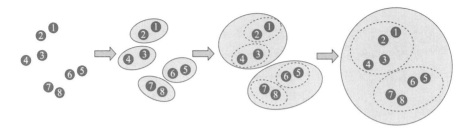

图 4-6 凝聚算法的实现流程

从图 4-6 中可以看出,在初始状态,数据集中的每个样本视为一个初始类簇,即簇数量为 8。然后,计算每对样本之间的距离,并将距离最近的两个样本合并为一个簇中,例如,样本 1 和 2 被分为一类、3 和 4 被分为一类,此时簇数量为 4。接着计算不同簇之间的距离,并将距离最近的两个簇合并为一个簇,例如,样本 1、2、3、4 被合并为一类,样本 5、6、7、8 被合并为一类,此时簇数量为 2。如此不断"凝聚"后,最终所有样本被合并为一个簇。

在分裂算法中,首先将所有样本作为一个簇,然后根据距离计算和预先制定好的分裂规则逐步将簇分裂为更小的簇,直到达到分裂的停止条件。分裂算法的实现流程如图 4-7 所示。

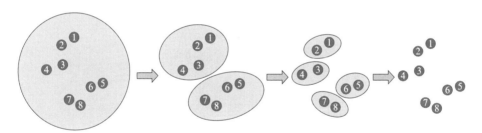

图 4-7 分裂算法的实现流程

从图 4-7 中可以看出,在初始状态,数据集被视为一个初始类簇,即簇数量为 1。然后,计算每对样本之间的距离,并根据分裂规则将距离最近的四个样本分裂到一个簇中,例如,样本 1、2、3、4 被分为一类,样本 5、6、7、8 被分为一类,此时簇数量为 2。接下来,经过同样的方式不断分裂后,最终每个样本被分裂为一个簇,得到簇数量为 8。

树状图是类似树形的图表,记录了簇聚合和拆分的顺序。在层次聚类中,通过将数据集中的样本逐步合并或分裂,可以构建出一个树状图,也称为聚类树(dendrogram)。这种树状图能够对层次聚类算法进行可视化,展示不同层次的聚类结果以及各个样本之间的相似性关系,如图 4-8 所示。

在树状图中,横轴表示数据点或者数据点的簇,纵轴表示合并不同簇的距离。距离所在的水平高度线表示不同的簇划分,距离高度线下面连接的数据点或者簇被合并到同一个簇中。从图 4-8(b) 的树状图中可以看出，当以距离高度 4 为准画一条水平线时，数据集将被划分为 2 类：样本 4、5、6 为一类、样本 0、1、2、3 为一类。

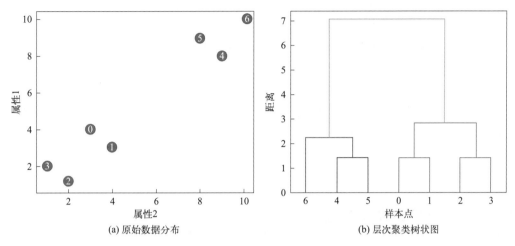

(a) 原始数据分布   (b) 层次聚类树状图

图 4-8 使用树状图对层次聚类算法进行可视化

4.3.2 层次聚类算法的实现流程

下面以凝聚型算法为例介绍层次聚类算法的基本实现流程。

输入：训练数据集 $X = \{x_1, x_2, \cdots, x_m\}$，停止条件（如聚类簇的数目 k 等）。
算法步骤如下。

① 初始化簇：将每个样本点视为一个独立的簇，聚类簇集合为 $v = \{v_1, v_2, \cdots, v_m\}$，即初始簇数量为 m。

② 计算距离矩阵：计算 m 个样本点之间的距离并构建距离矩阵，可以使用欧氏距离、曼哈顿距离等距离度量方式。

③ 合并簇：根据合并规则计算距离矩阵中各类簇间的距离，并合并最近的簇。

④ 得到新的类簇集合 $C = \{C_1, C_2, \cdots, C_{m-1}\}$，即聚类簇数量为 $m-1$。

⑤ 更新距离矩阵：重新计算合并簇与其他簇之间的距离，并构建新的距离矩阵。

⑥ 重复步骤②到④，直到满足聚类停止条件。

输出：类簇数目为 k 的聚类划分结果 $C = \{C_1, C_2, \cdots, C_k\}$。

4.3.3 层次聚类算法的优缺点

（1）优点

① 可以不用预先确定聚类数量：层次聚类算法可以根据数据的内在结构直接确定聚类的数量，这使得层次聚类算法在处理不确定聚类数量的数据时具有优势。

② 相似度规则易定义：层次聚类算法通常基于距离或相似度度量来进行聚类，这些度量通常比较容易定义和理解，便于在不同领域应用。

③ 限制少：层次聚类算法对数据分布的形状和聚类的大小没有特定的假设，适用

于广泛类型的数据集。

④ 层次关系明确：层次聚类算法能够发现数据点之间的层次关系，从而更好地理解数据的内在结构和组织。

（2）缺点

① 计算复杂度高：数据点之间的相似度计算、距离矩阵的更新以及循环递归操作等因素导致层次聚类算法的计算复杂度随着数据量的增加而增加，因此，对大规模数据集不太适用。

② 聚类结果易形成链状：当数据集中的样本点分布在一条直线上时，层次聚类算法很可能将这些样本点聚类成链状。而这种链状结果意味着相邻的簇之间没有明显的边界或区分，使得聚类结果不够清晰和有效。

4.4 DBSCAN 聚类算法

DBSCAN 聚类算法是一种基于密度的聚类算法，不同于前面提到的 K-means 聚类和层次聚类方法，基于密度的聚类算法将簇定义为密度相连点的最大集合。由于能够识别出噪声点，DBSCAN 特别适用于处理不规则形状、噪声和离群点的数据集，对于处理实际数据中的复杂聚类问题具有重要意义。

4.4.1 DBSCAN 聚类算法的基本原理

DBSCAN 聚类的主要思想是根据数据点的密度来划分簇，能够有效地将具有足够高密度的区域划分为簇，并在包含噪声的空间数据库中发现各种形状的聚类。因此，DBSCAN 聚类算法不需要预先指定簇的数量，而且可以有效地发现具有任意形状的聚类簇，在非凸形数据集中能够实现比较好的聚类效果。如图 4-9 所示，在示例的环形数据分布中，DBSCAN 基于密度聚类的效果比 K-means 聚类效果更好。

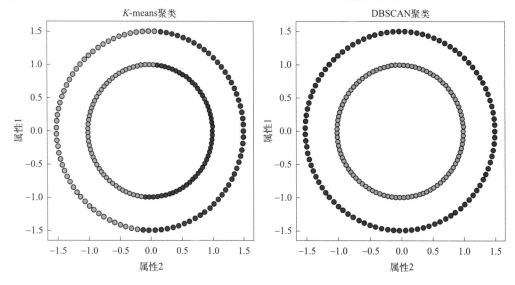

图 4-9　DBSCAN 聚类效果示例

如前所述，与其他聚类方法不同，DBSCAN 聚类算法不仅关注样本点之间的距离，还关注不同样本点周围的密度情况。因此，需要用到两个基础参数：邻域半径（Eps）和最小包含点数（MinPts）。邻域半径用来确定一个样本点的邻域范围，最小包含点数定义了邻域半径范围内所包含的数据点个数的最小值。在定义了基础参数后，可以获得以下关键概念。

① 核心对象：对于某个样本点，若在它的邻域半径范围内至少包含最小包含点数个样本点，则称该样本为核心对象。

② 边界点：如果某个样本不是核心对象，但位于另一个核心对象的邻域半径内，则将该点标记为该核心对象的边界点。

③ 噪声点：如果某个样本点既不是核心对象也不是边界点，则它被视为噪声点。

④ 密度可达：密度可达是指如果一个核心对象可以通过一系列其他核心对象连接到另一个非噪声点，则认为这两个样本点是密度可达的。

DBSCAN 聚类算法是基于这些关键概念来描述样本集的紧密程度并实现聚类的，这些关键参数和概念的关系如图 4-10 所示。

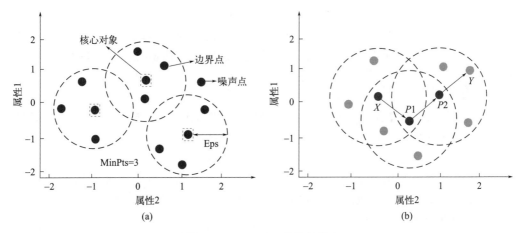

图 4-10　DBSCAN 的关键概念
（a）核心对象、边界点和噪声点的关系；（b）密度可达原理

在图 4-10（b）中，核心对象 X 通过核心对象 $P1$ 和 $P2$ 的中转连接到边界点 Y，那么可以认为样本点 X 和样本点 Y 是密度可达的。DBSCAN 聚类算法聚类原理就是通过定义邻域半径和最小包含点数确定出核心对象，通过遍历核心对象周围的数据点，将与核心对象存在密度可达关系的样本点聚类为一簇，而噪声点则被指派到其他核心对象的簇中，以此来实现数据的聚类。

4.4.2　DBSCAN 聚类算法的实现流程

下面是 DBSCAN 聚类算法的基本实现流程。

输入：训练数据集 $X = \{x_1, x_2, \cdots, x_m\}$，邻域半径 Eps，最小包含点数 MinPts。
算法步骤如下。

① 确定核心对象：遍历样本点，如果被访问的数据点 x_i 邻域半径内的样本数目 $N \geqslant \text{MinPts}$，则将该样本标记为核心对象。

② 密度可达点扩展：继续遍历其他样本点，递归地找出核心对象 x_i 的密度可达点，并将其划分到同一个簇内。

③ 构建簇：如果遍历到的样本是非核心对象，则以该样本为种子开始扩展一个新的簇。

④ 重复步骤②和步骤③，直到所有样本都被访问。

⑤ 标记噪声：对于未被分配到任何簇的样本，则将其标记为噪声点。

输出：聚类簇的划分结果 $C = \{C_1, C_2, \cdots, C_k\}$。

4.4.3 DBSCAN 聚类算法的优缺点

（1）优点

① 不受数据集形状限制：DBSCAN 聚类算法是基于密度的聚类算法，它能够对于密度较高的区域形成聚类，因此不受聚类形状的限制，可以发现任意形状的聚类。

② 无需预先指定聚类数量：DBSCAN 聚类算法不需要预先指定聚类数量，DBSCAN 聚类算法的聚类结果不易产生较大的偏倚。

③ 能够处理噪声点和异常值：DBSCAN 聚类算法对于密度较低的区域则可以识别为噪声点，因此，DBSCAN 聚类算法可以有效处理噪声和离群点，从而提高了算法的鲁棒性。

（2）缺点

① 参数敏感：对邻域半径和最小包含点敏感，需要多次调整参数以获得最佳聚类效果。

② 难以处理密度不均匀的数据：当数据集中样本的密度不均匀、聚类间距差相差较大时，DBSCAN 聚类算法可能无法很好地识别出聚类。

③ 不适合用于高维数据集：由于"维度灾难"的影响，高维数据集中数据点之间的距离变得稀疏，导致数据点之间的密度差异变得不够明显，此时，基于密度的 DBSCAN 算法可能会受到较大的挑战。

4.5 谱聚类算法

谱聚类算法是一种基于图论和谱理论的聚类算法，该算法将数据转化为图的表示，然后通过图的相似矩阵的特征向量来进行聚类。与前面介绍的几种聚类方法不同，谱聚类算法将聚类问题转化为图的划分问题之后，基于图论的划分准则的优劣也会直接影响到聚类结果的好坏，它能够有效地处理不规则形状的簇，并且对高维数据有较好的适应性。

4.5.1 谱聚类算法的基本原理

谱聚类算法的核心概念是将数据视为空间中的点，并通过边将它们连接起来构建无向权重图。边的权重取决于点之间的距离，距离较远的点之间的边权重较小，而距离较近的点之间的边权重较大。其本质在于将数据点组成的图基于相似矩阵的特征向

量进行切分，以使得切分后不同的子图之间的边权重之和尽可能低，而子图内的边的
权重之和尽可能高，从而实现聚类的目的，如图 4-11 所示。

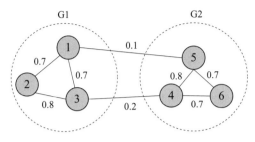

图 4-11 谱聚类算法原理

谱聚类算法的关键步骤包括构建相似矩阵、计算拉普拉斯矩阵、特征向量分解和
降维聚类等。通过这些步骤，谱聚类能够将原始数据映射到低维特征空间，并在该空
间中进行聚类，从而实现对复杂数据的有效聚类分析。以下是谱聚类算法中涉及的关
键要点的详细说明。

无向权重图：无向权重图是由一组节点和连接这些节点的边组成的图。每条边都
有一个权重，表示两个节点之间的相似度或距离。在谱聚类算法中，数据点可以被看
作是图的节点，而它们之间的相似度可以被表示为边的权重。

邻接矩阵：邻接矩阵是一个表示图中节点之间连接关系的矩阵。对于一个无向权
重图来说，邻接矩阵中的元素表示两个节点之间的连接权重。通常情况下，邻接矩阵
是一个对称矩阵，且对角线元素为 0。

度：对于一个节点来说，它的度可以被定义为与它相连的边的权重之和。在谱聚
类算法中，每个节点的度可以被表示为邻接矩阵每一行元素之和。

相似矩阵：相似矩阵是一个表示节点之间相似度的矩阵。在谱聚类算法中，相似
矩阵可以被用来表示节点之间的相似度关系，通常情况下，相似矩阵是对称矩阵。

拉普拉斯矩阵：拉普拉斯矩阵是一个用来描述图的拓扑结构的矩阵。对于一个无
向权重图来说，拉普拉斯矩阵可以被定义为 $L=D-W$，其中 D 是度矩阵，W 是邻接矩
阵。拉普拉斯矩阵具有很多重要的性质，它可以被用来进行谱聚类算法的计算。

4.5.2 谱聚类算法的实现流程

下面是谱聚类算法的基本实现流程。

输入：训练数据集 $X=\{x_1, x_2, \cdots, x_m\}$，降维后的维度 n，聚类结果的簇数目 K。
算法步骤如下。

① 相似度计算：对给定的数据集 $X=\{x_1, x_2, \cdots, x_m\}$，计算样本之间的相似
度，通常使用高斯核函数或者 K 近邻方法来计算相似度。

② 构建相似矩阵：根据步骤①计算的样本点间的相似度构建相似矩阵 S。

③ 构建度矩阵：根据相似矩阵 S 构建邻接矩阵 W 和度矩阵 D，其中度矩阵 D 中的
D_{ii} 表示第 i 个样本的度，即与样本 x_i 相邻的样本数目。

④ 构建拉普拉斯矩阵：基于步骤②和步骤③获得的邻接矩阵和度矩阵计算得到拉
普拉斯矩阵 $L=D-W$。

⑤ 拉普拉斯矩阵标准化：对拉普拉斯矩阵 L 进行标准化，如下式所示。

$$\widetilde{L} = \frac{L}{\sqrt{D_i D_j}}$$

⑥ 计算特征向量：对拉普拉斯矩阵 $\widetilde{L}$ 进行特征值分解，得到其前 n 个最小的非零特征值和它对应的特征向量 f。

⑦ 降维：将步骤⑥得到的特征向量 f 组成一个 $m \times n$ 维的特征向量矩阵 M。

⑧ 聚类：将特征向量矩阵 M 中的每一行作为一个 n 维的样本，共 m 个样本作为输入数据，通过 K-means 聚类或其他聚类算法将样本划分为 K 个不同的簇。

输出：聚类簇数目为 k 的聚类划分结果 $C = \{C_1, C_2, \cdots, C_k\}$。

4.5.3 谱聚类算法的优缺点

（1）优点

① 不受聚类形状限制：谱聚类算法通过对数据进行图表示，并利用图的特征向量进行聚类，它不依赖于聚类的形状限制，因此能够发现任意形状的聚类结构。

② 收敛于全局最优解：谱聚类算法通过对数据进行降维，利用数据的特征向量进行聚类，因此能够有效地处理高维数据且能够收敛于全局最优解，在对高维数据聚类任务中具有明显优势。

（2）缺点

① 对关键尺度参数敏感：谱聚类算法需要定义一些关键的尺度参数，例如图的相似度计算方法、聚类参数等，因此算法对这些参数的选择比较敏感。

② 计算复杂度较高：由于需要构建相似矩阵和拉普拉斯矩阵，谱聚类算法的计算复杂度较高，尤其是在大规模数据集上的内存消耗较大。

③ 不适用簇间数量悬殊的数据：谱聚类适用于数据均衡的问题，不适用于簇间数据点个数相差较大的聚类问题。

4.6 高斯混合聚类算法

高斯混合聚类算法是一种基于概率模型的聚类算法，它的基本思想是假设数据是由若干个高斯分布组成的混合分布，然后通过对这些高斯分布的参数进行估计实现对数据的聚类。与其他聚类方法不同，高斯混合聚类算法还能够对数据进行软聚类，即对每个数据点给出其属于每个簇的概率，而不是硬性地将其分配到一个特定的簇中，对于不规则形状的簇和对数据进行软聚类的场景具有较好的适应性。

4.6.1 高斯混合聚类算法的基本原理

高斯混合聚类是一种基于高斯混合模型的聚类算法，用于将数据集分成多个高斯分布组成的簇。而高斯混合模型则是一种参数化的概率模型。在高斯混合模型中，假设数据是由多个高斯分布组成的，每个高斯分布称为一个"分量"，而整个数据集则是这些分量的线性组合。如图 4-12(a) 所示，1500 个样本在二维空间中的分布为 2 个类别，而从基于统计分布（密度估计）的角度来看，这两个类别分别被表示为图 4-12(b) 中的两个高斯分布。

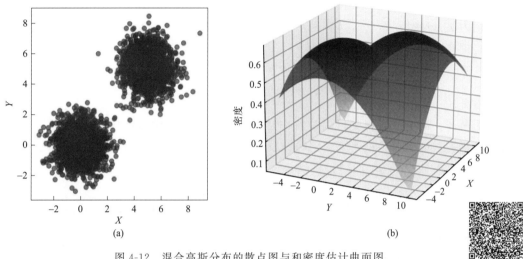

图 4-12　混合高斯分布的散点图与和密度估计曲面图

彩图 4-12

（1）高斯分布

高斯分布是一个连续概率分布，通常用于描述连续型随机变量的分布情况。它由两个参数决定，即均值（代表分布的中心）和方差（代表分布的展开程度）。对 n 维样本空间中的随机向量 $\boldsymbol{x}$，若 $\boldsymbol{x}$ 服从高斯分布，其概率密度函数为：

$$p(\boldsymbol{x}) = \frac{1}{(2\pi)^{\frac{n}{2}} |\boldsymbol{\Sigma}|^{\frac{1}{2}}} e^{-\frac{1}{2}(\boldsymbol{x}-\boldsymbol{\mu})^{\mathrm{T}} \boldsymbol{\Sigma}^{-1}(\boldsymbol{x}-\boldsymbol{\mu})} \tag{4-6}$$

式中，$\boldsymbol{\mu}$ 是 n 维均值向量；$\boldsymbol{\Sigma}$ 是 $n \times n$ 的协方差矩阵。

根据式(4-6) 可看出，高斯分布是完全由均值向量 $\boldsymbol{\mu}$ 和协方差矩阵 $\boldsymbol{\Sigma}$ 这两个参数来确定的。为了更加清晰地显示高斯分布与其对应参数的依赖关系，概率密度函数也可以被记作 $p(\boldsymbol{x} \mid \boldsymbol{\mu}, \boldsymbol{\Sigma})$。

（2）混合模型

高斯混合模型假设数据是由多个高斯分布组成的混合体。每个高斯分布对应一个聚类，而混合模型则是这些高斯分布的线性组合，定义高斯混合分布为：

$$p_m(\boldsymbol{x}) = \sum_{i=1}^{k} \{\alpha_i p(\boldsymbol{x} \mid \boldsymbol{\mu}_i, \boldsymbol{\Sigma}_i)\} \tag{4-7}$$

式中，与 $\boldsymbol{\mu}_i$ 与 $\boldsymbol{\Sigma}_i$ 是第 i 个高斯混合成分的参数，$\alpha_i > 0$ 为混合系数且 $\sum\limits_{i=1}^{k} \alpha_i = 1$。

因此，样本的生成过程为：首先根据 α_1，α_2，$\cdots$，α_k 定义的先验分布选择高斯混合成分，然后，根据被选择的混合成分的概率密度函数进行采样并生成相应的样本。

如果训练集 $D = \{x_1, x_2, \cdots, x_m\}$ 是通过以上过程生成的，那么便可以使用随机变量 $z_j \in \{1, 2, \cdots, k\}$ 来表示生成样本 x_j 的高斯混合成分，其中，z_j 的先验概率

$P(z_j=i)$ 对应于 $\alpha_i(i=1,2,\cdots,k)$。因此，根据贝叶斯定理，z_j 的后验分布可以表示为：

$$p_m(z_j=i\mid x_j)=\frac{P(z_j=i)p_m(x_j\mid z_j=i)}{p_m(x_j)}=\frac{\alpha_i p(\boldsymbol{x}_j\mid\boldsymbol{\mu}_i,\boldsymbol{\Sigma}_i)}{\sum\limits_{l=1}^{k}\{\alpha_l p(\boldsymbol{x}_j\mid\boldsymbol{\mu}_l,\boldsymbol{\Sigma}_l)\}} \tag{4-8}$$

因此，式(4-8)给出了样本 x_j 由第 i 个高斯混合成分生成的后验概率。将该后验概率简记为 $\gamma_{ji}(i=1,2,\cdots,k)$ 后，如果高斯混合分布式(4-7)是已知的，则高斯混合聚类将把样本集 D 划分为 k 个簇 $C=\{C_1,C_2,\cdots,C_k\}$，每个样本 x_j 的簇标记 λ_j 如下：

$$\lambda_j=\underset{i\in\{1,2,\cdots,k\}}{\mathrm{argmax}}\ \gamma_{ji} \tag{4-9}$$

综上所述，高斯混合聚类可以被看作是采用概率模型对样本进行刻画的，其簇的划分是由样本对应的后验概率来确定的。最后，样本集 D 可以采用最大化（对数）似然来求解模型参数 $\{(\boldsymbol{\alpha}_i,\boldsymbol{\mu}_i,\boldsymbol{\Sigma}_i)\mid 1\leqslant i\leqslant k\}$，如式(4-10)所示：

$$LL(D)=\ln\Big\{\prod_{j=1}^{m}p_m(x_j)\Big\}=\sum_{j=1}^{m}\ln\Big\{\sum_{i=1}^{k}\alpha_i p(\boldsymbol{x}_j\mid\boldsymbol{\mu}_i,\boldsymbol{\Sigma}_i)\Big\} \tag{4-10}$$

（3）期望最大算法

高斯混合模型的参数估计通常使用期望最大（expectation maximization，EM）算法进行求解。EM 算法是一种迭代算法，通过交替进行"期望步骤"和"最大化步骤"来估计模型参数。在期望步骤中，通过当前参数估计计算每个样本属于每个高斯分布的概率；在最大化步骤中，使用这些概率重新估计高斯分布的参数。下面采用 EM 算法进行迭代优化求解，并进行简单的推导，如果参数 $\{(\boldsymbol{\alpha}_i,\boldsymbol{\mu}_i,\boldsymbol{\Sigma}_i)\mid 1\leqslant i\leqslant k\}$ 能使式(4-10)最大化，则由 $\frac{\partial LL(D)}{\partial\mu_i}=0$ 得：

$$\sum_{j=1}^{m}\left\{\frac{\alpha_i p(\boldsymbol{x}_j\mid\boldsymbol{\mu}_i,\boldsymbol{\Sigma}_i)}{\sum\limits_{l=1}^{k}\alpha_l p(\boldsymbol{x}_j\mid\boldsymbol{\mu}_l,\boldsymbol{\Sigma}_l)}(\boldsymbol{x}_j-\boldsymbol{\mu}_i)\right\}=0 \tag{4-11}$$

其中，各混合成分的均值可以通过样本加权平均来估计，样本权重是每个样本属于该成分的后验概率。那么，由式(4-8)以及 $\gamma_{ji}=p_m(z_j=i\mid x_j)$ 可以得到：

$$\mu_i=\frac{\sum\limits_{j=1}^{m}\gamma_{ji}x_j}{\sum\limits_{j=1}^{m}\gamma_{ji}} \tag{4-12}$$

同样地，根据 $\frac{\partial LL(D)}{\partial\Sigma_i}=0$ 可以得到：

$$\Sigma_i=\frac{\sum\limits_{j=1}^{m}[\gamma_{ji}(x_j-\mu_i)(x_j-\mu_i)^{\mathrm{T}}]}{\sum\limits_{j=1}^{m}\gamma_{ji}} \tag{4-13}$$

由于混合系数 α_i 既要最大化 $LL(D)$，还要满足 $\alpha_i \geqslant 0$，$\displaystyle\sum_{i=1}^{k}\alpha_i = 1$。因此，可以考虑 $LL(D)$ 的拉格朗日形式：

$$LL(D) + \lambda\left(\sum_{i=1}^{k}\alpha_i - 1\right) \tag{4-14}$$

式中，λ 为拉格朗日乘子。那么，令式（4-14）对 α_i 的导数为 0 可得：

$$\sum_{j=1}^{m}\frac{p(\boldsymbol{x}_j \mid \boldsymbol{\mu}_i, \boldsymbol{\Sigma}_i)}{\displaystyle\sum_{l=1}^{k}\alpha_l p(\boldsymbol{x}_j \mid \boldsymbol{\mu}_l, \boldsymbol{\Sigma}_l)} + \lambda = 0 \tag{4-15}$$

最后，将式（4-15）两边同时乘以 α_i，并对所有样本求和可知 $\lambda = -m$，即：

$$\alpha_i = \frac{1}{m}\sum_{j=1}^{m}\gamma_{ji} \tag{4-16}$$

由此可得，每个高斯成分的混合系数是由样本属于该成分的平均后验概率确定的。

通过以上推导即可获得高斯混合模型的 EM 算法。算法在每步迭代中会经过"期望步骤"（E）和"最大化步骤"（M）这两个步骤，即 E 步骤先根据当前参数来计算每个样本属于每个高斯成分的后验概率 γ_{ji}，然后 M 步骤根据以上公式更新模型参数 $\{(\boldsymbol{\alpha}_i, \boldsymbol{\mu}_i, \boldsymbol{\Sigma}_i) \mid 1 \leqslant i \leqslant k\}$。

4.6.2 高斯混合聚类算法的实现流程

下面是高斯混合聚类算法的基本实现流程。

输入：训练数据集 $X = \{x_1, x_2, \cdots, x_m\}$，高斯混合成分个数 K。

算法步骤如下。

① 初始化：随机初始化 K 个簇以及其所包含的高斯分布的参数，包括均值向量 $\boldsymbol{\mu}_i$、协方差矩阵 $\boldsymbol{\Sigma}_i$ 和权重 $\boldsymbol{\alpha}_i$。

② Expectation 步骤：对每个样本 x_i 计算其属于每个高斯分布的后验概率。

$$\gamma_{ji} = p_m(z_j = i \mid x_j)$$

③ Maximization 步骤：根据步骤②计算得到的后验概率，重新估计每个高斯分布的均值向量 $\boldsymbol{\mu}_i$、协方差矩阵 $\boldsymbol{\Sigma}_i$ 和权重 $\boldsymbol{\alpha}_i$，各个参数的计算公式如下。

均值向量：$\boldsymbol{\mu}_i = \dfrac{\displaystyle\sum_{j=1}^{m}(\gamma_{ji}x_j)}{\displaystyle\sum_{j=1}^{m}\gamma_{ji}}$

协方差矩阵：$\boldsymbol{\Sigma}_i = \dfrac{\displaystyle\sum_{j=1}^{m}\{\gamma_{ji}(x_j - \boldsymbol{\mu}_i)(x_j - \boldsymbol{\mu}_i)^{\mathrm{T}}\}}{\displaystyle\sum_{j=1}^{m}\gamma_{ji}}$

权重：$\boldsymbol{\alpha}_i = \dfrac{\displaystyle\sum_{j=1}^{m}\gamma_{ji}}{m}$

④ 收敛判断：重复步骤②和步骤③并判断是否收敛，收敛条件可以是对数似然函数的增量小于某个阈值，或者每个簇的均值向量、协方差矩阵和权重的变化小于某个阈值等。

⑤ 根据最终估计得到的高斯分布参数获取每个样本的条件概率，并将样本分配到概率最大的高斯分布中，得到最终的聚类结果。

输出：聚类簇的划分结果 $C = \{C_1, C_2, \cdots, C_k\}$。

4.6.3　高斯混合聚类算法的优缺点

（1）优点

① 灵活性强：高斯混合聚类通过多个高斯分布的线性组合来建模数据，因此，它是一种非常灵活的模型，可以拟合各种形状的数据分布。

② 软聚类：高斯混合聚类是一种概率建模过程，因此，高斯混合聚类可以将每个数据点以一定的概率分配给每个高斯分布，而不是仅分配给一个簇，能够更好地处理数据点模糊或不确定的情况，更符合实际数据的特点。

③ 适应性强：高斯混合聚类算法不需要事先知道数据的分布类型，这使得它在处理各种类型的数据时具有较好的适应性。

（2）缺点

① 计算复杂度高：在实际应用中，高斯混合聚类算法需要进行参数估计和数据点分配的迭代过程，这导致高斯混合聚类算法的计算复杂度较高，特别是在高维数据上。

② 对初始值敏感：高斯混合聚类算法需要事先指定聚类的数量以及每个高斯分布的初始参数（如均值和协方差矩阵），因此它的聚类结果受初始参数的选择影响较大。

③ 需要事先确定高斯分布个数：在使用高斯混合模型时，需要提前确定高斯分布的个数，这对于一些数据集来说可能是一个挑战。

4.7　案例：聚类算法实现食物营养成分分析

食物营养成分分析是对食物中的营养成分进行定量分析的过程。在精准营养的社会背景下，食物营养成分的分析对于人们选择健康饮食和保持健康的生活方式非常重要。通过分析食物营养成分，人们可以了解食物中的能量及蛋白质、碳水化合物、脂肪、维生素和矿物质等成分特征，从而做出更健康的饮食选择。此外，通过区分含有不同营养成分特征的食物，食品企业可以制订不同的市场营销策略或提出进一步的产品创新，以满足如健康饮食者、素食者或高能量需求者等特定目标群体的需求。本案例旨在通过聚类算法，基于比萨（饼）中的特定营养成分含量实现对比萨样本的划分。案例所采用的比萨营养成分数据集，描述了比萨样本的详细营养成分信息，其中包含了 300 个比萨样本每 100g 的含水量、蛋白质含量、脂肪含量、灰分量、钠含量、碳水化合物含量以及热量。图 4-13 展示了比萨营养成分数据集的部分信息，数据集中所包含的七种营养成分信息可以作为比萨样本的属性特征实现聚类算法的应用。

	brand	id	mois	prot	fat	ash	sodium	carb	cal
0	A	14069	27.82	21.43	44.87	5.11	1.77	0.77	4.93
1	A	14053	28.49	21.26	43.89	5.34	1.79	1.02	4.84
2	A	14025	28.35	19.99	45.78	5.08	1.63	0.80	4.95
3	A	14016	30.55	20.15	43.13	4.79	1.61	1.38	4.74
4	A	14005	30.49	21.28	41.65	4.82	1.64	1.76	4.67
..	...	...	...	...	...	...	...	...	...
295	J	34044	44.91	11.07	17.00	2.49	0.66	25.36	2.91
296	J	24069	43.15	11.79	18.46	2.43	0.67	24.17	3.10
297	J	34039	44.55	11.01	16.03	2.43	0.64	25.98	2.92
298	J	14044	47.60	10.43	15.18	2.32	0.56	24.47	2.76
299	J	14045	46.84	9.91	15.50	2.27	0.57	25.48	2.81

图 4-13　比萨营养成分数据集

接下来，使用本章节介绍到的五种聚类算法（K-means 聚类、层次聚类、DBSCAN 聚类、谱聚类和高斯混合聚类算法）分别对比萨营养成分数据集中的营养成分（蛋白质和脂肪）信息进行聚类分析。其中，所有聚类算法模型均可通过 Sklearn 库导入实现。五种聚类算法的性能评估结果可以通过评价指标：轮廓系数、CH 指数和 DB 指数进行定量比较。案例实现代码如下。

```
1. import matplotlib.pyplot as plt
2. import matplotlib as mpl
3. mpl.rcParams['font.sans-serif']=['SimHei']
4. mpl.rcParams['axes.unicode_minus']= False
5. import pandas as pd
6. import matplotlib.pyplot as plt
7. import numpy as np
8. from sklearn.mixture import GaussianMixture
9. from sklearn.cluster import KMeans, AgglomerativeClustering, DBSCAN, SpectralClustering
10. from sklearn import metrics
11. from scipy.spatial import ConvexHull
12. # 读取 csv 数据
13. df= pd.read_csv(r".\Pizza.csv")
14. # 展示数据
15. print(df)
16. # 获取数据集的第 4 列和第 5 列数据
17. X= df.iloc[:,4:6]
18. X= np.array(X.values)
19. print(X)
20. # 数据标准化
21. from sklearn.preprocessing import StandardScaler
22. scaler = StandardScaler()
23. X = scaler.fit_transform(X)
24. # 定义聚类算法
25. # K 均值算法
26. n_clusters= 4
```

```
27. kmeans = KMeans(n_clusters= n_clusters)
28. kmeans.fit(X)
29. kmeans_labels = kmeans.labels_
30. kmeans_centers = kmeans.cluster_centers_
31. # 层次聚类算法
32. agg = AgglomerativeClustering(n_clusters= n_clusters)
33. agg.fit(X)
34. agg_labels = agg.fit_predict(X)
35. # DBSCAN 聚类算法
36. dbscan = DBSCAN(eps= 0.3, min_samples= 10)
37. dbscan_labels = dbscan.fit_predict(X)
38. # 谱聚类算法
39. spectral = SpectralClustering(n_clusters= n_clusters, affinity= 'nearest_
neighbors',random_state= 0)
40. spectral.fit(X)
41. spectral_labels = spectral.fit_predict(X)
42. # GMM 聚类算法
43. gmm = GaussianMixture(n_components= 4, random_state= 1)        # 创建一个
GaussianMixture 对象,设置簇的数量为 3
44. gmm_labels = gmm.fit_predict(X)
45. # 绘制结果图
46. # 绘制 K-means 聚类结果图
47. plt.figure(figsize= (5,10))
48. for c in range(n_clusters):
49.     cluster = X[kmeans_labels == c]
50.     plt.scatter(cluster[:, 0], cluster[:, 1], s= 20)
51. plt.scatter(kmeans_centers[:,0],kmeans_centers[:,1],marker = '* ',c= "black",
alpha= 0.9,s= 50)
52. plt.xlabel('protein')
53. plt.ylabel('fat')
54. plt.title('K-means 聚类')
55. # 用多边形框包围不同的簇
56. for i in range(4):                        # 遍历 4 个簇
57.     cluster_points = X[kmeans_labels == i]  # 获取每个簇的数据点
58.     hull = ConvexHull(cluster_points)       # 计算凸包
59.     for simplex in hull.simplices:          # 遍历凸包的边
60.         plt.plot(cluster_points[simplex, 0], cluster_points[simplex, 1],
color= 'black', linestyle= 'dashed', linewidth= 1)  # 绘制凸包边
61. plt.show()
62. # 绘制层次聚类结果图
63. plt.figure(figsize= (5,10))
64. for c in range(n_clusters):
65.     cluster = X[agg_labels == c]
66.     plt.scatter(cluster[:, 0], cluster[:, 1], s= 20)
```

```python
67. plt.xlabel('protein')
68. plt.ylabel('fat')
69. plt.title('层次聚类')
70. # 用多边形框包围不同的簇
71. for i in range(4):                                          # 遍历 4 个簇
72.     cluster_points = X[agg_labels == i]                     # 获取每个簇的数据点
73.     hull = ConvexHull(cluster_points)                       # 计算凸包
74.     for simplex in hull.simplices:                          # 遍历凸包的边
75.         plt.plot(cluster_points[simplex, 0], cluster_points[simplex, 1],
color= 'black', linestyle= 'dashed', linewidth= 1)   # 绘制凸包边
76. plt.show()
77. # 绘制 DBSCAN 聚类结果图
78. plt.figure(figsize= (5,10))
79. unique_labels = np.unique(dbscan_labels)                    # 获取聚类结果中的唯一标签
80. for i in unique_labels:                                     # 遍历每个唯一标签
81.     if i == -1:                                             # 如果标签为-1(噪声)
82.         plt.scatter(X[dbscan_labels == i, 0], X[dbscan_labels == i, 1], s=
20, label= 'Noise', c= "purple")                         # 绘制噪声点
83.     else:                                                   # 如果标签不为-1
84.         plt.scatter(X[dbscan_labels == i, 0], X[dbscan_labels == i, 1], s=
20, label= f'Cluster {i}')                               # 绘制对应簇的点
85. plt.xlabel('protein')                                       # 设置 x 轴标签
86. plt.ylabel('fat')                                           # 设置 y 轴标签
87. plt.legend()                                                # 显示图例
88. plt.title('DBSCAN 聚类')
89. # 用多边形框包围不同的簇
90. for i in range(4):                                          # 遍历 4 个簇
91.     cluster_points = X[dbscan_labels == i]                  # 获取每个簇的数据点
92.     hull = ConvexHull(cluster_points)                       # 计算凸包
93.     for simplex in hull.simplices:                          # 遍历凸包的边
94.         plt.plot(cluster_points[simplex, 0], cluster_points[simplex, 1],
color= 'black', linestyle= 'dashed', linewidth= 1)       # 绘制凸包边
95. plt.show()
96. # 绘制谱聚类结果图
97. plt.figure(figsize= (5,10))
98. for c in range(n_clusters):
99.     cluster = X[spectral_labels == c]
100.    plt.scatter(cluster[:, 0], cluster[:, 1], s= 20)
101. plt.xlabel('protein')
102. plt.ylabel('fat')
103. plt.title('谱聚类')
104. # 用多边形框包围不同的簇
105. for i in range(4):                                         # 遍历 4 个簇
106.     cluster_points = X[spectral_labels == i]   # 获取每个簇的数据点
```

```
107.    hull = ConvexHull(cluster_points)              # 计算凸包
108.    for simplex in hull.simplices:                   # 遍历凸包的边
109.        plt.plot(cluster_points[simplex, 0], cluster_points[simplex, 1],
    color= 'black', linestyle= 'dashed', linewidth= 1) # 绘制凸包边
110. plt.show()
111. # 绘制高斯混合聚类结果图
112. plt.figure(figsize= (5,10))
113. for c in range(n_clusters):
114.    cluster = X[gmm_labels == c]
115.    plt.scatter(cluster[:, 0], cluster[:, 1], s= 20)
116. plt.xlabel('protein')
117. plt.ylabel('fat')
118. plt.title('高斯混合聚类')
119. # 用多边形框包围不同的簇
120. for i in range(4):   # 遍历 4 个簇
121.    cluster_points = X[gmm_labels == i]              # 获取每个簇的数据点
122.    hull = ConvexHull(cluster_points)                # 计算凸包
123.    for simplex in hull.simplices:                   # 遍历凸包的边
124.        plt.plot(cluster_points[simplex, 0], cluster_points[simplex, 1],
    color= 'black', linestyle= 'dashed', linewidth= 1) # 绘制凸包边
125. plt.show()
126. # 算法性能评估
127. import pandas as pd
128. # 初始化空列表来存储每种算法的性能指标
129. silhouette_scores = []
130. ch_scores = []
131. db_scores = []
132. # 定义算法名称和对应的标签
133. algorithms = ['K 均值算法', '层次聚类算法', 'DBSCAN 算法', '谱聚类算法', '高斯混
合算法']
134. labels = [kmeans_labels, agg_labels, dbscan_labels, spectral_labels, gmm_
labels]
135. # 循环计算每种算法的性能指标
136. for label in labels:
137.    silhouette_scores.append(metrics.silhouette_score(X, label))
138.    ch_scores.append(metrics.calinski_harabasz_score(X, label))
139.    db_scores.append(metrics.davies_bouldin_score(X, label))
140. # 创建 DataFrame
141. data = {'算法': algorithms, '轮廓系数': silhouette_scores, 'CH 指数':
    ch_scores, 'DB 指数': db_scores}
142. df = pd.DataFrame(data)
143. df.to_csv('clustering_metrics.csv', index= False)# 保存为 CSV 文件
144. print(df)# 打印输出结果
```

代码输出结果如图 4-14 所示。

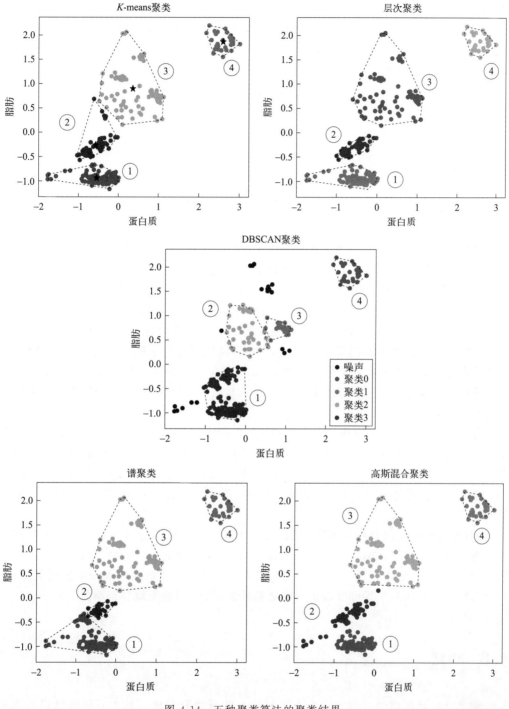

图 4-14 五种聚类算法的聚类结果

  从图 4-14 中可以直观地看出，不同聚类算法基于比萨的特定营养成分分别将比萨样本划分为了四个类簇。处于各坐标轴左下角的类簇中的比萨样本均包含相对较低的蛋白质和脂肪，而位于坐标轴右上角类簇中的比萨样本均包含相对较高的蛋白质和脂肪。因此，基于聚类结果，用户可以根

彩图 4-14

据个人的营养需求在特定类簇中快速选取合适的食物。

对聚类算法性能的评估主要根据聚类结果中簇内数据点的紧密度和簇间数据点的分离度来衡量。表 4-2 展示了五种聚类算法分别在轮廓系数、CH 指数和 DB 指数三个评估指标下的计算结果。

表 4-2　不同聚类算法的性能评估

算法	轮廓系数	CH 指数	DB 指数
K-means 聚类算法	0.529649	941.553063	0.622631
层次聚类算法	0.521655	919.443673	0.621948
DBSCAN 聚类算法	0.562249	397.966859	4.850916
谱聚类算法	0.440490	849.837481	0.589946
高斯混合聚类算法	0.536028	911.358750	0.677588

这三种评估指标分别从不同的角度评估了聚类算法的性能。其中，轮廓系数需要衡量每个样本点到其簇内样本的平均距离与其最近簇其他样本的平均距离的差值。轮廓系数的值越大说明最近簇之间各样本的距离越大，簇间数据点的分离程度越强。例如，图 4-14 中 K-means 算法和层次聚类算法的聚类结果相近，但是由于 K-means 算法中类簇②的个别样本距离类簇③更近，且样本点到类簇③样本点的平均距离更大，导致其轮廓系数大于层次聚类算法。由于 DBSCAN 聚类算法将偏离程度较大的样本定义为噪声点，降低了类簇内样本的平均距离，从表 4-2 中可以看出，DBSCAN 聚类算法在轮廓系数上取得最大值。

CH 指数表示所有簇的簇间距离之和与簇内距离之和的比值。CH 指数的取值越大说明各簇内的距离越小，簇内数据点的紧密度越强。例如，图 4-14 中谱聚类算法和层次聚类算法的聚类结果相近，但是由于谱聚类算法的类簇①的簇内距离更大，导致其 CH 指数值小于层次聚类算法。从表 4-2 中可以看出，K-means 算法在 CH 指数上取得最大值。

DB 指数表示簇内直径与各簇间距离的比值，DB 指数取值越小说明各簇内数据点的紧密度越强。例如，图 4-14 中 K-means 算法和层次聚类算法的聚类结果相近，但是由于 K-means 算法中类簇②的簇内直径更大，导致其 DB 指数值大于层次聚类算法。对比五种聚类算法的结果可以看出，谱聚类算法在 DB 指数上取得最小值。

4.8　小结

聚类算法是机器学习领域中一类重要的无监督学习方法，其主要任务是将数据集中的对象划分为不同的类别，使得同一类别内的对象相似度高，不同类别之间的相似度低。本章介绍了聚类算法的原理、分类和常见的距离度量方式。在讨论聚类算法的过程中，着重强调了 K-means 聚类、层次聚类、DBSCAN 聚类、谱聚类和高斯混合聚类算法的实现原理、流程及特点。通过学习聚类算法有助于理解数据集中的内在结构和模式，揭示数据之间的相似性和差异性，挖掘隐藏在数据背后的规律和关联，为进一步探索机器学习领域奠定坚实的基础。

◆ **参考文献** ◆

龚丽贞，徐培毓，2023. 我国食品行业上市公司财务绩效评价——基于因子分析和聚类分析［J］. 西昌学院学报（自然科学版），37(4)：24-29.

黄光，卢达茵，2013. 中国绿色食品消费群体市场细分研究——基于修正的食品相关生活方式量表［J］. 商业经济与管理，(8)：43-52.

李佳益，高亚静，刘丹丹，等，2021. 基于 K-means 聚类算法的生鲜食品安全预警研究［J］. 产业与科技论坛，20(24)：31-33.

刘艳，2021. Python 机器学习：原理、算法及案例实战［M］. 北京：清华大学出版社.

罗幼喜，李翰芳，2007. 我国各地区城市居民食品消费结构的统计分析［J］. 湖北工业大学学报，22(1)：81-83.

欧阳一非，高海燕，赵镭，等，2009. 聚类分析在油炸型方便面感官评价中的应用［J］. 中国食品学报，9(4)：177-184.

王建芳，高山，牟德华，2020. 基于主成分分析和聚类分析的不同品种燕麦品质评价［J］. 食品工业科技，41(13)：85-91.

张梦潇，周文化，周虹，等，2020. 不同品种紫薯营养主成分及聚类分析［J］. 中国粮油学报，35(1)：19-25.

周志华，2016. 机器学习［M］. 北京：清华大学出版社.

Bishop C M, 2006. Pattern recognition and machine learning［M］. New York: Springer.

de Barros H E A, Natarelli C V L, Tavares I M D C, et al, 2020. Nutritional clustering of cookies developed with cocoa shell, soy, and green banana flours using exploratory methods［J］. Food and Bioprocess Technology, 13(7): 1566-1578.

Nogueira R, Cabo M L, Garcia-Sanmartin L, et al, 2023. Risk factor-based clustering of Listeria monocytogenes in food processing environments using principal component analysis［J］. Food Research International, 170(1): 112989.

Yuan Z, Luo F, 2019. Personalized diet recommendation based on K-means and collaborative filtering algorithm［J］. Journal of Physics: Conference Series, 1213(3): 032013.

5 线性模型

在食品大数据分析中，线性模型扮演着重要的角色。线性模型以其简洁的数学表达形式和良好的预测性能著称。线性模型通过分析不同变量的影响，从而能够帮助优化食品生产过程、改进质量控制方法，并进行未来趋势预测。这种数据驱动的分析方式，不仅提高了食品行业的决策水平，也推动了科学研究和实际应用的融合。本章将具体介绍常见线性模型的理论基础及其实际应用。

5.1 线性模型概述

5.1.1 线性模型的概念

线性模型在机器学习中占据着重要的地位，尽管其原理简单，但却为更复杂的数据分析和机器学习算法提供了理论和实践的基础。线性模型的历史可以追溯到 18 世纪，但关于它的广泛应用和深入研究主要在 20 世纪才得以展开。计算机的出现极大地推动了线性模型的发展，因为其理论和实践都涉及大量的复杂计算。

线性模型是一种基于线性代数理论构建的数学模型，它的核心任务是建立输入样本与目标值之间的数学映射关系，通过损失函数来衡量预测值与实际值之间的差异，并努力将这一差异最小化。作为早期回归分析的典型代表，线性模型采用最小二乘法等技术手段来估计模型参数，其目标是通过最小化预测误差来实现模型的最佳拟合。随着技术的进步，尤其是计算机和数据处理能力的飞速发展，线性模型经历了持续的优化与创新，衍生出了岭回归、Lasso 回归和弹性网络回归等改进算法。这些算法不仅有机会提升模型的预测精度，还增强了其在处理过拟合和变量选择问题时的鲁棒性。

总之，线性模型不仅是统计学和数据分析的基石，也是现代机器学习算法发展的关键组成部分。

5.1.2 线性模型在食品领域的应用

在食品领域，线性回归模型有着广泛的应用，它可以用于预测食品的某些质量属性，分析食品加工过程中变量之间的关系，评估食品营养成分对健康的影响以及探索和鉴别食品的风味等。

（1）粮食产量影响预测

线性模型可以用于评估不同因素变化对粮食产量可能产生的风险，帮助农民了解不同因素对产量的影响，为农产品种植管理和政策制定提供依据。苏玉晋等人（2022）基于1978—2020年中国粮食生产时间序列数据及相关影响因素指标，建立多元线性回归模型，在结合 SPSS 软件进行计量经济学分析的情况下，探索中国粮食产量的主要影响因素，为稳定粮食生产对策的制定提供参考依据。耿娟等人（2023）采用了岭回归和 Lasso 回归这两种统计分析方法，对河南省2002—2021年间的粮食产量数据进行了详细的分析。他们利用 R 软件来处理数据中的多重共线性问题，发现种植面积、有效灌溉面积、农业机械总动力和化肥施用量与粮食产量之间存在正相关性，尤其是有效灌溉面积对粮食产量的影响最为显著。

（2）营养健康分析

线性回归模型能够揭示食品营养成分与健康指标之间的关系，为健康饮食提供科学依据。例如，You 等人（2024）利用加权线性回归模型和中介分析，研究了含活性微生物食品的膳食摄入量、娱乐性体力活动和全身免疫炎症指数之间的关系。林芳等人（2024）采用多因素 logistic 回归模型分析老年2型糖尿病患者营养不良的主要影响因素，为预防老年2型糖尿病患者营养不良提供参考。程红等人（2021）采用多重线性回归和无序多分类 logistic 回归方法分析儿童体质指数（BMI）、脂肪质量指数与维生素 D 营养水平的关系，为研究儿童维生素 D 缺乏防控的重点人群提供循证依据。

（3）食品安全保障和风险评估

线性回归模型在分析食品安全和卫生实践的影响因素方面应用广泛。例如，Yakubu 等人（2023）使用了多元线性回归分析来确定影响街头食品供应商食品安全和卫生实践得分的因素，为食品安全提供了有力支持。张慧娟等人（2024）通过分析酱卤肉制品的多项关键特征（包括温度、湿度、pH 值等）与其保质期的相关性，并运用逻辑回归模型，成功预测了这些产品在各种存储环境下的适宜货架期。这一研究成果为提升食品安全标准及进行有效的风险管控提供了科学依据和实用工具。线性回归模型也可以有效预测食品的质量属性，提升分类和检测效率。例如，Wang 等人（2023）进行了对木质化鸡肉和木胸肌原纤维蛋白的研究，以确定变质程度，进而构建了不同木质肉分级模型，提高了木质肉的快速分级效率和利用率。线性回归模型在预测食品储存过程中的质量变化方面具有重要应用。例如，Stangierski 等人（2019）使用多元线性回归模型预测了储存在不同温度下的可涂抹式加工高达奶酪的整体质量变化，为食品质量管理和风险评估提供了有力工具。另外，邓玉睿等人（2022）基于稻谷孢子数与环境温度、稻谷含水量及储存天数等因素的关系，利用多元线性回归模型和随机森林算法，解决了稻谷在储存过程中霉变风险的预测问题。

（4）食品风味鉴别

线性回归模型结合光谱分析技术可以精确鉴别食品的风味和品牌。例如，Yang 等人（2017）使用了近红外光谱结合偏最小二乘判别分析方法，解决了白酒品牌识别问题，为酒类食品安全提供了一种快速有效的鉴别方法。霍丹群等研究者（2011）使用了气相色谱分析技术结合模式识别的方法，解决了不同白酒产品的区分鉴别问题。通过主成分分析和线性判别分析，他们成功地区分了不同白酒产品，并验证了这些方法的有效性。

通过上述应用实例可以看出，线性模型在食品生产与加工、食品营养与健康、食品质量与安全等方面均具有重要作用。线性模型在食品行业的多样化应用，不仅在科研和工业实践中发挥了重要作用，还为未来的食品科学研究和创新提供了新的思路和方法。

5.2　线性回归

线性回归是一种基础且强大的统计工具，在数据分析和预测建模中扮演着核心角色。它旨在探索并量化一个或多个自变量（解释变量）与一个因变量（响应变量）之间的线性关系。给定一组输入样本及其对应的目标值，线性回归通过找出最佳拟合直线，使得新样本到来时预测其对应的目标值。

5.2.1　线性回归算法

5.2.1.1　基本原理

假定自变量 x 有 n 个特征或属性，其中 x_i 表示 x 在第 i 个属性上的取值，线性回归旨在通过建立线性关系来进行预测和解释。具体而言，线性回归的基本表达式如下：

$$y = w_0 + w_1 x_1 + w_2 x_2 + \cdots + w_n x_n \tag{5-1}$$

式中，y 是目标值或因变量；w_0，w_1，$\cdots$，w_n 是模型参数，它们是需要通过训练估计的。这些参数是模型的权重，它们表示每个自变量对因变量的影响程度。

5.2.1.2　一元线性回归

一元线性回归是指仅用一个自变量属性 x 来预测因变量 y，也就是找一个直线来拟合数据，并且让这条直线尽可能地拟合图中的数据点。当有一个新的样本需要预测的时候，就可以用拟合好的线性函数来预测该样本对应的大概 y 值。

接下来，通过一个案例来进一步理解一元线性回归原理。如表 5-1 是一个简化的包含不同食品的价格与口感得分的数据集，案例旨在基于该数据集利用一元线性回归分析常见食品价格与口感得分的关系。假设食品口感得分与价格呈线性关系，即得分 = $w_0 + w_1 \times$ 价格。在这个方程中，w_0 和 w_1 是待学习的模型参数。

表 5-1　食品案例数据集

项目	1	2	3	4	5	6	7	8	9	10	11
价格/元	10	25	40	60	15	30	50	70	20	45	65
口感得分	2	4	8	14	3	6	10	16	5	9	15

在该数据表中，每一列代表一个食品样本，其中，价格是样本的唯一属性，而得

分是目标变量。通过训练一元线性模型，可以学习到 w_0 和 w_1，从而建立价格与得分之间的关系。如图 5-1 所示，一元线性模型预测出食品价格与口感得分呈正相关关系。

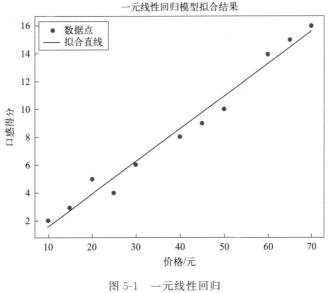

图 5-1　一元线性回归

5.2.1.3　多元线性回归

在机器学习中，特征的多样性对于提高预测的准确性至关重要。多元线性回归处理多个变量，通过综合考虑各变量的权重来预测目标变量。多元线性回归模型的一般表达式如下：

$$\hat{y} = w_0 + w_1 x_1 + w_2 x_2 + \cdots + w_n x_n \tag{5-2}$$

式中，$\hat{y}$ 是目标变量的估计值；w_0 是截距；w_1，w_2，$\cdots$，w_n 是回归系数；x_1，x_2，$\cdots$，x_n 是样本的不同特征。

以食品口感得分预测为例，考虑到多个特征如甜度、咸度、香气强度、辣度和价格，可以构建如下回归方程：口感得分 $= w_0 + w_1 \times$ 甜度 $+ w_2 \times$ 咸度 $+ w_3 \times$ 香气强度 $+ w_4 \times$ 辣度 $+ w_5 \times$ 价格。在这个方程中，每个特征都有一个对应的回归系数，表示该特征对口感得分的影响程度。这些回归系数通过参数估计的过程进行学习。

以矩阵形式表示，上述回归方程可以写成：$\hat{y} = w^{\mathrm{T}} x + b$。其中，$\hat{y}$ 是口感得分的估计值，x 是特征矩阵，w 是回归系数矩阵，b 是误差项。在训练过程中，机器学习模型会学习合适的回归系数，使得预测值与实际观测值尽可能接近，这样的多元线性回归模型能够更全面地考虑多个特征对目标变量的影响，提高预测的准确性。

5.2.1.4　线性回归算法的优缺点

（1）优点
① 简单易懂：线性回归算法简单易懂，易于实现。
② 计算效率高：适用于大规模数据集，计算速度快。
③ 可解释性好：模型结果具有很好的可解释性。

（2）缺点

① 不能处理非线性关系：线性回归假设变量之间是线性关系，无法处理非线性数据。

② 对异常值和噪声敏感：异常值和噪声会对模型产生较大影响。

③ 多重共线性问题：线性回归模型中的解释变量之间存在精确相关关系或高度相关关系时会使模型的估计失真或难以估计准确。

5.2.2 岭回归算法

5.2.2.1 基本原理

岭回归（ridge regression）是线性回归的一种改进方法，专门用于解决当数据特征之间存在多重共线性时的问题。多重共线性意味着特征变量高度相关，这可能导致模型参数估计的不稳定性，进而影响模型的泛化能力。为解决这一问题，岭回归在损失函数中引入了一个正则化项，该正则化项是模型参数的 L2 范数，即权重值的平方和。L2 范数的引入有助于限制模型参数的大小，从而减少多重共线性的影响。岭回归算法的损失函数为：

$$\text{Cost}(\boldsymbol{w}) = \sum_{i=1}^{N} [y_i - (\boldsymbol{w}^{\text{T}} \boldsymbol{x}_i + b)]^2 + \lambda \| \boldsymbol{w} \|_2^2 \tag{5-3}$$

最终，求使得损失函数最小时 $\boldsymbol{w}$ 的大小：

$$\boldsymbol{w} = \arg \min_{\boldsymbol{w}} \{ \sum_{i=1}^{N} [y_i - (\boldsymbol{w}^{\text{T}} \boldsymbol{x}_i + b)]^2 + \lambda \| \boldsymbol{w} \|_2^2 \} \tag{5-4}$$

岭回归的损失函数由两部分组成：一部分是传统的平方和误差，即观测值与预测值之差的平方和；另一部分是正则化项，即模型参数向量的平方和。这个正则化项的系数是一个超参数，通常表示为 λ，它允许用户根据问题的具体情况调整正则化项的相对重要性。通过这种方式，岭回归不仅考虑了模型的拟合优度，也考虑了模型的复杂度，有助于防止模型过拟合，提高模型在新数据上的预测能力。由于正则化项基于 L2 范数，因此这种正则化技术有时也被称作 L2 正则化。

5.2.2.2 岭回归算法的实现流程

下面是岭回归算法的基本实现流程。

输入：训练数据集 $X = \{x_1, x_2, \cdots, x_n\}$ 和目标变量 $y = \{y_1, y_2, \cdots, y_n\}$，正则化参数 λ。

算法步骤如下。

① 标准化训练数据集 X，将每个特征的均值转换为 0，标准差转换为 1。

② 添加一个偏置项（截距项）到特征矩阵 $\boldsymbol{X}$ 中，将其表示为 $\boldsymbol{X}_{\text{new}}$。

③ 初始化岭回归模型的权重向量 $\boldsymbol{w}$ 为零向量或随机最小值。

④ 设定最大迭代次数或收敛条件。

⑤ 使用梯度下降等优化算法最小化岭回归的损失函数，其中损失函数为：

$$\text{Cost}(\boldsymbol{w}) = \sum_{i=1}^{N} [y_i - (\boldsymbol{w}^{\text{T}} \boldsymbol{x}_i + b)]^2 + \lambda \| \boldsymbol{w} \|_2^2$$

⑥ 在每次迭代中，更新权重向量 w：

$$w =\arg\min_{w}\{\sum_{i=1}^{N}[y_i-(w^{\mathrm{T}}x_i+b)]^2+\lambda\parallel w\parallel_2^2\}$$

⑦ 重复步骤⑤和⑥，直到满足终止条件（如达到最大迭代次数等）。

输出：岭回归模型的权重向量 w 和适用于给定数据集的 λ。

5.2.2.3 岭回归算法的优缺点

（1）优点

① 处理多重共线性：通过引入 L2 正则化项，有效处理多重共线性问题。

② 防止过拟合：岭回归通过调整正则化的强度，考虑了模型的复杂度以及拟合度，有效地避免了过拟合现象。

（2）缺点

① 解释性差：其解可能不够稀疏，即模型中可能包含较多的自变量，导致模型解释性较差。

② 需要调参：需要根据实际情况选择合适的正则化系数。

5.2.3 Lasso 回归算法

5.2.3.1 基本原理

Lasso 回归全称为最小绝对收缩和选择算子回归（least absolute shrinkage and selection operator regression），是在标准线性回归基础上引入 L1 范数的方法。通过在损失函数中加入正则化项，Lasso 回归不仅能够有效拟合数据，还能自动进行特征选择，将某些系数压缩至零。这种方法特别适用于特征数量多于样本数量的情况，或用于提高模型的可解释性。

Lasso 回归的目标函数由两部分组成：一部分是传统的均方误差损失函数，用于衡量模型预测值与实际观测值之间的差异；另一部分是 L1 正则化项，由正则化系数 λ 乘以模型参数向量的绝对值之和构成。通过调整 λ 的大小，可以控制模型正则化的强度，从而影响模型参数的稀疏程度。

与岭回归相比，Lasso 回归的正则化项采用参数向量的 L1 范数，能够在保证模型拟合性能的同时减少模型复杂度，提高模型的泛化能力。Lasso 回归算法的损失函数为：

$$\mathrm{Cost}(w)=\sum_{i=1}^{N}[y_i-(w^{\mathrm{T}}x_i+b)]^2+\lambda\parallel w\parallel_1 \tag{5-5}$$

最终，同样是求使得损失函数最小时 w 的大小：

$$w =\arg\min_{w}\{\sum_{i=1}^{N}[y_i-(w^{\mathrm{T}}x_i+b)]^2+\lambda\parallel w\parallel_1\} \tag{5-6}$$

5.2.3.2 Lasso 回归算法的实现流程

下面是 Lasso 回归算法的基本实现流程。

输入：训练数据集 $X = \{x_1, x_2, \cdots, x_n\}$ 和目标变量 $y = \{y_1, y_2, \cdots, y_n\}$，正则化参数 λ。

算法步骤如下。

① 标准化训练数据集 X，将每个特征的均值转换为 0，标准差转换为 1。

② 添加一个偏置项（截距项）到特征矩阵 X 中，将其表示为 X_{new}。

③ 初始化 Lasso 回归模型的权重向量 w 为零向量或随机小值。

④ 设定最大迭代次数或收敛条件。

⑤ 使用梯度下降等优化算法最小化 Lasso 回归的损失函数，其中损失函数为：

$$\text{Cost}(w) = \sum_{i=1}^{N} [y_i - (w^T x_i + b)]^2 + \lambda \| w \|_1$$

⑥ 在每次迭代中，更新权重向量 w：

$$w = \arg\min_w \{ \sum_{i=1}^{N} [y_i - (w^T x_i + b)]^2 + \lambda \| w \|_1 \}$$

⑦ 重复步骤⑤和⑥，直到满足终止条件（如达到最大迭代次数等）。

输出：Lasso 回归模型的权重向量 w，适用于给定数据集的 λ。

5.2.3.3 Lasso 回归算法的优缺点

（1）优点

① 特征选择：通过引入 L1 正则化，可以自动进行特征选择，提高模型的解释性。

② 适用于高维数据：能够处理高维数据，生成稀疏模型。

③ 防止过拟合：通过引入 L1 正则化项，可以解决多重共线性问题，还能够减少模型复杂性，降低过拟合的风险。

（2）缺点

需要调参：需要根据实际情况调整合适的正则化系数。

5.2.4 弹性网络算法

5.2.4.1 基本原理

弹性网络回归（elastic net regression）是一种集成了 Lasso 回归的 L1 正则化和岭回归的 L2 正则化的线性回归技术。它旨在结合两种正则化方法的优势，同时克服它们在特定情境下的局限性。特别是在处理具有大量特征和特征间多重共线性的高维数据集时，弹性网络回归能够有效地执行特征选择并维持模型的稳定性和预测性能。

弹性网络回归算法的损失函数结合了 Lasso 回归和岭回归的正则化方法，通过两个参数 λ 和 ρ 来控制惩罚项的大小。

$$\text{Cost}(w) = \sum_{i=1}^{N} [y_i - (w^T x_i + b)]^2 + \lambda\rho \| w \|_1 + \lambda(1-\rho) \| w \|_2^2 \tag{5-7}$$

同样是求使得损失函数最小时 w 的大小：

$$w = \arg\min_{w}\{\sum_{i=1}^{N}[y_i - (w^{\mathrm{T}}x_i + b)]^2 + \lambda\rho\|w\|_1 + \lambda(1-\rho)\|w\|_2^2\} \qquad (5\text{-}8)$$

可以看到，在参数设置上，当 $\rho = 0$ 时，其损失函数就等同于岭回归的损失函数，当 $\rho = 1$ 时，其损失函数就等同于 Lasso 回归的损失函数。通过这种方法，弹性网络回归能够有效地平衡模型的复杂度和拟合误差，从而在各种回归分析任务中提供良好的性能。

5.2.4.2 弹性网络算法的实现流程

下面是弹性网络算法的基本实现流程。

输入：训练数据集 $X = \{x_1, x_2, \cdots, x_n\}$ 和目标变量 $y = \{y_1, y_2, \cdots, y_n\}$，样本维度为 N，弹性网络算法参数 λ 和 ρ。

算法步骤如下。

① 初始化权重向量 w 为零向量，并设定迭代次数的上限。

② 随机初始化 λ，用于控制正则化的强度。

③ 计算当前参数下的损失函数 $\mathrm{Cost}(w)$，其中包括数据项和正则化项。

$$\mathrm{Cost}(w) = \sum_{i=1}^{N}[y_i - (w^{\mathrm{T}}x_i + b)]^2 + \lambda\rho\|w\|_1 + \lambda(1-\rho)\|w\|_2^2$$

④ 通过坐标下降法，逐个更新权重向量 w 中的每个元素。

⑤ 根据更新后的权重向量 w，计算每个样本的预测值。

$$w = \arg\min_{w}\{\sum_{i=1}^{N}[y_i - (w^{\mathrm{T}}x_i + b)]^2 + \lambda\rho\|w\|_1 + \lambda(1-\rho)\|w\|_2^2\}$$

⑥ 计算当前的损失函数，并观察损失函数的变化情况。

⑦ 判断是否满足终止条件，如收敛或达到最大迭代次数。

⑧ 若终止条件未满足，更新 λ，调整正则化项的强度。

⑨ 重复步骤③到⑧直至满足终止条件。

输出：最终权重向量 w 和适用于给定数据集的 λ 和 ρ。

5.2.4.3 弹性网络算法的优缺点

（1）优点

① 结合优点：结合 Lasso 和岭回归的优点，处理多重共线性和特征选择问题。

② 灵活性：通过调整 ρ 参数，弹性网络提供了从岭回归到 Lasso 回归之间的平滑过渡，使得模型更加灵活。

③ 适应性：适用于各种规模的数据集，包括特征数多于样本数的情况。

④ 变量选择：L1 正则化项提供了变量选择的功能，有助于构建稀疏模型，提高模型的可解释性。

（2）缺点

① 需要调参：需要调整两个正则化参数。

② 计算复杂度高：弹性网络的计算成本较高，需要进行交叉验证和参数调整等操作。

5.3 逻辑回归

以上的章节中介绍了普通的线性模型，普通线性模型对数据有着诸多限制，比如它假设响应变量与自变量之间存在线性关系，误差项必须服从独立同分布的正态分布，以及误差项的方差是恒定的（同方差性）。然而，在现实世界的数据集中，这些假设往往无法完全满足，这可能导致模型的预测性能下降，系数估计不准确。而广义线性模型正是克服了这些普通线性模型的限制，本节将介绍广义线性模型中的逻辑回归算法（logistic regression）。逻辑回归虽然名字中带有回归，但它是一种分类方法，常用于二分类问题，也可以扩展到多分类问题。它预测的是一个事件发生的概率，其输出值在 0 和 1 之间，因此常被用于处理概率类型的问题。

5.3.1 逻辑回归的基本原理

逻辑回归主要用于估计某个事件发生的概率，其核心思想是用一个线性模型加上逻辑函数（Sigmoid 函数）将线性输出转化为概率值，再以此概率进行分类。在二分类问题中，通常将概率值大于 0.5 的预测为正类（label 为 1），小于 0.5 的预测为负类（label 为 0）。

逻辑回归首先对输入特征 x 进行线性组合，计算线性模型的输出：

$$z = w^{\mathrm{T}} \boldsymbol{x} + b \tag{5-9}$$

式中，w 是模型的参数。

然后通过逻辑函数将线性模型的输出 z 映射到概率值 p：

$$p = \frac{1}{1 + \mathrm{e}^{-z}} \tag{5-10}$$

逻辑函数的输出范围在 0 和 1 之间，可以解释为事件发生的概率。

5.3.2 逻辑回归的实现流程

下面是逻辑回归算法的基本实现流程。

输入：训练数据集 X，其中包含特征向量 $\boldsymbol{x}$ 和对应的类别标签 y。

算法步骤如下。

① 初始化模型参数：设定初始参数 w，可以随机初始化或设置为零。

② 前向传播：对于训练数据集中的每个样本 $\boldsymbol{x}_i$ 计算线性组合 $z_i = w^{\mathrm{T}} \boldsymbol{x}_i + b$。计算模型输出 $p_i = \frac{1}{1 + \mathrm{e}^{-z_i}}$，这是样本 $\boldsymbol{x}_i$ 的预测概率。

③ 计算损失：使用对数似然函数计算当前损失 $-\log L(w)$。似然函数是对于给定样本数据集 $\{(x_1, y_1), (x_2, y_2), \cdots, (x_i, y_i)\}$，其中，$y_i$ 是第 i 个样本的标签（0 或 1），样本的似然函数表示所有样本点的联合概率：$L(w) = \prod_{i=1}^{m} p_i^{y_i} (1-p_i)^{1-y_i}$。为了方

便计算，通常使用对数似然函数：$\log L(w) = \sum_{i=1}^{m} \left[y_i \log p_i + (1-y_i)\log(1-p_i) \right]$。这个对数似然函数也被称为损失函数。

④ 对参数 w 求对数似然函数的梯度：

$$\frac{\partial \log L(w)}{\partial w} = \sum_{i=1}^{m} (y_i - p_i)\boldsymbol{x}_i$$

⑤ 参数更新：使用梯度下降法更新模型参数。

$$w \leftarrow w + \alpha \frac{\partial \log L(w)}{\partial w}$$

式中，α 是学习率。

⑥ 重复步骤②到⑤直到满足停止条件，直到收敛或达到预设的迭代次数。

输出：训练好的模型参数 w，以及模型对训练数据集的分类结果。

5.3.3 逻辑回归算法的优缺点

（1）优点
① 简单易用：逻辑回归算法简单易用，结果具有良好的可解释性。
② 扩展性好：在二分类问题中表现出色，同样可以通过扩展处理多分类问题。
（2）缺点
线性可分性：逻辑回归假设数据是线性可分的，而对于非线性可分的数据，需要对特征进行转换或扩展。

5.4 偏最小二乘法

偏最小二乘法（partial least squares method，PLS）是一种多元统计分析技术，它是一种将主成分分析（PCA）和多元线性回归相结合的方法，通过同时考虑自变量和因变量的方差，找到能解释两者之间最大协方差的主成分。PLS结合了PCA和线性回归的优点，其主要目的在于从输入变量中提取隐藏信息进而更好地预测目标变量。

5.4.1 偏最小二乘法的基本原理

偏最小二乘回归（partial least squares regression，PLS回归）是一种统计学方法，虽与主成分回归有关，但其核心在于通过投影将预测变量和观测变量映射到一个新的空间，以寻找线性回归模型。PLS系列方法因同时处理自变量和因变量的协方差结构而被称为双线性因子模型。当响应变量为分类数据时，PLS的一个变体称为偏最小二乘判别分析（partial least squares-discriminant analysis，PLS-DA）。

PLS旨在揭示两个矩阵（$\boldsymbol{X}$ 和 $\boldsymbol{Y}$）之间的基本关系，并采用隐变量方法对协方差结构进行建模。PLS模型试图找到 $\boldsymbol{X}$ 空间的多维方向来解释 $\boldsymbol{Y}$ 响应矩阵方差的多维方向。该方法特别适用于当预测矩阵中的变量数量超过响应变量，并且存在多重共线性时。PLS 的一般多元底层模型为：

$$X = TP^{\mathrm{T}} + E \tag{5-11}$$

$$Y = UQ^{\mathrm{T}} + F \tag{5-12}$$

式中，X 为 $n \times m$ 的预测矩阵；Y 为 $n \times p$ 的响应矩阵；T 和 U 为 $n \times l$ 的矩阵，分别为 X 的投影（"X 分数""组件"或"因子"矩阵）和 Y 的投影（"Y 分数"）；P 和 Q 分别为 $m \times l$ 和 $p \times l$ 的正交载荷矩阵；E 和 F 为误差项，假设为独立同分布的随机正态变量。PLS 通过最大化 T 和 U 之间的协方差来分解 X 和 Y。相较于前文提到的线性回归，PLS 方法的优势在于能够处理高维数据和复杂变量之间的关系，从而提供准确可靠的预测模型。因而在食品科学领域的研究中，PLS 广泛应用于食品质量控制和成分分析，如预测葡萄酒中的化学成分和感官特性，预测肉制品中的脂肪、蛋白质和水分等。

5.4.2 偏最小二乘法的实现流程

下面是偏最小二乘法的基本实现流程。

输入：训练数据集特征矩阵 X 和响应变量矩阵 Y，隐因子数量限制 l，迭代次数或收敛条件。

算法步骤如下。

① 初始化：将特征矩阵 X 和响应向量 Y 进行中心化处理，即减去各自的均值，以确保数据的零均值化。

计算初始权重向量：$w^{(0)} = \dfrac{X^{\mathrm{T}}Y}{\| X^{\mathrm{T}}Y \|}$，其中 X^{T} 是 X 的转置，$\| \cdot \|$ 表示向量的模。

计算初始潜在变量：$t^{(0)} = Xw^{(0)}$，这是 X 的线性组合，捕捉与 Y 最相关的信息。

② 建立循环，对于 $k = 0$ 到 l，计算标量：$t_k = t^{(k)\mathrm{T}} t^{(k)}$。

更新潜变量：$t^{(k)} = \dfrac{t^{(k)}}{t_k}$。

计算载荷向量：$p^{(k)} = X^{(k)\mathrm{T}} t^{(k)}$。

计算标量：$q_k = Y^{\mathrm{T}} t^{(k)}$，检查 q_k 是否为零，如果 $q_k = 0$ 或 $k = l$ 则终止循环。

③ 检查是否继续更新：如果 $k < l$，更新特征矩阵：$X^{(k+1)} = X^{(k)} - t_k t^{(k)} p^{(k)\mathrm{T}}$。

更新权重向量：$w^{(k+1)} = X^{(k+1)\mathrm{T}} Y$。

计算新的潜变量：$t^{(k+1)} = X^{(k+1)} w^{(k+1)}$。

④ 构建权重矩阵 $W = [w^{(0)}, w^{(1)}, \cdots, w^{(l-1)}]$，求解回归参数：

计算回归系数：$B = W(P^{\mathrm{T}}W)^{-1} q$。

计算截距项：$B_0 = q_0 - P^{(0)\mathrm{T}} B$。

输出：返回回归系数 B 和截距项 B_0。

5.4.3　偏最小二乘法的优缺点

（1）优点

① 处理多重共线性：PLS 能够处理自变量之间存在高度相关性的情况，因为它基于潜变量进行建模，而不是直接使用原始变量。

② 多个响应变量：PLS 能够同时处理多个因变量，适合于需要同时预测多个响应变量的应用场景。

（2）缺点

① 需要选择潜变量数量：选择合适的潜变量数量（主成分数）是 PLS 的关键，往往需要通过交叉验证来确定，这增加了模型的复杂性和计算成本。

② 计算复杂性：PLS 模型可能比传统的线性回归模型更复杂，尤其是在涉及多个成分时。

5.5　案例：线性模型预测鲍鱼年龄

鲍鱼数据集（abalone dataset）是一个经典的数据集，用于机器学习和统计建模的实验和演示。该数据集共有 4177 个样本，其中包含了鲍鱼的性别、长度、直径、高度、全重、肉重、内脏重和壳重等 8 个物理属性，以及鲍鱼壳上的生长纹路数量（rings），用于预测鲍鱼的年龄。本次案例的目标是通过测量鲍鱼的生理特征来预测鲍鱼的年龄。

以下代码将通过预测鲍鱼年龄来比较几种线性回归方法的优劣。

首先，导入程序依赖包。

```
1. import pandas as pd
2. import numpy as np
3. from sklearn.model_selection import train_test_split
4. from sklearn.preprocessing import StandardScaler
5. from sklearn.linear_model import LinearRegression, Ridge, Lasso, ElasticNet,
LogisticRegression
6. from sklearn.metrics import mean_squared_error, r2_score
7. import matplotlib.pyplot as plt
8. from sklearn.cross_decomposition import PLSRegression
```

加载数据：使用 Pandas 加载数据集。

```
1. data = pd.read_csv('abalone.csv')
```

独热编码：对性别特征进行独热编码，并去除第一个类别以避免虚拟变量陷阱。

```
1. data = pd.get_dummies(data, columns=['Sex'], drop_first=True)
```

特征矩阵和目标变量：提取特征矩阵 X 和目标变量 y。

拆分数据集：将数据集拆分为训练集和测试集。

标准化处理：对特征进行标准化处理。

```
1. X = data.drop(columns='Rings')
```

```
2. y = data['Rings']
3. X_train, X_test, y_train, y_test = train_test_split(X, y, test_size= 0.2,
   random_state= 42)
4. scaler = StandardScaler()
5. X_train = scaler.fit_transform(X_train)
6. X_test = scaler.transform(X_test)
```

训练和评估模型：分别训练线性回归、岭回归、Lasso 回归、弹性网络回归和偏最
小二乘回归模型，并计算 MSE 和 R^2。

```
1. # 线性回归
2. linear_model = LinearRegression()
3. linear_model.fit(X_train, y_train)
4. y_pred_linear = linear_model.predict(X_test)
5. mse_linear = mean_squared_error(y_test, y_pred_linear)
6. r2_linear = r2_score(y_test, y_pred_linear)
7. print(f'线性回归-MSE: {mse_linear}, R^2: {r2_linear}')
8. # 岭回归
9. ridge_model = Ridge(alpha= 1.0)
10. ridge_model.fit(X_train, y_train)
11. y_pred_ridge = ridge_model.predict(X_test)
12. mse_ridge = mean_squared_error(y_test, y_pred_ridge)
13. r2_ridge = r2_score(y_test, y_pred_ridge)
14. print(f'岭回归-MSE: {mse_ridge}, R^2: {r2_ridge}')
15. # Lasso 回归
16. lasso_model = Lasso(alpha= 0.1)
17. lasso_model.fit(X_train, y_train)
18. y_pred_lasso = lasso_model.predict(X_test)
19. mse_lasso = mean_squared_error(y_test, y_pred_lasso)
20. r2_lasso = r2_score(y_test, y_pred_lasso)
21. print(f'Lasso 回归-MSE: {mse_lasso}, R^2: {r2_lasso}')
22. # 弹性网络回归
23. elastic_model = ElasticNet(alpha= 0.1, l1_ratio= 0.5)
24. elastic_model.fit(X_train, y_train)
25. y_pred_elastic = elastic_model.predict(X_test)
26. mse_elastic = mean_squared_error(y_test, y_pred_elastic)
27. r2_elastic = r2_score(y_test, y_pred_elastic)
28. print(f'弹性网络回归-MSE: {mse_elastic}, R^2: {r2_elastic}')
29. # 偏最小二乘回归
30. pls_model = PLSRegression(n_components= 2)
31. pls_model.fit(X_train, y_train)
32. y_pred_pls = pls_model.predict(X_test)
33. mse_pls = mean_squared_error(y_test, y_pred_pls)
34. r2_pls = r2_score(y_test, y_pred_pls)
35. print(f'偏最小二乘回归-MSE: {mse_pls}, R^2: {r2_pls}')
```

计算预测结果和误差指标：对所有模型进行预测，并计算其 MSE 和 R^2。

```
1. models = {
2.    "线性回归": linear_model,
3.    "岭回归": ridge_model,
4.    "Lasso 回归": lasso_model,
5.    "弹性网络回归": elastic_model,
6.    "偏最小二乘回归": pls_model
7. }
8. mse_results = {}
9. r2_results = {}
10. y_preds = {}
11. for name, model in models.items():
12.    y_pred = model.predict(X_test)
13.    y_preds[name]= y_pred
14.    mse_results[name]= mean_squared_error(y_test, y_pred)
15.    r2_results[name]= r2_score(y_test, y_pred)
```

代码实现结果如表 5-2 所示。

表 5-2　不同模型的预测结果对比

模型	MSE	R^2
线性回归	4.8912	0.5482
岭回归	4.8911	0.5482
Lasso 回归	5.3666	0.5043
弹性网络回归	5.4024	0.5009
偏最小二乘回归	5.3406	0.5067

观察权重矩阵：对线性回归和 Lasso 回归的模型权重参数进行打印，观察两者区别。

```
1. print('线性回归权重:', linear_model.coef_)
2. print('Lasso 回归权重:', lasso_model.coef_)
```

输出结果如下：

线性回归权重：$[-0.02400903, 1.09756883, 0.44400437, 4.39025206, -4.51688977, -1.04600537, 1.23022841, -0.33586996, 0.04973353]$

Lasso 回归权重：$[0.0, 0.47382873, 0.38792762, 0.0, -1.47419654, -0.0, 2.30044358, -0.31613684, 0.0]$

从权重系数可以看到 Lasso 回归不但可以用来预测数据，同时它还能通过调整系数借助 L1 正则化把一些不重要的特征系数压缩到零，达到特征选择的效果。

从整体的预测结果来看，线性回归和岭回归的 MSE 非常接近，均为 4.89 左右，说明这两种模型的预测误差最小。Lasso 回归、弹性网络回归和偏最小二乘回归的 MSE 稍大，分别为 5.37、5.40 和 5.34，表明它们的预测误差较大。

R^2 越接近 1，模型的拟合效果越好。线性回归和岭回归的 R^2 值均为 0.548 左右，表明它们对数据的解释能力相当，并且是所有模型中最好的。Lasso 回归、弹性网络回归和偏最小二乘回归的 R^2 值分别为 0.504、0.501 和 0.507，表明它们的解释能力稍逊于线性回归和岭回归。

绘制拟合图：实际值与预测值的对比图，如图 5-2 所示。

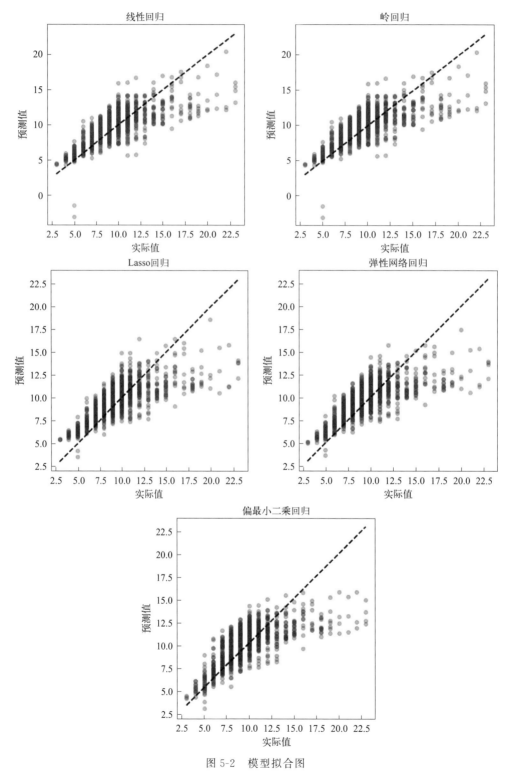

图 5-2　模型拟合图

```
1. plt.figure(figsize= (15, 10))
2. for i,(name, y_pred)in enumerate(y_preds.items(), 1):
3.    plt.subplot(2, 3, i)
4.    plt.scatter(y_test, y_pred, alpha= 0.3)
5.    plt.plot([y_test.min(), y_test.max()],[y_test.min(), y_test.max()], 'k--',
lw= 2)
6.    plt.title(f'{name}')
7.    plt.xlabel('实际值')
8.    plt.ylabel('预测值')
9. plt.tight_layout()
10. plt.show()
```

绘制 MSE 柱状图：对比各模型的 MSE，如图 5-3 所示。

```
1. plt.figure(figsize= (10, 5))
2. plt.bar(mse_results.keys(), mse_results.values(), color= 'skyblue')
3. plt.ylabel('均方误差(MSE)')
4. plt.title('MSE 对比')
5. plt.show()
```

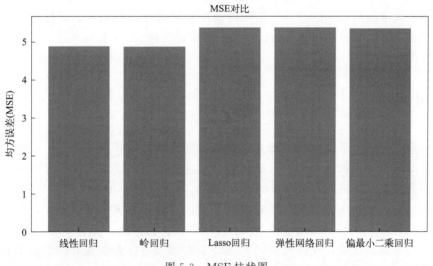

图 5-3　MSE 柱状图

绘制 R^2 柱状图：对比各模型的 R^2，如图 5-4 所示。

```
1)plt.figure(figsize= (10, 5))
2)plt.bar(r2_results.keys(), r2_results.values(), color= 'lightgreen')
3)plt.ylabel('决定系数(R²)')
4)plt.title('R² 对比')
5)plt.show()
```

最佳模型：从 MSE 和 R^2 的综合表现来看，线性回归和岭回归在预测鲍鱼年龄方面表现最佳。尤其是岭回归，它在应对多重共线性问题上有优势，因此在实际应用中可能更为稳健。

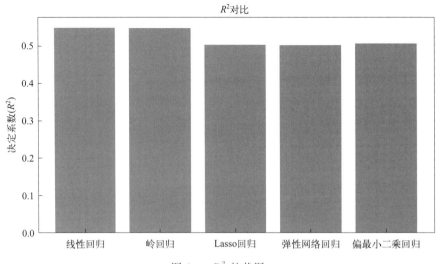

图 5-4 R^2 柱状图

次优模型：偏最小二乘回归、Lasso 回归和弹性网络回归的表现略逊于线性回归和岭回归，但它们在特征选择和处理稀疏数据上有独特优势。

线性回归模型因其简单、高效、易于解释的特点，非常适合用于鲍鱼年龄的预测，并且能够提供准确的预测结果。线性回归模型能够捕捉到鲍鱼形态特征与实际年龄之间的线性关系，如长度、体重等指标与年龄的正相关性。

5.6 小结

线性模型在机器学习中扮演着基础而重要的角色，因其简单直观、高效计算的特性，以及对数据关系和预测的有效处理能力。这些模型假设数据间存在线性关系，通过估计参数来确定特征对目标变量的影响程度，可用于简单或多元回归以及分类问题。然而，其局限性在于无法捕捉复杂非线性关系，因此常被视为其他模型的基线，在实际应用中与特征工程和正则化等技术结合使用，以提高性能。尽管如此，由于透明性、简单性和效率高等优点，线性模型仍然在许多机器学习任务中是有价值的工具，为数据分析提供坚实基础并在适当场景下提供准确预测。

◆ 参考文献 ◆

程红, 肖培, 侯冬青, 等, 2021. 儿童青少年身体脂肪分布与维生素 D 营养状况的关联研究 [J]. 中华流行病学杂志, 42(3): 469-474.

邓玉睿, 程旭东, 唐芳, 等, 2022. 基于多元线性回归分析和随机森林算法的水稻贮藏霉变风险控制 [J]. 中国科学技术大学学报, 52(1): 44-51.

耿娟, 聂文倩, 2023. 基于岭回归和 LASSO 回归浅析河南省粮食产量影响因素 [J]. 山西农经, (23): 7-10.

霍丹群, 张苗苗, 侯长军, 等, 2011. 基于主成分分析和判别分析的白酒品牌鉴别方法 [J]. 农业工程学报, 27(S2): 297-301.

林芳, 刘素贞, 江海燕, 2024. 老年 2 型糖尿病患者营养不良的影响因素分析 [J]. 预防医学, 36(1): 61-64.

苏玉晋, 李亮, 孙政政, 等, 2022. 中国粮食产量的影响因素分析 [J]. 粮食科技与经济, 47(6): 12-17.

张慧娟, 黄千里, 徐宝才, 2024. 基于机器学习算法构建酱卤肉货架期预测模型 [J]. 食品研究与开发, 45(9): 143-149.

Stangierski J, Weiss D, Kaczmarek A, 2019. Multiple regression models and Artificial Neural Network（ANN）as prediction tools of changes in overall quality during the storage of spreadable processed Gouda cheese [J]. European Food Research and Technology, 245(11): 2539-2547.

Wang K, Liu H, Sun J, 2023. Construction of a grading model based on the quality characteristics of different grades of chicken wooden breast [J]. Food Science of Animal Products, 1(3): 9240032.

Yakubu M, Gaa P K, Kalog G L S, et al, 2023. The competence of street food vendors to provide nutritious and safe food to consumers: a cross-sectional survey among street food vendors in Northern Ghana [J]. Journal of Nutritional Science, 12(e83): 1-8.

Yang B, Yao L, Pan T, 2017. Near-infrared spectroscopy combined with partial least squares discriminant analysis applied to identification of liquor brands [J]. Engineering, 9(2): 181-189.

You Y, Chen Y, Wei M, et al, 2024. Mediation role of recreational physical activity in the relationship between the dietary intake of live microbes and the systemic immune-inflammation index: A real-world cross-sectional study [J]. Nutrients, 16(6): 777.

6 概率模型

概率模型的目标是通过数学语言在随机性中寻找确定性。概率模型利用概率论，将数据中的随机现象形式化为可计算的概率分布，为理解和预测数据行为提供了强大的分析方法。概率模型不仅用于预测任务，如估计连续值或分类标签，而且通过推断数据生成过程的概率机制，揭示数据背后的深层结构和模式。概率模型通过量化数据点之间的依赖关系来识别出影响数据变化的关键因素，从而在存在噪声和不完整性的情况下做出更加合理的推断。

6.1 贝叶斯方法

6.1.1 贝叶斯方法的提出

贝叶斯方法是一种基于概率论的统计方法，以贝叶斯统计的开创人——数学家托马斯·贝叶斯命名。它的核心思想是利用已知的概率信息来更新对未知事件的概率估计。贝叶斯定理描述了在给定相关证据或数据的情况下，某个假设的概率是如何变化的。法国数学家皮埃尔·西蒙·拉普拉斯后来在托马斯·贝叶斯工作的基础上进一步发展了贝叶斯统计，并发明了拉普拉斯平滑等现代贝叶斯统计中常用的方法。在过去很长一段时间中，贝叶斯统计方法并不受学界的重视。一方面，长期流行的很多统计学方法都是基于频率学派的，因此很长时间内统计学界都是以频率学派占主导地位。频率学派常常批评贝叶斯统计中的先验概率过于主观。另一方面，贝叶斯统计方法往往涉及复杂的计算，这在电子计算机尚不普及的时代是一个很大的问题。不过，随着计算机科学和统计学的发展，贝叶斯方法开始在各个领域得到应用。特别是在机器学习和数据科学领域，贝叶斯方法因其在处理不确定性和复杂模型方面的优势而受到重视。在现代，贝叶斯方法被广泛应用于机器学习、人工智能、生物统计学、经济学等领域中。

贝叶斯统计学作为贝叶斯方法在统计学中的一个分支，开始强调在统计推断中使用先验知识的重要性，这与当时主流的频率统计学派产生了分歧。在概率论的框架下，贝叶斯方法与频率主义方法提供了对概率本质的不同诠释。贝叶斯学派将概率视为对事件不确定性的主观评估，而频率主义学派则主张概率是独立于观察者存在的客观量，即使在未知状态下也保持恒定。频率主义学派通过大量重复实验来估计概率，认为事件的长期相对频率将稳定在一个值附近。以硬币投掷为例，随着实验次数的增加，正面朝上的相对频率将趋近于一个确定的比率。与此相对，贝叶斯学派引入了先验概率的概念，即基于现有信息对事件的初始判断。随着新数据的积累，先验概率将被更新为后验概率，形成一种连续的学习和更新过程。这一过程体现了贝叶斯定理的精髓，即通过不断的证据积累来精细化对事件概率的估计。

6.1.2 贝叶斯定理

在贝叶斯定理中，先验概率、似然和后验概率是三个核心概念，它们在贝叶斯定理中起着重要作用。

（1）先验概率（prior probability）

先验概率是在观察到任何数据或证据之前对事件的概率的初始估计。它是基于以往经验、领域知识或其他信息所做出的主观猜测。先验概率通常表示为 $P(A)$，其中 A 是一个事件。

（2）似然（likelihood）

似然度量了给定模型参数或事件的情况下，观测数据出现的可能性大小。它表示了数据对不同参数值或事件的支持程度。似然通常表示为 $P(B\mid A)$，其中 B 是观测数据，A 是模型的事件假设或参数。在贝叶斯定理中，似然函数起到了连接先验概率和后验概率的关键作用。通过将观测到的数据与不同参数值下的似然进行比较，可以更新先验概率，得到后验概率。

（3）后验概率（posterior probability）

后验概率是在考虑了新的数据或证据之后，对事件的概率进行更新的概率。后验概率表示为 $P(A\mid B)$，其中 B 是数据，A 是事件。根据贝叶斯定理，后验概率可以通过先验概率和似然函数来计算。

整体来说，先验概率是在观察到数据之前对事件的概率的初始估计，似然度量了给定模型参数的情况下观察到数据的概率，而后验概率是在观察到数据之后对事件的概率进行更新的结果。在贝叶斯定理中，贝叶斯公式通过先验概率和似然函数来计算后验概率，从而在考虑观测数据的情况下更新对参数或事件的概率分布。它在贝叶斯统计推断中起着重要作用，可以有助于更好地利用先验知识和观测数据来做出推断和预测。贝叶斯公式如下所示：

$$P(A\mid B)=\frac{P(B\mid A)\cdot P(A)}{P(B)} \tag{6-1}$$

式中，$P(A\mid B)$ 表示在 B 发生的条件下，事件 A 发生的概率，即反映了在 B 已经确立发生的情境下，A 发生的可能性大小。同样地，$P(B\mid A)$ 则代表了在 A 发生的条件下 B 发生的概率，展现了在 A 发生的情况下，B 出现的可能性。

6.1.3 贝叶斯方法在食品领域的应用

在食品科学领域，随着数据量和分析技术的发展，贝叶斯方法因其在处理不确定性和整合先验知识方面的优势而变得越来越重要。贝叶斯方法提供了一种灵活的统计框架，允许研究者在模型中加入先验信息，并通过观测数据不断更新对模型参数的估计。这种方法在食品生产与加工、食品质量与安全、食品营养与健康等方面展现出了巨大的应用潜力。

（1）食品生产与加工

在食品生产与加工领域，贝叶斯网络的分析和推理能力被证明是极其有价值的工具。黄东平（2010）通过对广州市市场监督管理局溯源系统的数据进行深入研究，成功提取了食品生产与加工过程中与食品安全风险密切相关的关键指标，并构建了模糊贝叶斯网络，以实现食品安全控制知识的有效推理。这一创新的网络模型显著提升了食品生产过程中的质量控制水平。此外，Bouzembrak 等人（2018）的研究则将焦点放在了机器人烹饪领域。他们通过批量贝叶斯优化技术，提升了机器人烹饪的自动化水平和食品质量。研究集中在设计和控制一个使用通用厨房工具的机器人系统，并探索了新的优化策略以提高食品的主观质量评级。实验结果表明，该方法能够在少量试验中有效提升食品质量，为个性化烹饪和食谱转移提供了新的可能性。这些研究成果显著地体现了贝叶斯方法在食品安全监管、事故模拟、品质检测及供应链风险控制等关键领域的应用价值，为食品制造业的智能化和自动化进程奠定了坚实的理论支撑和创新的技术手段。

（2）食品质量与安全

贝叶斯网络作为一种先进的统计模型，在食品质量与安全领域扮演着日益重要的角色。王旎等人（2022）提出了一种创新的研究方法，即基于贝叶斯网络的食品安全舆情监控探针。该方法通过 MySQL 数据库构建食品安全关键词库，然后利用贝叶斯网络模型将这些关键词转化为有效的监控探针，并借助"人民众云"平台进行数据采集。这种方法在大数据时代背景下，通过分析舆情数据，为监管机构提供了有力的决策支持。此外，贝叶斯网络模型还能够对食品潜在风险进行预测和预警，增强了食品安全管理的前瞻性和主动性。Bouzembrak 等人（2016）则将贝叶斯分类模型应用于食品和饲料快速警报系统，对食品欺诈类型进行分类。他们提出的模型能够帮助边境检查站的风险管理控制器更有效地决定在进口产品时需要检查的欺诈类型，从而提高了食品安全监管的针对性和效率。Ngemba 等人（2022）则利用朴素贝叶斯分类器对印度尼西亚中苏拉威西省的粮食不安全数据进行分类，准确地识别了不安全食品区域，为当地的食品安全管理和决策提供了重要的参考。王婧（2020）进一步根据贝叶斯网络构建了肉制品安全风险预警模型，实现了对肉制品风险状况的全面监控和预测。这一模型为食品安全风险的早期发现、了解、决策和干预提供了有力的支持，体现了贝叶斯网络算法在食品安全风险预警中的准确性和稳定性。姜同强等人（2018）则利用市场监督管理局的监测数据为样本，应用贝叶斯网络建立了白酒食品安全预警模型。张方怡等（2012）针对肉制品的微生物污染问题，以贝叶斯网络为理论依据，建立了一个猪肉质量监测模型。该模型能够通过改变菌体数据快速求得猪肉的合格率，大大缩减了检验时间，为猪肉卫生合格率的质检工作提供了理论依据，提高了肉类产品的质量监测效率。进一步地，贝叶斯网络与知识元模型的结合，为食品生产与加工过程中食品安全事故情景的推演提供了强有力的支持。宋英华等人（2018）在贝叶斯网络分析的基础上，实现了食品生产与加工过程中突发事故关键情景的推演，帮助相关人员更深入地理解事故的演化过程，并及时做出应急响应。刘越畅等人（2012）则专注于蔬菜供应链中的关键控制点，建立了蔬菜流通的数据采集流程，以及基于贝叶斯模型的安全溯源与预警系统，为蔬菜质量安全提供了有效的保障。张丽等人（2014）针对食品供应链中的潜在安全问题，进一步发展了基于贝叶斯网络的食品供应链风险局部分析模型，对风险进行预测，为供应链风险预测作出了贡献。

（3）食品营养与健康

在当前的食品营养与健康领域，饮食习惯与慢性疾病之间的联系已成为研究的热点。贝叶斯网络作为一种强大的分析工具，因其在处理不确定性问题和复杂因果关系方面的优势，为研究饮食因素如何影响健康提供了新的视角。这种概率模型特别适用于整合不同来源的证据，并评估饮食模式对疾病风险的潜在影响，有助于制定更有针对性的公共卫生策略。周小锋等人（2020）的研究聚焦于探索人群膳食及膳食模式与糖尿病之间的关系。通过对上海松江区中山街道居民的跟踪调查，他们构建了贝叶斯稀疏潜在因子模型来分析人群的膳食模式，发现糖尿病患病状态确实会影响个体的膳食模式。研究结果显示，在新发糖尿病人群与健康人群中，并未发现某一特定的膳食模式与糖尿病有直接相关性，但某些特定的食物摄入与糖尿病的发生可能有关联。龙丹等人（2024）的研究则关注了甘肃省居民膳食模式与哮喘病之间的关系。他们在甘肃城乡自然人群队列的基础上采用因子分析建立了膳食模式，并构建了贝叶斯Poisson回归模型来分析各膳食模式与哮喘病之间的关系。分析结果表明，糖脂模式和油脂模式与哮喘病呈正相关，这表明应通过合理的膳食来预防哮喘的发生和发展。Showafah等人（2021）则基于贝叶斯网络开发了一个创新的婴儿辅食推荐系统，该系统的核心在于能够根据婴儿的营养需求以及食物中的营养含量，智能地为用户推荐合适的食品选项。系统设计时，充分考虑了营养均衡的重要性，通过综合分析食物的营养成分以及婴儿成长过程中对不同营养素的具体需求，实现了个性化的食物推荐。这一过程不仅确保了推荐的科学性和合理性，同时也满足了不同婴儿个体的营养差异。这些研究表明，贝叶斯方法在分析饮食习惯与慢性疾病关系、膳食模式分析以及个性化食品推荐等方面具有广泛的应用潜力，为公共卫生决策和个性化营养提供了有力的支持。

贝叶斯方法在食品科学领域正变得越来越重要，特别是在食品质量与安全、食品生产与加工及食品营养与健康等方面。通过整合先验知识和观测数据，贝叶斯方法为食品安全监管、风险预警、质量控制及疾病风险评估提供了一种灵活且有效的统计框架。在食品安全监控、风险预警模型的建立、食品生产过程中的质量控制、食品供应链风险分析及探索饮食习惯与慢性疾病之间的联系等多个方面，贝叶斯方法展现出了其在处理不确定性和复杂因果关系方面的优势，为食品科学领域的研究和实践提供了强有力的支持。

6.2 贝叶斯线性回归

6.2.1 贝叶斯线性回归的基本原理

贝叶斯线性回归是一种统计学方法，它将贝叶斯推断应用于传统的线性回归模型。

在这种方法中，回归系数被视为随机变量，其概率分布通过先验信息和数据似然性联合确定。与频率学派的线性回归相比，贝叶斯线性回归提供了模型参数的概率估计，允许量化预测的不确定性。此外，通过先验分布的引入，该方法能够整合领域知识，尤其在数据量有限时提高模型的泛化能力。

已知数据集 $D = \{(x_i, y_i)\}_{i=1}^n$，其中 $x_i \in \mathbb{R}^n$ 并且 $y_i \in \mathbb{R}$，则线性回归可以表示为：

$$y = Xw + \varepsilon \tag{6-2}$$

式中，$X = [x_1, x_2, \cdots, x_n]^T$；$y = [y_1, y_2, \cdots, y_n]^T$；$w = [w_1, w_2, \cdots, w_n]^T$；$\varepsilon = [\varepsilon_1, \varepsilon_2, \cdots, \varepsilon_n]^T$，$\varepsilon \sim N(0, \sigma^2 I_n)$。

频率学派认为，参数 w 为未知定值，因此，线性回归的问题就转化为通过训练数据 D 来求解未知参数 w，常用求解方法包括最小二乘法（least squares，LS）、极大似然估计法（maximum likelihood estimate，MLE）和最大后验概率法（maximum a posteriori estimate，MAP）。

贝叶斯学派认为，参数 w 不是未知定值，而是服从某一概率分布的变量，因此，贝叶斯线性回归的问题就转化为：①通过训练数据 D 来求解参数 w 的后验概率分布 $p(w \mid y, X, \sigma^2, \theta)$；②通过参数 w 的后验概率分布来实现新数据 x_{new} 的预测，即 $p(y_{new} \mid x_{new}, X, y, \sigma^2)$。

用概率图模型来表示贝叶斯线性回归，可以很直观地描述学习（learning）和推理/预测（inference/predict）两个过程，如图 6-1 所示。x_i 和 y_i 表示训练数据/观测数据，σ^2 是噪声的方差，w 是贝叶斯线性回归的参数，θ 是参数 w 的概率分布的相关参数，$x_{new,k}$ 是新的观测数据/测试数据，$y_{new,k}$ 是对新观测数据 $x_{new,k}$ 的预测值。

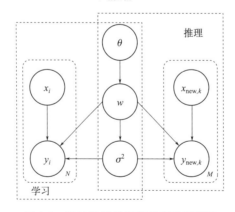

图 6-1 贝叶斯线性回归的概率图模型

由概率图模型可以得出以下几个结论：

① 在给定 w 时，y 和 θ 条件独立，因此，$p(y|w,X,\sigma^2,\theta) = p(y|w,X,\sigma^2)$。

② 参数 w 的先验分布是基于经验人为给定的，因此，$p(w|X,\sigma^2,\theta) = p(w|\theta)$。

6.2.2 贝叶斯线性回归的优缺点

（1）优点

① 先验知识的利用：贝叶斯线性回归允许在模型中加入先验知识，这对于小样本数据或领域专家具有丰富经验的情况特别适用。

② 不确定性的量化：贝叶斯方法提供了参数的后验分布，而不是单一的点估计，这允许量化模型预测的不确定性。

③ 参数正则化：通过选择先验分布，贝叶斯线性回归可以对模型参数进行正则化，有助于防止过拟合，提高模型的泛化能力。

（2）缺点

① 计算复杂度：贝叶斯线性回归通常需要复杂的计算。

② 先验选择的主观性：先验分布的选择可能会影响模型的结果，需要一定的领域知识和经验。

③ 数据量限制：虽然贝叶斯方法适用于小样本数据，但在处理大规模数据集时可能会遇到性能瓶颈。

6.3　朴素贝叶斯分类

6.3.1　朴素贝叶斯分类的基本原理

在统计学的概率分类技术中，朴素贝叶斯（naive bayes，NB）算法占据了一个基础且广泛应用的位置。朴素贝叶斯的分类机制基于贝叶斯定理，通过评估特征的先验概率来推断其后验概率，进而确定特征所属的类别。其基本目标是通过已知的训练数据，建立一个模型，使得在给定特征数据的情况下，可以预测数据所属的类别。该算法之所以被称为"朴素"，是因为它采用了一个基本的假设：所有特征在给定类别的条件下是相互独立的。

假设有一个训练数据集 $D\{(x^{(1)}，y^{(1)})，(x^{(2)}，y^{(2)})，\cdots，(x^{(n)}，y^{(n)})\}$，其中 $x^{(i)}$ 是第 i 个样本的特征向量，$y^{(i)}$ 是对应的类别标签。需要实现的目标是对新的样本 x 进行分类，确定其最可能的类别 C_k。使用贝叶斯定理计算给定特征 x 的情况下类别 C_k 的后验概率 $P(C_k \mid x)$：

$$P(C_k \mid x) = \frac{P(x \mid C_k) \cdot P(C_k)}{P(x)} \qquad (6\text{-}3)$$

式中，$P(C_k \mid x)$ 是在给定特征 x 的情况下类别 C_k 的后验概率；$P(x \mid C_k)$ 是在类别 C_k 的情况下特征 x 的条件概率；$P(C_k)$ 是类别 C_k 的先验概率；$P(x)$ 是特征 x 的边缘概率。

朴素贝叶斯分类器假设特征之间是条件独立的，即在给定类别 C_k 的情况下，特征 $x = (x_1，x_2，\cdots，x_n)$ 的各个分量是独立的：

$$\begin{aligned} P(x \mid C_k) &= P(x_1,x_2,\cdots,x_n \mid C_k) \\ &= P(x_1 \mid C_k) \cdot P(x_2 \mid C_k) \cdot \cdots \cdot P(x_n \mid C_k) \end{aligned} \qquad (6\text{-}4)$$

根据贝叶斯定理和条件独立性假设，可以将后验概率 $P(C_k \mid x)$ 表示为：

$$P(C_k \mid x) = \frac{P(C_k) \cdot P(x_1 \mid C_k) \cdot P(x_2 \mid C_k) \cdot \cdots \cdot P(x_n \mid C_k)}{P(x)} \qquad (6\text{-}5)$$

由于 $P(x)$ 对所有类别 C_k 都是相同的，在分类决策中可以忽略。因此，式(6-5)可以简化为：

$$P(C_k \mid \boldsymbol{x}) \propto P(C_k) \cdot \prod_{i=1}^{n} P(x_i \mid C_k) \tag{6-6}$$

对于新的样本特征向量 $\boldsymbol{x} = (x_1, x_2, \cdots, x_n)$，朴素贝叶斯分类器计算每个类别 C_k 的后验概率 $P(C_k \mid \boldsymbol{x})$，并选择后验概率最大的类别作为预测结果：

$$\hat{C} = \arg\max_{C_k} P(C_k) \cdot \prod_{i=1}^{n} P(x_i \mid C_k) \tag{6-7}$$

朴素贝叶斯分类器通过结合贝叶斯定理和条件独立性假设，简化了后验概率的计算过程。虽然条件独立性假设在实际应用中可能并不完全成立，但朴素贝叶斯分类器在许多实际问题中表现出良好的性能，尤其在处理高维数据和文本分类任务中表现出色。

6.3.2 朴素贝叶斯分类的优缺点

（1）优点

① 简单高效性：朴素贝叶斯分类器算法简单，易于实现，且在处理大规模数据集时表现出较高的计算效率。

② 高维数据适应性：即使在特征维度极高的数据集上，朴素贝叶斯分类器也能够提供较为稳定的分类性能。其对特征间的条件独立性假设减少了参数空间的复杂度。

③ 对缺失数据不太敏感：朴素贝叶斯分类器的核心假设是特征之间相互独立。这意味着每个特征对于最终预测的贡献是独立的，即使缺少某些特征值，模型仍然可以利用其他特征的信息来进行分类。

（2）缺点

① 条件独立性假设限制：朴素贝叶斯分类器的核心假设是特征之间的条件独立性。在现实世界中，这一假设往往不成立，可能会影响分类器的准确性。

② 易受先验概率影响：朴素贝叶斯模型需要事先知道先验概率，而先验概率往往取决于假设模型，因此分类结果易受到先验概率的影响。

6.4 贝叶斯网络

6.4.1 贝叶斯网络的定义

贝叶斯网络（Bayesian network），又称信念网络（belief network），是一种概率图模型，用于描述随机变量之间的依赖关系和不确定性。贝叶斯网络模拟人类推理过程中因果关系的不确定性处理，其网络拓扑结构是一个有向无环图（directed acyclic graph，DAG）。在这个图中，节点表示随机变量，有向边表示变量之间的因果或条件概率关系。贝叶斯网络基于概率分布和贝叶斯定理，可以进行概率推断和不确定性推理。

具体而言，一个贝叶斯网络主要由三部分组成：

节点（nodes）：节点表示随机变量或事件，每个节点代表一个特定的变量或事件，如天气、疾病、传感器读数等。

有向边（directed edges）：有向边表示节点之间的因果关系或条件概率关系。如果节点 X_1 指向节点 X_2，则表示节点 X_2 的取值依赖于节点 X_1 的取值，即节点 X_1 是节点 X_2 的父节点，节点 X_2 是节点 X_1 的子节点。

条件概率分布（conditional probability distributions）：对于每个节点，贝叶斯网络定义了一个条件概率分布，表示在给定其父节点取值的情况下，该节点取各个可能取值的概率。这些条件概率分布构成了贝叶斯网络的参数。

贝叶斯网络可以形式化地表示为 $G=(V，E，\Theta)$，其中 $V=\{X_1，X_2，\cdots，X_n\}$ 是节点集合，表示贝叶斯网络中的随机变量或事件；E 是有向边的集合，表示节点之间的因果关系或条件概率关系；Θ 是条件概率分布的集合，对于每个节点 x_i，Θ_{X_i} 表示在给定其父节点取值的情况下 x_i 取各个可能取值的概率。

6.4.2 贝叶斯网络的构建

构建一个贝叶斯网络的步骤包括确定随机变量，定义变量之间的依赖关系，构建有向无环图，以及定义条件概率表（conditional probability table，CPT）。以下是关于食品新鲜度的一个例子。

（1）确定随机变量

首先，确定系统中涉及的所有随机变量。

· X：表示食品是否新鲜。
· Y：表示储存条件是否良好。
· Z：表示食品是否有异味。
· U：表示食品是否被食用。

（2）定义依赖关系

接下来，确定每个变量之间的依赖关系。这些依赖关系通常基于领域知识或数据分析，并通过有向边来表示。

节点之间的关系可以作如下描述：

· Y 影响 X：良好的储存条件有助于保持食品新鲜。
· X 影响 Z：新鲜的食品不太可能有异味。
· X 和 Z 共同影响 U：人们更有可能食用新鲜且没有异味的食品。

（3）构建有向无环图

根据定义的依赖关系构建一个有向无环图，如图 6-2 所示。图中的每个节点代表一个随机变量，每条有向边表示一个直接的依赖关系，并确保图中没有环路存在。

（4）定义 CPT

为每个节点定义 CPT，描述在其父节点给定的情况下该节点的概率分布。对于没有父节点的节点，CPT 就是该节点的先验概率分布。

① Y（储存条件是否良好）的概率分布（假设等概率）：

· $P(Y=\text{True})=0.5$；

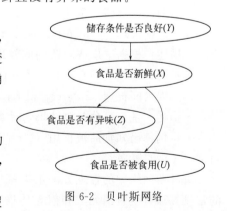

图 6-2　贝叶斯网络

- $P(Y = \text{False}) = 0.5$。

② X（食品是否新鲜）的条件概率（取决于 Y）：
- $P(X = \text{True} \mid Y = \text{True}) = 0.8$；
- $P(X = \text{True} \mid Y = \text{False}) = 0.2$；
- $P(X = \text{False} \mid Y = \text{True}) = 0.2$；
- $P(X = \text{False} \mid Y = \text{False}) = 0.8$。

③ Z（食品是否有异味）的条件概率（取决于 X）：
- $P(Z = \text{True} \mid X = \text{True}) = 0.1$；
- $P(Z = \text{True} \mid X = \text{False}) = 0.9$；
- $P(Z = \text{False} \mid X = \text{True}) = 0.9$；
- $P(Z = \text{False} \mid X = \text{False}) = 0.1$。

④ U（食品是否被食用）的条件概率（取决于 X 和 Z）：
- $P(U = \text{True} \mid X = \text{True}, Z = \text{False}) = 0.9$；
- $P(U = \text{True} \mid X = \text{True}, Z = \text{True}) = 0.1$；
- $P(U = \text{True} \mid X = \text{False}, Z = \text{False}) = 0.5$；
- $P(U = \text{True} \mid X = \text{False}, Z = \text{True}) = 0.01$；
- $P(U = \text{False} \mid X = \text{True}, Z = \text{False}) = 0.1$；
- $P(U = \text{False} \mid X = \text{True}, Z = \text{True}) = 0.9$；
- $P(U = \text{False} \mid X = \text{False}, Z = \text{False}) = 0.5$；
- $P(U = \text{False} \mid X = \text{False}, Z = \text{True}) = 0.99$。

6.4.3 贝叶斯网络的推理

贝叶斯网络中的推理问题指的是在给定部分变量的观测值的情况下，计算其他变量的概率分布或特定值的过程。推理问题是贝叶斯网络中最常见的应用之一，通常用于预测、诊断和决策支持。推理问题主要包括以下几种类型。

（1）因果推理（causal reasoning）
- 描述：预测未来事件的概率，基于当前的观测值。
- 示例：已知储存条件良好（$Y = \text{True}$），推断食品是否新鲜（X）的概率。

（2）证据推理（evidential reasoning）
- 描述：根据结果或观察到的效果，推断原因或过去的事件。
- 示例：已知食品有异味（$Z = \text{True}$），推断储存条件是否良好（Y）的概率。

（3）因果间推理（intercausal reasoning）
- 描述：基于部分观测结果，计算中间变量的概率分布。
- 示例：已知食品被食用（$U = \text{True}$）且食品有异味（$Z = \text{True}$），推断食品是否新鲜（X）的概率。

贝叶斯网络中的推理方法根据精确度和效率分为精确推理和近似推理。精确推理的常见算法有变量消元法和信念传播法等等，适用于简单网络和较少变量的情况。例如，在食品安全检测中，如果需要精确计算某种污染物在食品中的存在概率，变量消元法可以提供精确的概率估计；信念传播法适用于简单网络的快速推理，例如，在食品供应链中，信念传播可以用来快速评估某个环节出现问题时对整个供应链的影响。近似推理的常见算法有蒙特卡洛后验推理和变分推理等。其中，蒙特卡洛方法适用于复杂网络和大量变量，例如在新产品开发过程中，可能需要评估多种成分组合对消费者口味偏好的影响，蒙特卡洛方法可以用来进行高效的模拟和预测；变分推理可以通过优化近似分布，减少计算成本，同时保持精度。

6.5 案例一：贝叶斯线性回归预测葡萄酒密度

本小节将使用贝叶斯线性回归模型来预测葡萄酒的密度，案例实现代码如下。

```
1. #  导入必要的库
2. import pandas as pd
3. import numpy as np
4. import seaborn as sns
5. import matplotlib.pyplot as plt
6. import warnings
7. from termcolor import colored
8. from sklearn.metrics import mean_squared_error, mean_absolute_error,r2_score
9. from sklearn.model_selection import train_test_split, cross_val_score
10. from sklearn.preprocessing import StandardScaler
11. from sklearn.linear_model import BayesianRidge
12. #  打印成功导入所有库的消息
13. print(colored('\nAll libraries have been successfully imported. ', 'green'))
14. #  设置 Pandas 选项
15. sns.set_style('darkgrid')
16. warnings.filterwarnings('ignore')
17. pd.set_option('display.max_columns', None)        #  打印数据框中的所有列
18. pd.set_option('display.max_colwidth', None)       #  打印特征中的所有数据
19. sns.color_palette("cool_r", n_colors= 1)          #  Seaborn 颜色调色板设置
20. sns.set_palette("cool_r")                         #  Seaborn 调色板设置
21. #  打印成功配置所有库的消息
22. print(colored('\nAll libraries have been successfully configured. ', 'green'))
23. #  使用 Pandas 库导入数据，read_csv 方法用于读取 CSV 文件
24. data =  pd.read_csv(r'C:\Users\10789\Desktop\winequality-red.csv')
25. #  打印数据的前几行，查看数据的样式
26. print(data.head())
27. #  打印数据的基本信息
28. data.info()
29. #  打印数据的基本统计描述，并通过颜色渐变方式增强可读性
30. data.describe().T.style.background_gradient(axis= 0)
```

然后计算并显示特征之间的相关性矩阵，创建热力图以显示特征之间的关系。

```
1. # 对各列重命名
2. data.rename(columns= {
3.     "fixed acidity": "fixed_acidity",
4.     "volatile acidity": "volatile_acidity",
5.     "citric acid": "citric_acid",
6.     "residual sugar": "residual_sugar",
7.     "chlorides": "chlorides",
8.     "free sulfur dioxide": "free_sulfur_dioxide",
9.     "total sulfur dioxide": "total_sulfur_dioxide"
10. }, inplace= True)
11. # 计算相关性矩阵
12. corr = data.corr()
13. # 创建热力图显示相关性矩阵
14. plt.figure(figsize= (13, 13))
15. sns.heatmap(corr, annot= True, fmt = '.2f', linewidth= 0.4, cmap= 'Purples', mask= np.triu(corr))
16. # 保存图片到本地
17. plt.savefig('./heatmap.png')
18. plt.show()
```

相关性矩阵热力图如图 6-3 所示。

从图 6-3 中可以看到：密度与固定酸度（fixed_acidity）之间存在强正相关，这表明柠檬酸的增加可能与密度的上升有关。而且密度与柠檬酸（citric_acid）和残余糖分（residual_sugar）也呈现显著的正相关，表明柠檬酸和残余糖分的含量可能影响密度。另一方面，密度与酒精含量（alcohol）之间存在较强的负相关性，与 pH 值也有较为显著的负相关性。除此之外的其他因素如挥发性酸度（volatile_acidity）和游离二氧化硫（free_sulfur_dioxide）等与密度的相关性较低。总体来看，密度与固定酸度、柠檬酸、残余糖分和酒精含量以及 pH 值有较为明显的相关性，而与其他因素的相关性较弱。这些发现可以帮助葡萄酒生产商在酿造过程中调整这些成分的含量，以期达到更好的密度要求。

接下来通过评价指标评估模型的性能。

```
1. # 从数据框中创建 X 和 y
2. X_temp = data.drop(columns= 'density')          # 目标变量为'density'
3. y = data['density']                             # 设置目标变量为'density'
4. # 1.特征选择:删除相关性较强的特征(例如,删除与密度大小无关的特征)
5. corr = data.corr()
6. high_corr_features = corr.index[abs(corr["density"])> 0.1]   # 选择相关性大于0.1 的特征
7. X_temp = data[high_corr_features].drop(columns= 'density')
8. # 2.数据标准化:使用 StandardScaler 替代 MinMaxScaler
9. scaler = StandardScaler()
10. X_temp_scaled = scaler.fit_transform(X_temp)
11. X = pd.DataFrame(X_temp_scaled, columns= X_temp.columns)
12. # 3.拆分数据集:调整训练集和测试集的比例,减少测试集比例
```

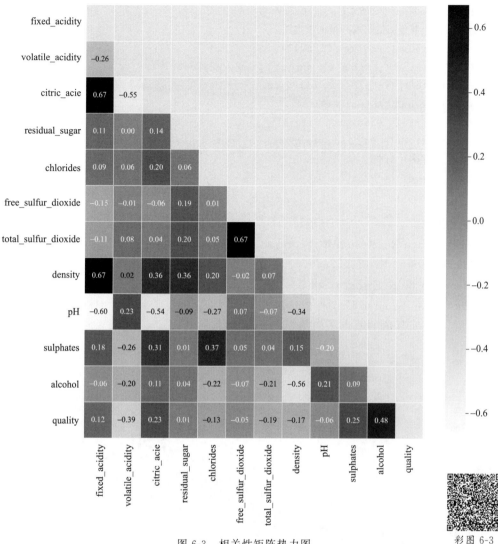

图 6-3　相关性矩阵热力图

彩图 6-3

13. X_train, X_test, y_train, y_test = train_test_split(X, y, test_size= 0.2, random_state= 0)

14. #　4. 贝叶斯回归模型:调整 alpha 值(增加正则化)

15. blr = BayesianRidge(alpha_1= 1e-6, alpha_2= 1e-6, fit_intercept= True)

16. #　5. 模型训练与评估

17. blr.fit(X_train, y_train)

18. y_pred = blr.predict(X_test)

19. mse = mean_squared_error(y_test, y_pred)

20. mae = mean_absolute_error(y_test, y_pred)

21. r2_score = r2_score(y_test, y_pred)　　　　　　# R^2 得分

22. rmse = np.sqrt(mse)　　　　　　　　　# 计算 RMSE

23. print('Bayes Ridge Regression R^2 Score:', r2_score)

24. print('Mean Squared Error:', mse)

25. print('Mean Absolute Error:', mae)

26. print('Root Mean Squared Error:', rmse)
27. # 6.绘制预测值与实际值的散点图
28. plt.figure(figsize=(9, 5))
29. plt.scatter(y_test, y_pred, c='purple', edgecolors='w')
30. plt.plot([min(y_test), max(y_test)],[min(y_test), max(y_test)], 'k--', lw=2)
31. plt.xlabel('Actual Values')
32. plt.ylabel('Predicted Values')
33. plt.title('Bayes Ridge Regression: Predicted vs Actual Values for density')
34. # 保存图片到本地
35. plt.savefig('./Bayes.png')
36. plt.show()

输出结果：

Bayes Ridge Regression R^2 Score：0.85；

Mean Squared Error：5.440×10^{-7}；

Mean Absolute Error：0.00055；

Root Mean Squared Error：0.00073。

预测值与实际值的散点图如图 6-4 所示。

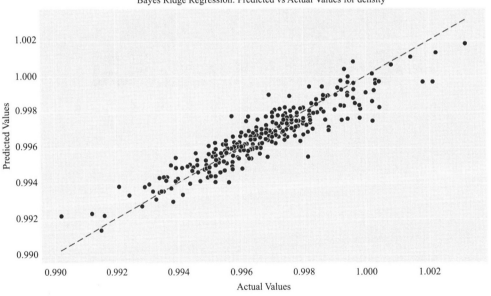

图 6-4　预测值（Predicted Values）与实际值（Actual Values）的散点图

从结果和图 6-4 中可以看出：

·R^2 **得分**：这个得分用于确定数据与拟合回归线的接近程度，$R^2 = 0.85$ 表示模型的拟合优度较高，预测效果较好。

·**均方误差（MSE）**：MSE 是对预测误差的一个度量，这个值越低表示模型的预测越准确，MSE $= 5.440 \times 10^{-7}$ 说明这个模型的预测误差处于一个较低水平。

·**平均绝对误差（MAE）**：MAE 衡量的是预测值与实际值之间绝对差的平均值，这是一个比较直观的误差度量，MAE $= 0.00055$ 表明模型的预测与实际值相差不大。

·**均方根误差（RMSE）**：RMSE 是 MSE 的平方根，提供了与原始数据单位相同的误差度量。RMSE＝0.00073 这个值较低，说明模型的预测相对稳定。

总体来说，贝叶斯线性回归模型提供了一个合理的起点，通过进一步的数据分析、特征选择、参数调整和模型优化，可以期望获得更好的性能。

6.6　案例二：朴素贝叶斯实现牛奶品质预测

本节使用的牛奶数据集包含了 7 个独立变量，即 pH、温度、口感、气味、脂肪含量、浑浊度和颜色，其中，温度、颜色和 pH 在数据集中给出了其实际值。这些变量对于预测牛奶的质量至关重要。数据集的目标变量是牛奶的等级，分别为 high（高等）、medium（中等）、low（低等）。图 6-5 展示了牛奶数据集的部分信息。

```
No   | pH  | Temprature | Taste | Odor | Fat | Turbidity | Colour | Grade
-----+-----+------------+-------+------+-----+-----------+--------+-------
1    | 6.6 | 35         | 1     | 0    | 1   | 0         | 254    | high
2    | 6.6 | 36         | 0     | 1    | 0   | 1         | 253    | high
3    | 8.5 | 70         | 1     | 1    | 1   | 1         | 246    | low
4    | 9.5 | 34         | 1     | 1    | 0   | 1         | 255    | low
...  | ... | ...        | ...   | ...  | ... | ...       | ...    | ...
1055 | 6.7 | 45         | 1     | 1    | 0   | 0         | 247    | medium
1056 | 6.7 | 38         | 1     | 0    | 1   | 0         | 255    | high
1057 | 3   | 40         | 1     | 1    | 1   | 1         | 255    | low
1058 | 6.8 | 43         | 1     | 0    | 1   | 0         | 250    | high
1059 | 8.6 | 55         | 0     | 1    | 1   | 1         | 255    | low
-----+-----+------------+-------+------+-----+-----------+--------+-------
```

图 6-5　牛奶数据集部分信息

本案例旨在利用高斯朴素贝叶斯分类器实现对牛奶品质的预测，实现代码如下。

```
1. # 导入必要的库
2. import numpy as np
3. import pandas as pd
4. import seaborn as sns
5. import matplotlib.pyplot as plt
6. import warnings
7. warnings.filterwarnings("ignore")
8. # 读取 CSV 文件并显示前几行数据
9. df = pd.read_csv(r'milknew.csv')
10. df.head()
11. # 显示数据框的基本信息
12. df.info()
13. # 显示数据框的形状(行数和列数)
14. df.shape
15. # 显示数据框的列名
16. df.columns
17. # 创建一个大图
```

```
18. plt.figure(figsize= (12, 6))
19. # 绘制箱线图,等级(Grade)在x 轴,颜色(Colour)在y 轴
20. ax = sns.boxplot(x= 'Grade', y= 'Colour', data= df)
21. # 设置箱线图的样式
22. plt.setp(ax.artists, alpha= .5, linewidth= 2, edgecolor= "k")
23. # 旋转x 轴刻度标签
24. plt.xticks(rotation= 45)
25. # 设置图表标题
26. plt.title('Grade v/s Colour')
27. plt.show()
```

输出结果图如图 6-6 所示。

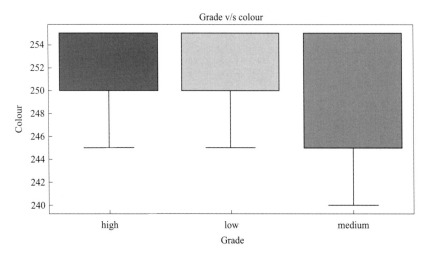

图 6-6 等级（Grade）与颜色（Colour）箱线图

从图 6-6 可以看出，高等牛奶和低等牛奶的箱线图的形状和相对位置几乎相同，这表明牛奶的颜色值可能与牛奶的质量等级没有显著的相关性。即颜色值的高低并不能有效区分牛奶的等级。

```
1. # 创建一个大图
2. plt.figure(figsize= (12, 6))
3. # 绘制箱线图,等级(Grade)在x 轴,浑浊度(Turbidity)在y 轴
4. ax = sns.boxplot(x= 'Grade', y= 'Turbidity', data= df)
5. # 设置箱线图的样式
6. plt.setp(ax.artists, alpha= .5, linewidth= 2, edgecolor= "k")
7. # 旋转x 轴刻度标签
8. plt.xticks(rotation= 45)
9. # 设置图表标题
10. plt.title('Grade v/s Turbidity')
11. plt.show()
```

输出结果如图 6-7 所示。

从图 6-7 中可以看出中等级箱线图短，表明中等级牛奶的浑浊度值非常集中，意味

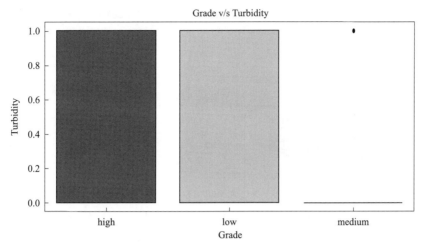

图 6-7   等级与浑浊度（Turbidity）箱线图

着这些中等级牛奶样本之间在浑浊度上的变化不大。而高等级和低等级牛奶样本的浑浊度值分布范围较广，表明变异性较大。

```
1. plt.figure(figsize = (12, 6))
2. ax = sns.boxplot(x= 'Grade', y= 'Fat ', data= df)
3. plt.setp(ax.artists, alpha= .5, linewidth= 2, edgecolor= "k")
4. plt.xticks(rotation= 45)
5. plt.title('Grade v/s Fat')
```

输出结果如图 6-8 所示。

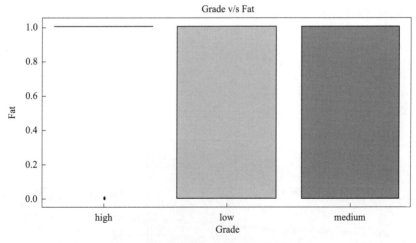

图 6-8   等级与脂肪（Fat）含量箱线图

从图 6-8 中可以看到，高等牛奶的脂肪含量在数据集中的观测值都非常接近，形成了一个非常窄的箱子。这种情况意味着高等牛奶的脂肪含量被严格控制在一个很窄的范围内。而低等和中等品质牛奶的脂肪含量的分布比较分散。

```
1. plt.figure(figsize = (12, 6))
2. ax = sns.boxplot(x= 'Grade', y= 'Odor', data= df)
```

```
3. plt.setp(ax.artists, alpha= .5, linewidth= 2, edgecolor= "k")
4. plt.xticks(rotation= 45)
5. plt.title('Grade v/s Odor')
```

输出结果如图 6-9 所示。

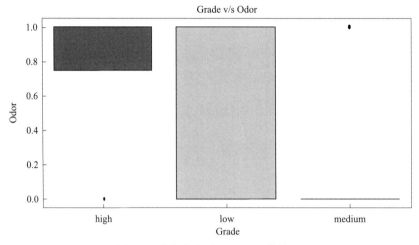

图 6-9　等级与气味（Odor）箱线图

从图 6-9 中可以看到高等牛奶的气味箱线图集中在上半区，这意味着气味和质量是有关联的，低等牛奶的气味分布比较散，而中等质量牛奶在气味指标上的波动较小。

```
1. plt.figure(figsize = (12, 6))
2. ax = sns.boxplot(x= 'Grade', y= 'pH', data= df)
3. plt.setp(ax.artists, alpha= .5, linewidth= 2, edgecolor= "k")
4. plt.xticks(rotation= 45)
5. plt.title('Grade v/s pH')
```

输出结果如图 6-10 所示。

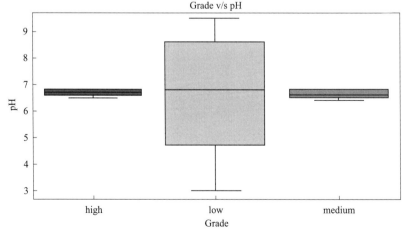

图 6-10　等级与 pH 箱线图

从图 6-10 中可以看出高、中等品质的牛奶在 pH 上的分布很集中，而低等牛奶的分布较为分散，这表明 pH 是判别牛奶品质的一个重要指标。

```
1. X = df[['pH', 'Temprature', 'Taste', 'Odor', 'Fat ', 'Turbidity', 'Colour']
2. y = df[['Grade']]
3. # 标准化数据
4. from sklearn.preprocessing import StandardScaler
5. # 将数据拆分为训练集和测试集
6. from sklearn.model_selection import train_test_split
7. X_train, X_test, y_train, y_test = train_test_split(X, y, test_size= 0.3, random_state= 42)
8. # 快速检查训练和测试数据集的形状
9. print(X_train.shape)
10. print(y_train.shape)
11. print(X_test.shape)
12. print(y_test.shape)
13. # 训练朴素贝叶斯分类器
14. from sklearn.naive_bayes import GaussianNB
15. gnb = GaussianNB().fit(X_train, y_train)
16. # 预测
17. gnb_predictions = gnb.predict(X_test)
18. # 在 X_test 上的准确率
19. accuracy = gnb.score(X_test, y_test)
20. print(f"朴素贝叶斯分类器的准确率:{accuracy:.2% }")
21. # 创建混淆矩阵
22. from sklearn.metrics import confusion_matrix
23. # 创建混淆矩阵
24. cm = confusion_matrix(y_test.values.flatten(), gnb_predictions)
25. # 从目标变量 y 中提取类别名称
26. class_names = np.unique(y.values)
27. # 使用 seaborn 库绘制混淆矩阵
28. plt.figure(figsize= (5,4))
29. sns.heatmap(cm, annot= True, fmt= 'd', cmap= 'Purples', xticklabels= class_names, yticklabels= class_names)
30. plt.xlabel('Predict label')
31. plt.ylabel('True label')
32. plt.title('Confusion matrix')
33. plt.show()
```

输出结果如下：
朴素贝叶斯分类器的准确率：90.25%。
分类结果图如图 6-11 所示。
结果可以看出，使用朴素贝叶斯预测牛奶品质的准确率可以达到 90.25%，从图 6-11 的混淆矩阵可以看出，对于高等级牛奶，模型预测正确了 64 个样本，有 12 个样本被

127

错误地预测为中等级，这可能是由于这些样本的特征与中等级牛奶的特征重叠较多。对于中等级牛奶，模型预测正确了 115 个样本，但有 7 个样本被错误地预测为低等级，5 个样本被错误地预测为高等级。对于低等级牛奶，模型预测正确了 108 个样本，但有 2 个样本被错误地预测为中等级，2 个样本被错误地预测为高等级。

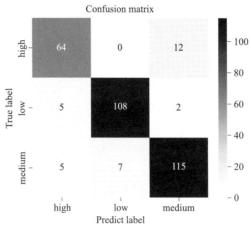

图 6-11　分类结果图

彩图 6-11

6.7　小结

本章介绍了概率模型在数据分析和机器学习领域的核心地位，特别是贝叶斯方法的运用。贝叶斯方法通过结合先验知识与观测数据，借助贝叶斯定理对概率估计进行更新，以有效处理数据中的不确定性。阐释了贝叶斯学派与频率主义学派在概率解释上的根本差异，并展示了贝叶斯方法的应用实例。同时，还讨论了贝叶斯线性回归和贝叶斯网络，进一步拓展了贝叶斯方法在统计建模领域的应用。通过葡萄酒密度预测与牛奶品质的案例，展示了贝叶斯方法在实际场景中的应用价值。随着技术的持续发展，贝叶斯方法将在未来的数据分析和机器学习任务中扮演更加重要的角色。

◆ **参考文献** ◆

黄东平，2010. 基于模糊贝叶斯网络的食品安全控制知识推理模型的研究 ［D］. 广州：华南理工大学.

姜同强，莫名垚，任钊，等，2018. 贝叶斯网络及其在白酒安全预警中的应用 ［J］. 现代食品科技，34（6）：288-292，273.

龙丹，高文龙，2024. 基于贝叶斯 Poisson 回归探讨膳食模式与哮喘的关系 ［J］. 西安交通大学学报（医学版），45（5）：1-11.

刘越畅，陈世文，冯进达，等，2012. 基于贝叶斯网络的蔬菜质量安全溯源与预警 ［J］. 广东农业科学，39（20）：188-190，205.

宋英华，刘含笑，蒋新宇，等，2018. 基于知识元与贝叶斯网络的食品安全事故情景推演研究 ［J］. 情报学报，37（7）：712-720.

王婧, 2020. 基于贝叶斯网络的肉制品质量安全预警模型研究 [D]. 重庆：重庆医科大学.

王旎, 孙晓红, 吴锴, 等, 2022. 基于贝叶斯网络的食品安全舆情监控探针研究 [J]. 计算机系统应用, 31(1): 29-36.

张方怡, 董庆利, 黄宋琳, 等, 2012. 基于贝叶斯网络的猪肉合格率的模型构建 [J]. 食品工业科技, 33(10): 52-54, 93.

张丽, 滕飞, 王鹏, 2014. 基于贝叶斯网络的食品供应链风险评价研究 [J]. 食品研究与开发, 35(18): 179-182.

周小锋, 李帆, 陈婧司, 等, 2020. 上海市松江区居民膳食模式与糖尿病的相关性：基于贝叶斯稀疏潜在因子模型 [J]. 环境与职业医学, 37(6): 546-552.

Bouzembrak Y, Camenzuli L, Janssen E, et al, 2018. Application of Bayesian Networks in the development of herbs and spices sampling monitoring system [J]. Food Control, 83(4): 38-44.

Bouzembrak Y, Marvin H J P, 2016. Prediction of food fraud type using data from Rapid Alert System for Food and Feed（RASFF）and Bayesian network modelling [J]. Food Control, 61(9): 180-187.

Ngemba H R, Hendra S, Dwijaya K A, et al, 2022. Comparative analysis of C4. 5 and naïve bayes algorithms for classification of food vulnerable areas [J]. Tadulako Science and Technology Journal, 3(1): 35-41.

Showafah M, Sihwi S W, 2021. Ontology-based Daily Menu Recommendation System for Complementary Food According to Nutritional Needs using Naïve Bayes and TOPSIS [J]. International Journal of Advanced Computer Science and Applications, 12(11): 638-645.

Wang N, Sun X H, Wu K, et al, 2022. Research on Public Opinion Monitoring Probe on Food Safety Based on Bayesian Network [J]. Computer Systems and Applications, 31(1): 29-36.

7 核方法与核函数

核方法和核函数在机器学习领域中发挥着至关重要的作用,尤其是在解决非线性问题方面。通过核函数,核方法能够巧妙地将数据映射到一个高维空间,在该空间内寻找线性可分的超平面,而无需显式地进行高维空间中的复杂计算。这种映射过程使得在原始特征空间中难以线性分割的数据点,在新空间中变得易于处理。

7.1 核方法概述

核方法通过在高维空间中执行线性运算,从而有效地处理原始数据中的非线性关系。核方法在食品科学领域的应用不仅拓展了食品分析和加工技术的边界,也为食品质量控制和安全检测提供了新的思路和工具。

7.1.1 核方法的概念

如图 7-1 所示,核方法通过核技巧将数据从原始的输入空间映射到一个更高维的特征空间,使得原本非线性可分的数据在这个新空间中变得线性可分。核函数可以隐式地完成这种从低维欧几里得空间到高维希尔伯特空间的映射和内积运算,避免直接定义和计算复杂的映射函数。通过核函数,可以直接在原始输入空间中计算两个数据点的距离值,而无需知道映射

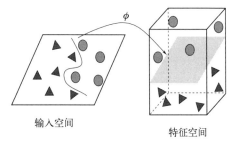

图 7-1 核方法示意图

后的坐标。这样,优化问题的解可以表示为核函数的线性组合,从而简化计算过程。

7.1.2 核函数的概念

核函数是核方法的核心,它能够衡量数据点之间的相似度。其重要性体现在多个方面,核函数为机器学习算法提供了一种处理非线性数据的通用框架,使得原本无法

线性分割的数据在高维空间中变得线性可分。核函数的选择直接影响了模型的性能和泛化能力，通常需要基于数据的特性和问题的需求选择最合适的核函数。

核函数对应的核矩阵是半正定矩阵，即满足 Mercer 定理（任何半正定的函数都可以作为核函数）。这样的核函数具有两个重要性质：一是保证高维空间中内积的非负性，二是对于一个半正定核矩阵，总能找到一个与之对应的再生核希尔伯特空间。

7.1.3 常用核函数

针对任何核函数，都能够找到一个隐式的映射 ϕ，将输入空间映射到某个特征空间（称为再生核希尔伯特空间）。在核方法中，通常希望样本在这个特征空间内是线性可分的，因此选择合适的核函数变得至关重要。

下面介绍几个常用的核函数。

（1）线性核（linear kernel）

线性核函数 $K(x_i，x_j)$ 定义为两个向量的点积，即 $K(x_i，x_j)=x_i^T \cdot x_j$。线性核简单，计算速度快，具有较好的可解释性，对于非线性问题，线性核可能效果比较有限。

（2）多项式核（polynomial kernel）

多项式核可以表示为 $K(x_i，x_j)=(x_i^T \cdot x_j)^d$，其中 d 是多项式的阶数。多项式核能够提供非线性模型，通过控制阶数 d 来调整模型的复杂度。

（3）高斯核（Gaussian kernel）

高斯核又称为径向基函数核（radial basis function kernel，RBF kernel），是一种无限维度的特征变换，定义为 $K(x_i，x_j)=\exp\left(-\dfrac{\parallel x_i - x_j \parallel^2}{2l^2}\right)$，其中 l 是控制高斯核函数宽度的超参数。当 l 较大时，模型在特征空间的变动更敏感，容易过拟合。当 l 趋于无穷大时，高斯核趋近于线性核。高斯核模型只需调整一个超参数，缺点在于其计算速度较慢，且容易过拟合。

（4）Sigmoid 核

Sigmoid 核函数定义为：$K(x_i，x_j)=\tanh(\alpha x_i^T \cdot x_j + c)$。其中，$x_i$ 和 x_j 是原始特征空间中的点，α 是一个参数，控制着变换的尺度，c 是一个偏置项，而 $\tanh$ 是双曲正切函数，它将任意实数映射到（-1，1）区间内。Sigmoid 核可以映射到无限维空间，使得决策边界更为复杂和灵活。Sigmoid 核包含多个参数，它们的选择对模型性能有很大影响，且没有通用的指导原则来选择这些参数。如果参数选择不当，Sigmoid 核模型可能会过拟合训练数据，尤其是在数据维度较高或样本量较少的情况下。

7.1.4 核方法在食品领域的应用

在食品大数据分析中，核方法不仅能够提高模型的准确性和泛化能力，还能帮助研究者深入理解数据中的内在模式。例如，通过核方法可以精确分类不同种类的食品，识别食品中的异常成分，以及预测消费者的饮食偏好等。这些应用对于提升食品质量控制水平、保障食品安全和优化食品供应链具有重要意义。

（1）食品安全

在食品安全检测中，王书涛等人（2018）结合了荧光光谱法和改进的最小二乘支持向量机（LS-SVM）来检测橙汁中的防腐剂——山梨酸钾。该方法使用改进的遗传算法优化 LS-SVM 参数，通过样本训练建立了橙汁中山梨酸钾的回归模型。对比基本遗传算法优化的模型和 BP 神经网络模型，这种自适应遗传 LS-SVM 模型在预测准确性和召回率方面表现最佳。张嘉洪等人（2023）采用了支持向量机（SVM）模型，来识别高粱中的农药残留种类。通过使用标准正态变换预处理的光谱数据进行训练，SVM 模型在测试集上的分类正确率达到了 81.87%。Hao 等人（2022）通过建立一个基于 SVM 优化模型的食品安全风险评估方法来解决食品安全问题。他们首先分析了食品供应链中的风险因素，并创建了一个食品安全风险评估指标体系。接着，使用层次分析法确定这些指标的权重，构建了相应的样本数据集。之后，引入了蝙蝠算法来优化 SVM 模型的参数，以提高分类效果和评估的准确性。

（2）食品质量预测

在食品质量预测的研究中，夏铭泽等人（2020）提出了利用 SVM 对葡萄酒的理化指标进行分析，以预测葡萄酒的质量。通过提取葡萄酒的关键理化指标，如非挥发性酸、挥发性酸等，研究者构建了一个基于核方法的预测模型。该模型能够捕捉到葡萄酒理化指标与最终质量之间的非线性关系，实现对葡萄酒质量的精准预测。He 等研究者（2016）探讨了使用多核 SVM 进行食品识别的方法。该研究通过分析食品的不同视图，建立了一个能够识别食品并评估其质量的模型，该研究涉及食品图像的采集、特征提取及使用多核 SVM 进行分类和质量预测的技术。这项技术的应用有助于自动化的食品质量检测，提高食品工业中质量控制的效率和准确性。Saville 等人（2022）使用 SVM 进行了日本清酒的风味等级预测和类型分类。结果显示，SVM 在预测清酒风味等级和区分纯米酒和日本酿造酒方面表现良好，为清酒质量控制提供了一种有效的方法。

（3）食品风味预测

在食品风味预测的研究中，Yu 等人（2022）通过气相色谱质谱、电子鼻和电子舌检测中国不同地区的 12 种有代表性的传统发酵大豆酱，选出共有的挥发性化合物后通过 SVM 中的回归算法来分析预测酯类物质、氨基酸态氮物质含量，以及酸和盐的含量。该研究表明 SVM 结合电子鼻、电子舌数据可以有效预测食品的关键风味特征。Leong 等人（2021）将 SVM 用于葡萄酒风味的分析。通过这一方法，他们不仅能够分析五种主要的葡萄酒风味，还能发现可能影响葡萄酒整体风味的未知成分。Li 等人（2017）使用 SVM 算法处理电子鼻设备获得的传感器数据，来分析中国白酒的 12 种不同风味。Men 等人（2017）研究了利用电子舌和电子鼻进行啤酒风味信息分类的方法。该方法使用了多传感器数据融合技术，并应用了 SVM 等模型进行分类。结果显示，通过选择特征变量和采用 SVM 模型，可以有效提高啤酒风味信息的分类准确率。

7.2　支持向量机

支持向量机（support vector machine，SVM）的核心思想是通过构建一个或多个超平面，将不同类别的数据点尽可能地分开，同时最大化这些超平面与最近数据点之间的间隔。这种间隔最大化不仅提高了模型的鲁棒性，而且减少了模型对训练数据的依赖，从而在新的数据集上展现出良好的泛化性能。本节将介绍 SVM 的理论基础和实际应用，其中包括硬间隔和软间隔 SVM 的原理、非线性 SVM 与核函数的使用。

7.2.1 支持向量机的理论基础

在 SVM 中，支持向量是那些最靠近决策边界的训练样本点，它们对于确定最优超平面起着决定性的作用。最优超平面是一个能够将不同类别的样本点尽可能分开，并且具有最大间隔的超平面。

在最优超平面的定义中，有两个关键的超平面：一个是正类样本的支持向量所在的超平面，另一个是负类样本的支持向量所在的超平面。这两个超平面相互平行，并且它们之间的距离就是间隔。最优超平面位于这两个超平面之间，且与它们等距。

假设有一个二分类问题，其中正类样本的标签为（+1），负类样本的标签为（-1）。对于一个线性可分的数据集，划分超平面的方程可以表示为：$w^{\mathrm{T}}x + b = 0$。其中，w 是超平面的法向量，决定了超平面的方向；b 是偏置项，决定了超平面与原点之间的距离；x 是数据点。正类支持向量所在的超平面方程可以表示为：$w^{\mathrm{T}}x + b = +1$。而负类支持向量所在的超平面方程为：$w^{\mathrm{T}}x + b = -1$。这两个超平面分别位于最优超平面的两侧，它们之间的距离就是间隔的宽度。通过最大化这个间隔，找到最优的超平面，从而实现对数据集的最好分类。支持向量机的原理如图 7-2 所示。

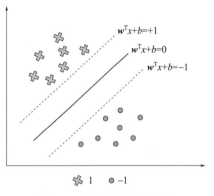

图 7-2　支持向量机原理图

SVM 的实现方式可以根据数据的特性和需求分为以下几种类型。

① 线性硬间隔 SVM：硬间隔 SVM 不容忍任何分类错误，它要求所有训练样本都被正确分类。在这种情况下，算法寻找一个超平面，使得最近的样本点（支持向量）与决策边界的距离最大化，同时保证所有训练样本都在正确的一侧。硬间隔 SVM 在数据集完全线性可分且对分类准确率要求极高的场景下效果较好。

② 软间隔 SVM：软间隔 SVM 通过引入松弛变量允许一些数据点违反间隔规则，即它们可能位于间隔内或错误分类。这种方法可以处理非完全线性可分的数据集，并且增加了模型的泛化能力。软间隔 SVM 通过最小化一个包含松弛变量的损失函数来找到最优超平面，同时控制错误分类的数量。

③ 非线性 SVM：当数据集在原始特征空间中线性不可分时，SVM 可以使用核技巧将数据映射到更高维的特征空间，在这个新空间中寻找一个超平面来分离数据。常用的核函数包括 Sigmoid 核、RBF 核等。

因此，SVM 的实现方式需要根据数据集的特性和问题的需求来选择。线性硬间隔 SVM 适用于数据完全线性可分且对分类准确率要求极高的情况。软间隔 SVM 通过引入松弛变量增加了模型的泛化能力，适用于大多数实际问题。而当数据线性不可分时，可以通过核技巧将数据映射到高维空间，寻找最优的分类超平面。

7.2.2 支持向量机的实现流程

下面是支持向量机的基本实现流程。

输入：训练数据集 (X, y)，其中包含 n 个训练点，每个点由一个输入变量 x_i 和一个输出指标 y_i 组成。选择核函数（如线性核、高斯核等），设置超参数（如惩罚参数 C、容差 ε 等）。

算法步骤如下。

① 初始化参数：初始化拉格朗日乘子 $\boldsymbol{\alpha}_i$ 为零向量，初始化偏置项 b 为零，设置惩罚参数 C 和容差 ε。

② 计算核矩阵：计算训练数据集 X 的核矩阵 $\boldsymbol{K}$，例如使用高斯核。

$$\boldsymbol{K}(x_i, x_j) = \exp\left(-\frac{\|x_i - x_j\|^2}{2l^2}\right)$$

③ 优化问题：求解以下凸二次规划问题以找到拉格朗日乘子 $\boldsymbol{\alpha}$。

$$\max_{\boldsymbol{\alpha}} \sum_{i=1}^{n} \boldsymbol{\alpha}_i - \frac{1}{2}\sum_{i=1}^{n}\sum_{j=1}^{n}\boldsymbol{\alpha}_i\boldsymbol{\alpha}_j y_i y_j K(x_i, x_j) \quad \text{subject to} \quad 0 \leqslant \boldsymbol{\alpha}_i \leqslant C \quad \text{and} \quad \sum_{i=1}^{n}\boldsymbol{\alpha}_i y_i = 0$$

④ 计算权重向量和偏置项：

$$w = \sum_{i=1}^{n}\boldsymbol{\alpha}_i y_i x_i$$

$$b = y_i - \sum_{j=1}^{n}\boldsymbol{\alpha}_j y_j \boldsymbol{K}(x_j, x_i)$$

⑤ 选择支持向量：支持向量是那些对应的 $\boldsymbol{\alpha}_i$ 不为零的训练样本，$\{x_i \mid \boldsymbol{\alpha}_i > 0\}$。

⑥ 模型预测：

使用选定的支持向量进行预测：

$$f(x) = \sum_{i=1}^{n}\boldsymbol{\alpha}_i y_i \boldsymbol{K}(x_i, x) + b$$

决策函数为：

$$\text{sign}[f(x)] = \begin{cases} +1 \text{ if } f(x) > 0 \\ -1 \text{ if } f(x) < 0 \end{cases}$$

输出：支持向量及其对应的拉格朗日乘子 $\boldsymbol{\alpha}$、权重向量 w、偏置项 b、用于预测的新数据点的决策函数 $\text{sign}[f(x)]$。

7.2.3 支持向量机的间隔

（1）硬间隔

训练数据线性可分的情况下，通过硬间隔最大化，学习一个线性的分类器，即线性可分支持向量机（亦称作硬间隔支持向量机）。当两类数据可以通过一个超平面分离时，优化目标是找到这个超平面，使得样本间的间隔最大。那些满足约束条件等号的训练样本点，即 $wx_i + b = 1$，被称为支持向量。这些点是定义最优超平面的关键。间隔是支持向量到决策边界的最短距离，优化间隔就是找到一组参数（w，b），使得这个距离最大化。这个间隔由两个支撑超平面定义，这两个超平面分别接触两类数据中最靠近的点（支持向量），并且相互平行。

对于一个给定的超平面，其线性方程可以表示为 $w^T x + b = 0$，其中 $w = (w_1, w_2, \cdots, w_n)$ 为法向量，决定了超平面的方向，b 是偏置项，决定了超平面与源点之间的距离。一个样本点 x_i 到这个超平面的距离是 $\dfrac{|w^T x_i + b|}{\|w\|}$，其中 $\|w\|$ 是法向量的范数，而整个样本集到超平面的距离是所有样本点到该超平面距离的最小值。SVM 的优化目标是最大化间隔 $\gamma = \dfrac{2}{\|w\|}$，即最小化 $\dfrac{1}{2}\|w\|^2$，约束条件是 $y_i(wx_i + b) \geqslant 1$ 对所有训练样本（x_i，y_i）都成立，也就是：

$$\min_{w,b} \frac{1}{2}\|w\|^2 \quad \text{s.t.} \quad y_i(w^T x_i + b) \geqslant 1, \forall i \tag{7-1}$$

式中，w 是超平面的法向量；b 是偏置项；y_i 是第 i 个样本的标签；x_i 是第 i 个样本的特征向量。

这个优化问题可以通过拉格朗日乘子法转换为对偶问题，即最大化拉格朗日函数 $L(w, b, \alpha)$ 的对偶 $\max_\alpha L(w, b, \alpha)$，对偶问题的形式如下：

$$\max_\alpha \sum_{i=1}^n \alpha_i - \frac{1}{2}\sum_{i,j=1}^n \{\alpha_i \alpha_j y_i y_j (x_i \cdot x_j)\}$$

$$\text{s.t.} \quad C \geqslant \alpha_i \geqslant 0, \sum_{i=1}^n \alpha_i y_i = 0 \tag{7-2}$$

式中，α_i 是对应每个训练样本的拉格朗日乘子。

最大化间隔问题可以转化为一个凸二次规划问题，即最小化 $\dfrac{1}{2}\|w\|^2$ 且满足 $y_i(wx_i + b) \geqslant 1$。通过求解对偶问题，可以得到拉格朗日乘子 α_i 的最优值。最终的决策函数只依赖于那些 $\alpha_i > 0$ 的训练样本点，即支持向量。

硬间隔的示意图如图 7-3 所示。

硬间隔 SVM 通过最大化样本间的间隔，旨在寻找一个鲁棒的决策边界，从而提高模型的泛

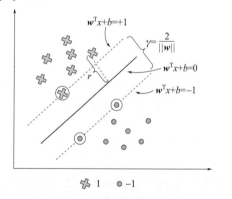

图 7-3　硬间隔示意图

化能力。然而，硬间隔模型不容忍任何误差，这在实际应用中可能会导致过拟合，特别是当数据包含噪声或异常值时。因此，在很多情况下，软间隔 SVM 由于其对误差的容忍性，可能是一个更好的选择。

（2）软间隔

软间隔 SVM 是硬间隔 SVM 的一种扩展，它通过引入松弛变量（slack variable）来允许一些数据点轻微违反间隔规则，从而增加模型的泛化能力。

在硬间隔 SVM 中，所有的训练样本都必须正确分类，并且与决策边界的间隔必须大于等于 1。然而，在现实世界中，许多数据集并不是完全线性可分的，或者希望模型

能够容忍一些小的分类错误，以避免过拟合。软间隔 SVM 通过允许一些样本点落在间隔之内或超平面的另一侧来解决这个问题。

为了实现这一点，软间隔 SVM 在原始的优化问题中引入了松弛变量 ξ_i 来量化每个样本点的误差。这些松弛变量允许样本点在间隔内或超平面的另一侧，但同时需要最小化这些误差的总和，原始优化问题变为：

$$\min_{w,b,\xi} \frac{1}{2}\|w\|^2 + C\sum_{i=1}^{n}\xi_i \quad \text{s. t.} \quad y_i(wx_i+b)\geq 1-\xi_i, \xi_i \geq 0, \forall i \qquad (7\text{-}3)$$

式中，C 是一个正则化参数，控制着间隔宽度和分类误差之间的权衡。

与硬间隔 SVM 类似，软间隔 SVM 的原始问题也可以通过拉格朗日乘子法转换为对偶问题。

在软间隔 SVM 中，只有那些对应的拉格朗日乘子 $\boldsymbol{\alpha}_i>0$ 的样本点才是支持向量。这些支持向量决定了最终的决策边界。间隔仍然是支持向量到决策边界的最短距离，但这个距离现在可以小于 1。最终的决策函数为：$f(x)=\text{sign}\Big[\sum_{i=1}^{n}\boldsymbol{\alpha}_i y_i(x_i x)+b\Big]$，只有支持向量（即 $\boldsymbol{\alpha}_i>0$）会贡献到决策函数中。

软间隔示意图如图 7-4 所示。

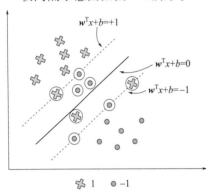

图 7-4　软间隔示意图

软间隔 SVM 通过允许一些轻微的分类错误，提供了一种更加灵活的方式来处理非线性可分的数据集。正则化参数 C 的选择对模型的性能有很大影响，较大的 C 值会使模型趋向于硬间隔，而较小的 C 值会增加容忍错误分类的量，从而可能提高模型的泛化能力。在实际应用中，通常需要通过交叉验证等方法来选择最佳的 C 值。

（3）非线性 SVM 与核函数

前面都是假设样本是线性可分的，虽然软间隔不完全可分，但大部分还是可分的。而现实任务中很可能遇到这样的情况，即不存在一个能够正确划分两个类别样本的超平面，对这样的问题，可以将样本从原始空间映射到一个更高维的特征空间中，使得样本在这个特征空间中线性可分，然后再运用 SVM 求解，如图 7-5 所示。

通过核技巧的转变，分类函数变为：

$$f(x)=\text{sign}\Big[\sum_{i=1}^{n}\boldsymbol{\alpha}_i y_i K(x_i,x)+b\Big] \qquad (7\text{-}4)$$

对偶问题变成：

$$\max_{\boldsymbol{\alpha}}\sum_{i=1}^{n}\boldsymbol{\alpha}_i - \frac{1}{2}\sum_{i,j=1}^{n}\boldsymbol{\alpha}_i\boldsymbol{\alpha}_j y_i y_j(x_i x_j) \quad \text{s. t.} \quad \boldsymbol{\alpha}_i \geq 0, i=1,2,K,n \sum_{i=1}^{n}\boldsymbol{\alpha}_i y_i=0 \qquad (7\text{-}5)$$

这样就避开了高维空间中的计算。如果对于任意一个映射，要构造出对应的核函数就很困难了。因此，人们会从一些常用的核函数中进行选择，选择合适的核函数是构建有效非线性 SVM 模型的关键。通常，核函数的选择取决于数据的特性和问题的性

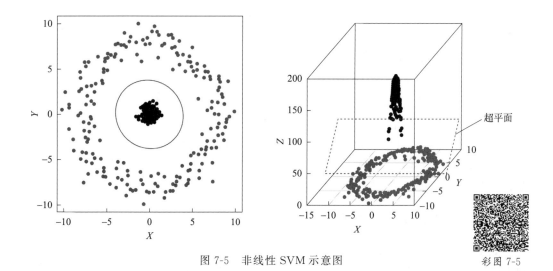

图 7-5　非线性 SVM 示意图

彩图 7-5

质。例如，如果数据具有明显的多项式特征，则多项式核可能是一个好的选择；如果数据分布复杂且没有明显的结构，RBF 核可能更合适。此外，核函数的参数（如多项式核的阶数、RBF 核的带宽）也需要通过交叉验证等方法进行调优，以达到最佳的模型性能。线性 SVM 直接在原始特征空间中寻找决策边界，适用于数据线性可分的情况。而非线性 SVM 通过核函数扩展了假说集，使其包含了更复杂的非线性边界，这使得核 SVM 在处理非线性问题时更为灵活和强大。

7.2.4　支持向量机的优缺点

（1）优点

① 全局最优解：SVM 是一个凸优化问题，求得的解一定是全局最优而不仅仅是局部最优。

② 适用广泛：不仅适用于线性问题，还适用于非线性问题（通过使用核技巧）。

③ 鲁棒性：模型鲁棒性好，决策边界只取决于支持向量而不是全部数据集。

④ 无需依赖整个数据：SVM 的决策只依赖于支持向量，因此可以在相对较小的子集上进行训练。

⑤ 泛化能力强：对新数据有较好的预测能力。

（2）缺点

① 计算复杂性：二次规划问题求解涉及 $n \times n$ 阶矩阵的计算（其中 n 为样本个数），计算量随样本量上升厉害，因此 SVM 不适用于非常大的数据集。

② 二分类限制：原始 SVM 仅适用于二分类问题，在解决多分类问题时存在一定的困难。

③ 核函数选择困难：对非线性问题没有通用解决方案，有时很难找到一个合适的核函数。

④ 解释性不足：对于核函数的高维映射，尤其是径向基函数，其解释力较弱。

⑤ 对缺失数据敏感：SVM 对缺失数据比较敏感，需要进行预处理。

7.3 相关向量机

在机器学习领域，算法的选择往往取决于问题的性质和数据的特点。相关向量机（relevance vector machine，RVM）是一种基于稀疏性原理的贝叶斯方法，它在处理小样本数据集和高维特征空间时表现出独特的优势。RVM的核心思想是通过学习数据的相关性，构建一个稀疏的模型，其中只有与数据最为相关的特征被保留，从而实现对数据的有效表示和分类。

7.3.1 相关向量机的基本原理

相关向量机是由 Tipping 于 2001 年提出的一种基于贝叶斯统计学习理论的有监督机器学习算法，用于解决分类和预测问题。相关向量机理论提出以来，迅速成为新的统计学习理论的研究热点，取得了快速的发展和广泛的应用，逐渐发展成为机器学习算法中的一个独立研究方向。相对于 SVM，相关向量机算法能够给出概率型的输出，具有更强的泛化能力、更好的稀疏性、更灵活的核函数选择以及更简单的参数设置等优点。

相关向量机以稀疏贝叶斯框架为基础，利用数理统计中的条件分布和极大似然的估计思想，通过核函数将低维度的非线性问题转化为高维空间的线性问题，借助自动相关决策理论（automatic relevance determination，ARD）来约束模型，从而获得比 SVM 更加稀疏的模型。与 SVM 不同，相关向量机不需要满足核函数为半正定的 Mercer 定理，并且能够给出概率性的输出。

相关向量机在贝叶斯统计框架下提供了一种自然而有效的方法来选择模型的复杂度。RVM 的核心优势在于其概率推断能力，它能够生成概率性的预测结果，为决策过程带来不确定性的量化评估。此外，RVM 的稀疏性特征使得模型更加简洁，仅保留最重要的特征，从而降低了模型的计算复杂度并提高了解释性。自动相关性确定技术的应用，让 RVM 能够自动进行特征选择，减少了手动特征工程的需要，同时增强了模型的泛化能力。

7.3.2 相关向量机的实现流程

下面是相关向量机的基本实现流程。

输入：数据集 $\langle x_n, t_n \rangle$，$n = 1, 2, \cdots, N$，核函数（如高斯核等），设置超参数。

算法步骤如下。

① 给定目标函数：

$$t_n = \Phi(x_n) w_n + \varepsilon_n$$

式中 $\Phi(x_n) = K(x, x_n)$ 表示核函数。

假设噪声服从零均值、σ^2 的高斯分布，则这个数据服从：

$$p(t \mid w, \sigma^2) = (2\pi\sigma^2)^{-N/2} \exp\left\{ -\frac{1}{2\sigma^2} \| t - \Phi w \|^2 \right\}$$

② 对于超参数 w 和 $\beta=\sigma^{-2}$ 取先验分布（满足 Gamma 分布）：

$$p(w \mid \alpha)=\prod_{i=0}^{N} N(w_i \mid 0, \alpha_i^{-1})$$

$$p(\alpha)=\prod_{i=0}^{N} \text{Gamma}(\alpha_i \mid a, b)$$

$$p(\beta)=\text{Gamma}(\beta \mid c, d)$$

③ 根据分层概率：

$$p(w \mid t, \alpha, \sigma^2)=\frac{p(t \mid w, \sigma^2) p(w \mid \alpha)}{p(t \mid \alpha, \sigma^2)}=N(\mu, \Sigma)$$

式中，

$$\Sigma=(\sigma^{-2} \Phi^{\mathrm{T}} \Phi+A)^{-1}$$

$$\mu=\sigma^{-2} \Sigma \Phi^{\mathrm{T}} t$$

④ 预测新样本输出为：

$$p(t_* \mid t, \alpha_{MP}, \sigma_{MP}^2)=\int p(t_* \mid w, \sigma_{MP}^2) p(w \mid t, \alpha_{MP}, \sigma_{MP}^2) \mathrm{d}w$$

⑤ 优化超参数 α 和 σ^2：

$$\alpha_i^{new}=\frac{\gamma_i}{m_i^2}$$

$$\gamma_i=1-\alpha_i \Sigma_{ii}$$

$$(\sigma^2)^{new}=\frac{\| t-\Phi\mu \|^2}{N-\sum_i \gamma_i}$$

输出：相关向量及其对应的 μ，包括所有非零的 α_i（控制模型复杂度和稀疏性）以及噪声精度 β（控制观测噪声的假设）。

7.3.3 相关向量机的优缺点

（1）优点

① 稀疏性：RVM 能够自动选择最相关的数据点（称为相关向量），从而使模型更加稀疏。相比于 SVM，RVM 通常使用更少的相关向量，从而提高了计算效率和解释性。

② 概率输出：RVM 基于贝叶斯框架，能够提供预测的不确定性度量（概率输出）。

③ 灵活的核函数选择：与 SVM 不同，RVM 不需要核函数满足 Mercer 条件，这使得选择核函数时具有更大的灵活性。

（2）缺点

① 计算复杂度高：RVM 的训练过程涉及多次矩阵运算和迭代优化，计算复杂度较高。

② 收敛性问题：RVM 的训练算法有时可能会遇到收敛问题，特别是在数据噪声较大或数据量较小时，收敛速度可能较慢或难以收敛。

7.4 高斯过程回归

高斯过程回归（Gaussian process regression，GPR）是一种非参数化的贝叶斯回归方法，它在处理具有不确定性的数据和需要预测连续值输出的问题时具有显著的优势。GPR 的核心思想是将函数视为高斯过程上的随机变量，通过核函数来描述输入空间中任意两点之间的相关性，从而能够提供关于预测输出的不确定性估计。

7.4.1 高斯过程回归的基本原理

高斯过程回归的基础是建立在高斯过程上的，这是一种用于描述函数分布的强大工具。在 GPR 中，将目标函数视为整个输入空间上的概率分布，通过对输入空间中任意两点之间的协方差进行建模，从而捕捉输出之间的复杂关系。高斯过程的核心思想是将函数看作一个随机过程，即任意一组输入点都对应一个多元高斯分布。这个过程的均值和协方差由选定的核函数决定，核函数衡量了输入空间中不同点之间的相似性。因此，GPR 旨在通过高斯过程的概率性质，为每个输入点分配一个对应的高斯分布，从而不仅可以给出预测值，还提供了一个不确定性估计。

高斯过程回归是一种用于表示函数分布的概率模型。它假设函数的值服从联合高斯分布，即对于任意一组输入点，其对应的输出值构成一个多元高斯分布。具体来说，高斯过程由均值函数和协方差函数（也称为核函数）完全确定。均值函数 $\mu = m(x)$ 描述了高斯过程在输入 x 处的期望值。协方差函数 $k(x, x')$ 描述了输入点 x 和 x' 之间的相似性或相关性，协方差函数决定了高斯过程的平滑性和复杂性，常用的协方差函数包括线性核、RBF 核等。

定义一个高斯过程（GP）来描述函数分布，GP 是任意有限个具有联合高斯分布的随机变量的集合，其性质完全由均值函数和协方差函数确定。公式化定义一个 GP：$f(\boldsymbol{x}) \sim \mathrm{GP}(m(\boldsymbol{x}), k(\boldsymbol{x}, \boldsymbol{x}'))$，其中，$f(\boldsymbol{x})$ 表示目标输出，并且 $m(\boldsymbol{x})$ 和 $k(\boldsymbol{x}, \boldsymbol{x}')$ 满足：

$$m(\boldsymbol{x}) = \mathrm{E}[f(\boldsymbol{x})],$$
$$k(\boldsymbol{x}, \boldsymbol{x}') = \mathrm{E}[(f(\boldsymbol{x}) - m(\boldsymbol{x}))(f(\boldsymbol{x}') - m(\boldsymbol{x}'))^{\mathrm{T}}],$$

那么，当考虑一个无噪声的线性回归模型时，$f(\boldsymbol{x}) = \phi(\boldsymbol{x})^{\mathrm{T}} w$，其中 $w \sim \mathbf{N}(0, \sum_p)$，$\phi(\boldsymbol{x})$ 表示经过某种变换后的输入。

因此，均值和协方差就可以得到 $m(\boldsymbol{x}) = \mathrm{E}[f(\boldsymbol{x})] = \phi(\boldsymbol{x})^{\mathrm{T}} \mathrm{E}[w] = 0$，

$$
\begin{aligned}
K(\boldsymbol{x}, \boldsymbol{x}') &= \mathrm{E}[(f(\boldsymbol{x}) - \mathrm{E}[f(\boldsymbol{x})])(f(\boldsymbol{x}') - \mathrm{E}[f(\boldsymbol{x}')])] \\
&= \mathrm{E}[(f(\boldsymbol{x}) \cdot f(\boldsymbol{x}')] \\
&= \mathrm{E}[\phi(\boldsymbol{x})^{\mathrm{T}} w \cdot \phi(\boldsymbol{x}')^{\mathrm{T}} w] \\
&= \mathrm{E}[\phi(\boldsymbol{x})^{\mathrm{T}} w \cdot w^{\mathrm{T}} \phi(\boldsymbol{x}')] \\
&= \phi(\boldsymbol{x})^{\mathrm{T}} \mathrm{E}[w \cdot w^{\mathrm{T}}] \phi(\boldsymbol{x}') \\
&= \phi(\boldsymbol{x})^{\mathrm{T}} \mathrm{E}[(w - 0) \cdot (w^{\mathrm{T}} - 0)] \phi(\boldsymbol{x}') \\
&= \phi(\boldsymbol{x})^{\mathrm{T}} \sum_p \phi(\boldsymbol{x}')
\end{aligned}
$$

当考虑一个一般的带噪声的回归模型时，$y=f(x)+\varepsilon$，其中 $\varepsilon \sim N(0, \sigma_s^2)$。现在给定一系列的多维（p 维的）观测点 $\{(x_i, y_i)\}_{i=1}^n$，$x_i \in \mathbf{R}^p$，$y_i \in \mathbf{R}$，假定这些观测点满足这个模型，所以这些点的联合分布 $[f(x_1), f(x_2), \cdots, f(x_n)]$ 按照高斯过程的定义，需要满足一个多维高斯分布，即 $[f(x_1), f(x_2), \cdots, f(x_n)]^T \sim N(\mu, K)$，这里 $\mu=[\mu(x_1), \mu(x_2), \cdots, \mu(x_n)]^T$ 是均值向量，K 是 $n \times n$ 矩阵，其中第 (i, j) 是 $K_{ij}=k(x_i, x_j)$。

为了预测 Y^*，给定 $X^*=(x_1^*, x_2^*, \cdots, x_N^*)$，$Y^*=f(x^*)+\varepsilon$，考虑高斯分布的性质，即可以得到训练点和预测点的联合分布为：

$$\begin{bmatrix} y \\ f(X^*) \end{bmatrix} \sim N\left(\begin{bmatrix} \mu(X) \\ \mu(X^*) \end{bmatrix}, \begin{bmatrix} K(X,X)+\sigma^2 I & K(X,X^*) \\ K(X^*,X) & K(X^*,X^*) \end{bmatrix} \right)$$

根据条件分布的公式可以推出均值和协方差矩阵为：

$$\mu^*=K(X^*,X)(K(X,X)+\sigma^2 I)^{-1}(y-\mu(X))+\mu(X^*)$$
$$\Sigma^*=K(X^*,X^*)-K(X^*,X)(K(X,X)+\sigma^2 I)^{-1}K(X,X^*)$$

最后加入噪声后的条件概率分布为：$P(y^*|X,y,X^*)=N(\mu^*, \Sigma^*+\sigma^2 I)$。至此，便完成了从函数空间视角出发的高斯过程回归模型的推导。

7.4.2 高斯过程回归的实现流程

下面是高斯过程回归的基本实现流程。

输入：训练数据集 X 和对应的标签 y，选择核函数（如线性核、RBF 核等），设置超参数（如噪声水平、迭代次数等）。

算法步骤如下。

① 初始化参数：初始化核函数及其参数（如 RBF 核的长度尺度），噪声水平参数 σ。

② 计算核矩阵：

计算训练数据集 X 的核矩阵 K，例如使用 RBF 核：

$$K(x_i,x_j)=\exp\left(-\frac{\|x_i-x_j\|^2}{2l^2}\right)$$

计算核矩阵 K 加上噪声项：

$$K=K+\sigma_n^2 I$$

③ 计算预测分布：

对于新输入 X_*，计算核向量 k_* 和核矩阵 K_{**}：

$$k_*=[K(x_*,x_1),K(x_*,x_2),\cdots,K(x_*,x_n)]^T$$
$$K_{**}=K(X_*,X_*)$$

计算均值向量 μ_* 和协方差矩阵 Σ_*：

$$\mu_*=k_*^T K^{-1} y$$
$$\Sigma_*=K_{**}-k_*^T K^{-1} k_*$$

④ 优化超参数：使用最大似然估计或其他优化方法优化核函数参数和噪声水平参数。

输出：均值向量 μ_* 和预测方差 Σ_*，核函数及其优化后的参数。

7.4.3　高斯过程回归的优缺点

（1）优点

① 不确定性估计：GPR 能够为预测提供不确定性估计，即它不仅预测值，还给出预测值的置信区间。

② 可解释性高：GPR 的贝叶斯框架允许用户通过先验知识来调整模型，并且可以通过后验分布来更新参数。

③ 非参数性：GPR 不需要假设数据分布的具体形式，可以适应多种复杂的数据模式。

（2）缺点

计算复杂度高：GPR 需要进行贝叶斯优化，需要对协方差矩阵进行逆运算，这一计算在数据量大时尤其复杂和耗时。

7.5　案例一：支持向量机实现水果分类

本次案例采用公开的水果数据集，该数据集描述了水果样本的详细形状和颜色特征信息，如面积、周长、坚固性、颜色等等，图 7-6 展示了水果数据集的部分信息。

```
       AREA  PERIMETER  MAJOR_AXIS  ...  ALLdaub4RG  ALLdaub4RB  Class
0    422163  2378.9080    837.8484  ...     54.9554     47.8400  BERHI
1    338136  2085.1440    723.8198  ...     52.8168     47.8315  BERHI
2    526843  2647.3940    940.7379  ...     59.2860     51.9378  BERHI
3    416063  2351.2100    827.9804  ...     44.1259     41.1882  BERHI
4    347562  2160.3540    763.9877  ...     50.9080     42.6666  BERHI
..      ...        ...         ...  ...         ...         ...    ...
893  255403  1925.3650    691.8453  ...     43.0422     42.4153  SOGAY
894  365924  2664.8230    855.4633  ...     39.1046     36.5502  SOGAY
895  254330  1926.7360    747.4943  ...     40.7986     40.9769  SOGAY
896  238955  1906.2679    716.6485  ...     45.7162     45.6260  SOGAY
897  343792  2289.2720    823.8438  ...     38.6966     39.6738  SOGAY
```

图 7-6　水果数据集部分信息

该案例将使用 SVM 对水果进行分类。使用 Sklearn 库中的 SVC 类，SVC 代表支持向量机分类器，它是一个强大的分类算法，适用于许多分类任务。

```
1. import pandas as pd
2. from sklearn.model_selection import train_test_split
3. from sklearn.preprocessing import StandardScaler
4. from sklearn.svm import SVC
5. from sklearn.metrics import classification_report, accuracy_score
6. import matplotlib.pyplot as plt
7. import seaborn as sns
8. from sklearn.metrics import confusion_matrix
```

加载数据，提取特征和标签。

```
1. df = pd.read_excel('Date_Fruit_Datasets.xlsx')   # 确保文件路径正确
2. X = df.iloc[:, :-1]                               # 特征是除了最后一列的所有列
3. y = df.iloc[:,-1]                                 # 标签是最后一列
```

划分训练集和测试集，数据标准化。

```
1. X_train, X_test, y_train, y_test = train_test_split(X, y, test_size= 0.3,
random_state= 42)
2. scaler = StandardScaler()
3. X_train = scaler.fit_transform(X_train)
4. X_test = scaler.transform(X_test)
```

创建 SVM 分类器实例，这里使用 RBF 核。

```
1. svm_classifier = SVC(kernel= 'rbf', C= 1, gamma= 'scale')
```

训练模型。

```
1. svm_classifier.fit(X_train, y_train)
```

预测测试集。

```
1. y_pred = svm_classifier.predict(X_test)
```

评估模型，生成如图 7-7 所示的分类报告。

```
1. print("准确率:", accuracy_score(y_test, y_pred))
2. print("分类报告:\n", classification_report(y_test, y_pred))
```

准确率: 0.9222222222222223
分类报告:

	precision	recall	f1-score	support
BERHI	0.88	0.88	0.88	17
DEGLET	0.71	0.79	0.75	28
DOKOL	0.97	0.91	0.94	67
IRAQI	0.91	0.95	0.93	21
ROTANA	1.00	0.96	0.98	55
SAFAVI	0.98	1.00	0.99	51
SOGAY	0.84	0.87	0.86	31
accuracy			0.92	270
macro avg	0.90	0.91	0.90	270
weighted avg	0.93	0.92	0.92	270

图 7-7　水果分类报告

绘制如图 7-8 所示的混淆矩阵。

```
1. conf_matrix = confusion_matrix(y_test, y_pred)
2. plt.figure(figsize= (10, 8))
3. sns.heatmap(conf_matrix, annot= True, fmt= 'd', cmap= 'Blues')
4. plt.title('混淆矩阵')
5. plt.xlabel('预测标签')
```

```
6. plt.ylabel('真实标签')
7. plt.show()
```

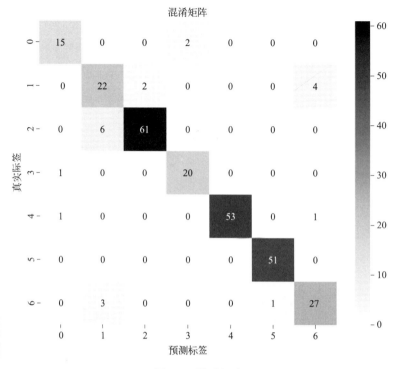

彩图 7-8

图 7-8   混淆矩阵

根据模型运行结果的分析，可以得出几个结论。从整体性能表现来看，模型在测试集上的整体准确率为 92.22%，这表明模型在大多数情况下能够正确分类样本。从类别性能差异来看，ROTANA 和 SAFAVI 这两个类别的精确度和召回率都非常高，F1 分数接近 1.00，表明模型在这两个类别上的表现非常优秀。BERHI、IRAQI 和 DOKOL 这些类别的 F1 分数略低于 ROTANA 和 SAFAVI，但仍然在 0.90 以上，说明模型在这些类别上的表现也很出色。DEGLET 和 SOGAY 两个类别的性能相对较低，尤其是 DEGLET 类别的精确度和召回率都低于 0.80，这意味着模型在这些类别上的分类存在一定困难，需要进一步分析原因。从指标平均值来看，macro avg 指标显示模型在所有类别上的平均性能良好，精确度、召回率和 F1 分数均为 0.90。模型在测试集上的高准确率表明它具有良好的泛化能力，能够在未见过的数据上做出准确的预测。

7.6   案例二：高斯过程回归预测螃蟹年龄

本案例使用了一个专为螃蟹年龄预测而设计的公开数据集。该数据集描述了螃蟹的物理属性与其年龄之间的关系。通过分析螃蟹的壳宽度、壳长度、壳质量等多个特征，旨在建立一个准确的回归模型来预测螃蟹的年龄。螃蟹年龄的预测对于决定最佳收获时机至关重要，超过一定年龄后，螃蟹的生理特征几乎不再增长，因此精确的年龄预测有助于养殖者优化收成和提高经济效益。数据集中包含的详细特征信息为分析螃蟹年龄的属性特征提供了充分的支持。图 7-9 展示了螃蟹年龄数据集的部分信息。

	Sex	Length	Diameter	...	Viscera Weight	Shell Weight	Age
0	F	1.4375	1.1750	...	5.584852	6.747181	9
1	M	0.8875	0.6500	...	1.374951	1.559222	6
2	I	1.0375	0.7750	...	1.601747	2.764076	6
3	F	1.1750	0.8875	...	2.282135	5.244657	10
4	I	0.8875	0.6625	...	1.488349	1.700970	6
...	..	...	...	...	...	...	...
3888	F	1.4625	1.1375	...	5.854172	6.378637	8
3889	F	1.5500	1.2125	...	7.172423	9.780577	10
3890	I	0.6250	0.4625	...	0.524466	0.637864	5
3891	I	1.0625	0.7750	...	2.338834	2.976698	6
3892	I	0.7875	0.6125	...	1.346601	1.417475	8

图 7-9 螃蟹年龄数据集部分信息

下面是案例的具体实现代码，首先，需要导入依赖包。

```
1. import gpflow
2. from gpflow.utilities import print_summary
3. import pandas as pd
4. from sklearn.model_selection import train_test_split
5. from sklearn.preprocessing import StandardScaler, LabelEncoder
6. import numpy as np
```

加载数据集。

```
1. file_path = 'CrabAgePrediction.csv'
2. crab_age_data = pd.read_csv(file_path)
```

数据预处理，划分训练集、测试集。

```
1. label_encoder = LabelEncoder()
2. crab_age_data['Sex']= label_encoder.fit_transform(crab_age_data['Sex'])
3. X = crab_age_data.drop('Age', axis=1)
4. y = crab_age_data['Age']
5. scaler = StandardScaler()
6. X_scaled = scaler.fit_transform(X)
7. X_train, X_test, y_train, y_test = train_test_split(X_scaled, y, test_size=0.2, random_state=42)
8. # 确保 y_train 是 float64 类型
9. y_train = y_train.astype(np.float64)
```

设置高斯过程回归模型。

```
1. kernel = gpflow.kernels.SquaredExponential(lengthscales = np.ones(X_train.shape[1]))
```

```
2. model = gpflow.models.GPR(data = (X_train, y_train.values.reshape(-1, 1)),
   kernel= kernel, mean_function= None)
```

优化模型。

```
1. optimizer = gpflow.optimizers.Scipy()
2. optimizer.minimize ( model.training _ loss, variables = model.trainable _
   variables, options= dict(maxiter= 100))
```

打印模型摘要，输出如图 7-10 所示的摘要信息。

```
1. print_summary(model)
2. y_pred, y_var = model.predict_f(X_test)
```

name	class	transform	prior	trainable	shape	dtype	value
GPR.kernel.variance	Parameter	Softplus		True	()	float64	137.712
GPR.kernel.lengthscales	Parameter	Softplus		True	()	float64	4.03981
GPR.likelihood.variance	Parameter	Softplus + Shift		True	()	float64	4.2746

图 7-10　高斯过程回归（GPR）模型的摘要信息

打印真实的年龄和预测的年龄。

```
1. for real_age, pred_age in zip(y_test.values, y_pred):
2.     print(f"真实年龄:{real_age},预测年龄:{pred_age[0]}")
```

部分结果展示如图 7-11 所示。

```
真实年龄：6，预测年龄：6.461292889123388
真实年龄：7，预测年龄：8.463243022648763
真实年龄：3，预测年龄：4.679663219934071
真实年龄：7，预测年龄：6.58073016248119
真实年龄：8，预测年龄：8.327489115096855
真实年龄：9，预测年龄：8.989161302007927
```

图 7-11　预测年龄与真实年龄对比

可以看出，预测的年龄比较接近真实年龄，这说明了高斯过程回归在螃蟹年龄数据集上较好的预测性能。接下来通过评价指标来评估预测性能。

```
1. from sklearn.metrics import mean_squared_error, r2_score
2. mse = mean_squared_error(y_test, y_pred)
3. r2 = r2_score(y_test, y_pred)
4. print(f'均方误差：{mse}')
5. print(f'R²分数：{r2}')
```

输出结果为：

均方误差：4.2668366783841085；R^2 分数：0.5559753711968846。

绘制特征相关性图，在高斯过程回归中使用自动相关性确定时，通常用到了 lengthscales 参数来衡量每个特征的重要性。通过 lengthscales 可以控制每个维度（特征）的影响力，其中较小的 lengthscale 值表示该特征在模型中的重要性较高，因为它对输出的变化更为敏感，使用逆长度尺度（inverse lengthscales）可以进一步突出这种差异，图 7-12 为自动相关性确定结果。

```
1. lengthscales =  1 / model. kernel. lengthscales. numpy()
2. plt. figure(figsize= (10, 6))
3. plt. bar(X. columns, lengthscales)
4. plt. xlabel('Features')
5. plt. ylabel('Inverse Lengthscales')
6. plt. title('ARD 自动相关性确定')
7. plt. xticks(rotation= 45)
8. plt. show()
```

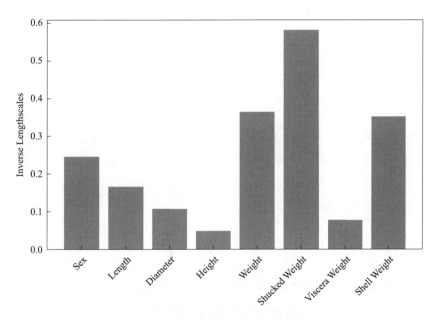

图 7-12　ARD 自动相关性确定结果

由图可以看出，Shucked Weight（去壳质量）显然是影响模型预测最显著的特征，Weight（体重）和 Shell Weight（壳重）也是相对重要的特征，而 Height（高度）和 Viscera Weight（脏器质量）的重要性则相对较低。

接下来，使用训练好的模型对下面这个新的螃蟹数据进行年龄预测。

Sex	Length	Diameter	Height	Weight	Shucked Weight	Viscera Weight	Shell Weight
F	1.0	0.8	0.3	10.0	4.0	1.5	2.0

```
1. new_instance = {
2.     'Sex': 'F',
3.     'Length': 1.0,
4.     'Diameter': 0.8,
5.     'Height': 0.3,
6.     'Weight': 10.0,
```

```
7.    'Shucked Weight': 4.0,
8.    'Viscera Weight': 1.5,
9.    ' Shell Weight ': 2.0
10. }
11. # 将新实例转换为 DataFrame
12. new_instance_df = pd.DataFrame([new_instance])
13. # 编码 'Sex' 列
14. new_instance_df['Sex']= label_encoder.transform(new_instance_df['Sex'])
15. # 缩放特征
16. new_instance_scaled = scaler.transform(new_instance_df)
17. # 转换为 float64 以兼容 GPflow
18. new_instance_scaled = new_instance_scaled.astype(np.float64)
19. # 使用训练好的模型进行预测
20. y_pred, y_var = model.predict_f(new_instance_scaled)
21. print(f'预测年龄：{y_pred.numpy()[0][0]}')
22. print(f'预测方差：{y_var.numpy()[0][0]}')
```

预测结果为：

预测年龄：9.031662575514334；预测方差：0.1646536670930061。

从结果可以看出，模型预测出了示例螃蟹的年龄，而且其预测方差仅为0.1646536670930061。预测的方差提供了关于模型预测不确定性的重要信息，由此可见该模型对于年龄预测结果的确定度很高。

7.7   小结

核方法和核函数在机器学习领域中发挥着至关重要的作用，尤其是在解决非线性问题方面。通过核函数，核方法能够巧妙地将数据映射到一个高维空间，在该空间内寻找线性可分的超平面，而无需显式地进行高维空间中的复杂计算。这种映射过程使得原本在原始特征空间中难以线性分割的数据点，在新空间中变得易于处理。尽管在实际应用中存在一些挑战，但核方法的有效性和灵活性使其在众多任务中发挥着不可替代的作用。

◆ 参考文献 ◆

蔡尉彤，冯涛，宋诗清，等，2024. 机器学习在预测食品风味中的研究进展［J］. 食品科学，45(12)：11-21.

苏礼君，李健，孔建磊，等，2024. 机器学习技术在食品风味分析中的研究进展［J］. 食品工业科技，45(18)：19-30.

王书涛，张彩霞，张强，等，2018. 基于改进的最小二乘支持向量机与荧光光谱法检测山梨酸钾［J］. 光学技术，44(2)：188-193.

夏铭泽，石春鹏，刘征宇，2020. 基于支持向量机的葡萄酒质量预测［J］. 制造业自动化，42(5)：57-60.

张嘉洪，何林，胡新军，等，2023. 基于高光谱成像技术的高粱农药残留种类检测研究［J］. 食品安全质量检测学报，14（20）：209-217.

Hao M，Wang Y，Huang W，et al，2022．Food Safety Risk Assessment Method Based on SVM Optimization Model［C］//In Proceedings of the 2022 7th International Conference on Multimedia Systems and Signal Processing，Shenzhen，52-56.

He H，Kong F，Tan J，2016．DietCam: multiview food recognition using a multikernel SVM［J］．IEEE journal of biomedical and health informatics，20(3)：848-855.

Leong Y X，Lee Y H，Koh C S L，et al，2021．Surface-enhanced Raman scattering（SERS）taster: a machine-learning-driven multireceptor platform for multiplex profiling of wine flavors［J］．Nano letters，21(6)：2642-2649.

Li Q，Gu Y，Wang N F，2017．Application of random forest classifier by means of a QCM-based e-nose in the identification of Chinese liquor flavors［J］．IEEE sensors journal，17(6)：1788-1794.

Men H，Shi Y，Fu S，et al，2017．Mining feature of data fusion in the classification of beer flavor information using e-tongue and e-nose［J］．Sensors，17(7)：1656.

Saville R，Kazuoka T，Shimoguchi N N，et al，2022．Recognition of Japanese Sake Quality Using Machine Learning Based Analysis of Physicochemical Properties［J］．Journal of the American Society of Brewing Chemists，80(2)：146-154.

Yu S，Huang X，Wang L，et al，2022．Characterization of selected Chinese soybean paste based on flavor profiles using HS-SPME-GC/MS，E-nose and E-tongue combined with chemometrics［J］．Food Chemistry，375(1)：131840.

8 决策树与集成学习

决策树（decision tree）和集成学习（ensemble learning）是机器学习领域中两个重要且常用的概念。决策树通过学习简单的决策规则从数据特征中推断出目标值。作为基础模型，决策树具有直观简单的特点，使其成为集成学习中常用的基学习器之一。而集成学习作为一种更为高级的机器学习范式，通过结合多个基学习器，解决了单一模型容易出现过拟合的问题，提高了模型的泛化能力。

8.1 决策树

8.1.1 决策树的基本概念

（1）基本概念

决策树是一种用于决策分析的树状模型，它通过由内部节点、分支和叶节点组成的树形结构来展示决策过程。其中，每个内部节点代表一个特征属性，分支代表划分条件，而每个叶节点代表一个类别标签或者回归值。决策树的构建过程是递归的，通过对数据集进行分割并选择最佳特征属性进行决策，不仅展示了特征属性之间的重要性和决策依据，也有助于解释模型的决策过程，因此在分类和回归任务中都有广泛的应用。下面介绍了决策树的一些相关概念。

根节点：决策树的起始点，代表整个数据集。

内部节点：代表对某个特征或属性的判定条件，用于将数据集划分成不同的子集。

叶节点：表示最终的决策结果，例如类别标签。

分支：由内部节点引出的线条，代表数据集按照某个特征属性的测试条件进行划分。

特征：用于判断的属性或维度，每个内部节点都对应于一个特征。

判定条件：属于内部节点上的条件，用于决定数据集的划分方向。

剪枝：指去除一些叶节点或子树，以简化决策树并提高泛化性能。

决策路径：指从根节点到叶节点的路径，表示了样本的分类规则。

纯度：指一个节点中样本的同质性程度。纯度越高，节点中的样本越相似，即属于同一类的样本比例越高。

图 8-1 展示了一个用于水果分类的决策树。首先，根据水果的颜色进行判断，如果颜色是红色，再根据直径是否大于 5cm 来判断是否为苹果；如果颜色是绿色，则直接判断为葡萄。如果水果不是红色也不是绿色，再根据直径是否小于等于 5cm 来判断是否为葡萄，否则为其他。决策树的叶节点包含了水果的分类结果，如［分类：苹果］表示最终分类为苹果，［分类：葡萄］表示最终分类为葡萄。这样的决策树通过一系列简单的问题逐步分类，形成了对水果的分类规则。

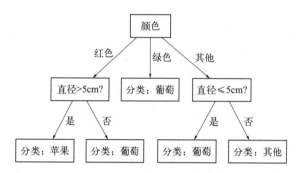

图 8-1　用于水果分类的决策树

（2）划分选择

决策树的划分选择是指在每个节点上，算法需要选择一个最优属性特征对数据集进行划分。一般来说，随着划分过程不断进行，决策树的节点所包含的样本应该尽可能属于同一类别，即节点的纯度越来越高。因此，在划分选择过程中通常使用一些指标，如熵、信息增益、信息增益率等来度量样本集的纯度，从而帮助找到每个节点的最优属性。

熵：熵用来度量数据的不确定性或混乱程度。熵越高，说明数据集越混乱，不容易对其进行准确的预测。在决策树中，可以选择能够最大程度降低数据集熵的特征作为划分标准。熵的计算公式为：

$$H(D) = -\sum_{k=1}^{K} (P_k \log_2 P_k) \tag{8-1}$$

式中，$H(D)$ 是数据集 D 的熵；K 是数据集中类别的总数量；P_k 是第 k 个类别的样本总数在数据集中的占比。

信息增益：信息增益是在选择某个特征进行划分后，数据集熵的减少程度。在构建决策树的过程中，选择能够最大程度减少数据集熵的特征作为划分依据，减少数据集的混乱程度，从而使得每个子集的纯度更高。假设属性 a 有 V 个可能的取值 $\{a_1, a_2, \cdots, a_V\}$，则可以计算出用属性 a 对样本集 D 进行划分所获得的信息增益，如式（8-2）所示：

$$\mathrm{Gain}(D, a) = H(D) - \sum_{v=1}^{V} \frac{|D_v|}{|D|} H(D_v) \tag{8-2}$$

式中，D_v 是特征属性集合 a 中取第 v 个特征时分割出的子集；$|D_v|$ 是子集中样本的数量。

信息增益率：实际上，信息增益对可取值数目较多的属性有所偏好。信息增益率是对信息增益的修正，它考虑了特征取值的多寡，对于具有更多取值的特征进行了一定的惩罚，使得选择特征更加全面和平衡。信息增益率的计算公式为：

$$\text{GainRatio}(D,a) = \frac{\text{Gain}(D,a)}{\text{SplitInfo}(D,a)} \tag{8-3}$$

式中，$\text{SplitInfo}(D,a)$ 表示数据集 D 在属性 a 上的分裂信息，其计算公式为：

$$\text{SplitInfo}(D,a) = -\sum_{v=1}^{V} \frac{|D_v|}{|D|} \log_2 \frac{|D_v|}{|D|} \tag{8-4}$$

（3）剪枝

决策树在尝试捕捉训练数据中的细微差异时容易过度拟合，而决策树的剪枝原理则可以通过去除一些分支来减少决策树的复杂度，从而提高模型的泛化能力，减少过拟合的风险。决策树的剪枝通常被分为预剪枝和后剪枝两种方法。预剪枝是在决策树生长过程中通过评估每个节点分裂前引入的新分支，决定是否进行分裂，从而阻止树的过度生长。若当前节点的划分不能给决策性能带来提升，则停止对该节点的划分并将当前节点标记为叶节点。相反，后剪枝是在树已经完全生成之后，再进行修剪。它的目标是通过移除一些节点或子树来提高模型的泛化能力，同时保持模型的预测准确性。后剪枝的过程通常是从叶节点开始，逐步向上合并节点，直到达到某种停止条件。

剪枝是决策树算法中的一个重要步骤，可以有效地提高模型的泛化能力，预剪枝和后剪枝是常见的剪枝方法，各有优缺点。预剪枝通过提前停止树的生长，提高效率并简化模型，但可能导致欠拟合风险；后剪枝则在树完全生长后进行剪枝，能更好地优化模型性能和减少过拟合，但计算成本高，复杂性增加。因此，需要根据具体情况选择合适的方法。

如图 8-2 所示是一个简单的剪枝案例，包括一个原始的决策树和一个剪枝后的决策树。在这个例子中判断某种食物是否适合素食主义者，特征包括是否含有肉、是否含有奶制品等。通过观察树在验证集的性能，可以决定哪些节点可以被剪枝。例如，在原始树中，"是否含有蜂蜜"这个特征对于最终决策的影响较小。对其剪枝后，保留了主要的决策路径，减少了冗余判断，仍然能够准确地进行分类。

（4）常见决策树的差异

建立决策树的关键在于当前状态下选择哪个特征属性作为分类依据，这种特征选择方式是多种多样的。而根据不同的选择方式，常见的决策树类型主要包括 ID3、C4.5 和 CART 三种。表 8-1 总结了三种决策树算法在多个维度上的差异，帮助理解它们的特点和应用场景。

表 8-1   三种常见决策树算法的差异

算法	数据集特征	缺失值处理	树结构	特征选择	连续值处理	剪枝	适用任务
ID3	离散值	不支持	多叉树	信息增益	不支持	不支持	分类
C4.5	离散值、连续值	支持	多叉树	信息增益率	支持	支持	分类
CART	离散值、连续值	支持	二叉树	基尼系数、方差	支持	支持	分类、回归

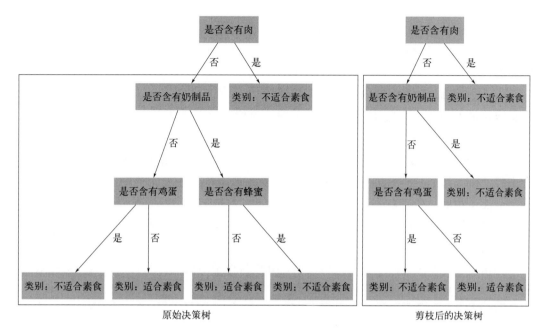

图 8-2　决策树剪枝示例图

8.1.2　ID3 算法

ID3（iterative dichotomiser 3）算法是一种决策树学习算法，主要用于分类问题。它通过构建一个树状模型，从根节点到叶节点，每一步都选择最合适的特征进行分割，以最大化类别的区分度。ID3 算法的核心是信息增益的概念，这是基于信息论原理的度量，用于评估特征对数据集分类能力的贡献。

8.1.2.1　ID3 算法的基本原理

ID3 算法的基本原理是通过选择信息增益最大的特征作为节点分裂的依据，递归地构建决策树。ID3 算法的递归过程包括：计算各特征的信息增益，选择信息增益最大的特征进行分裂，生成子节点，并对每个子节点重复上述过程，直到满足停止条件（如所有样本属于同一类别、没有更多特征可用、达到预设的最大树深度等）。最终，ID3算法生成一棵决策树，其中每个内部节点表示一个测试特征，分支表示特征的取值条件，叶节点表示类别标签。这棵树可以用于对新数据进行分类预测，从根节点开始，依据特征取值逐层向下遍历，直到到达叶节点。

8.1.2.2　ID3 算法的实现流程

下面是 ID3 算法的基本实现流程。

输入：训练样本 $D = \{x_1, x_2, \cdots, x_m\}$，类别 C，特征集合 F，属性特征 M，停止划分的阈值 ε。

算法步骤如下。

① 检查停止条件：对于训练样本 D，当所有样本属于相同类别时，返回单节点树

T ，当前类别的标签作为该树节点的类别。或者，当所有样本不属于同一类别，但特征集合 F 只有一个特征时，返回单节点树 T ，将样本 D 中样本数最大的类作为当前树的类别。

② 信息增益的计算：分别计算特征集合 F 中的 M 个特征的信息增益，假设 F_m 是信息增益最大的特征，当 F_m 小于阈值ε 时，返回单节点树 T 。将样本 D 中样本数最大的类作为当前树的类别。

③ 样本集的划分：根据所选特征 F_m 的不同取值，将原始样本集 D 划分为若干子样本集 D_i 。每个子样本集对应于特征 F_m 的一个可能取值。对于每个子样本集，它将生成决策树的一个子节点。

④ 对于每个子节点，令 $D=D_i$ ，$F=F-F_m$ ，递归调用步骤①到步骤③，直到得到满足条件的 ID3 决策树。

输出：ID3 算法返回一个决策树模型，其中每个节点代表一个特征，每个边代表特征值的分裂，叶节点代表最终的类别。

8.1.2.3 ID3 算法的优缺点

（1）优点

简单且易于理解：ID3 算法生成的决策树结构清晰，容易解释和理解。

（2）缺点

① 过分注重信息增益：ID3 算法基于信息增益，在选择划分特征时倾向于选择具有较多取值的特征，类似"编号"的特征其信息增益接近于 1。

② 不能处理缺失数据：ID3 算法无法处理包含缺失数据的特征。

③ 不支持剪枝：ID3 算法在树的构建过程中没有剪枝机制，容易过拟合。

8.1.3 C4.5 算法

C4.5 算法是一种经典的决策树学习算法，由 Ross Quinlan 于 1993 年提出。作为 ID3 算法的改进版本，C4.5 算法主要用于构建分类树，其主要目标是生成具有更好泛化性能的决策树。

8.1.3.1 C4.5 算法的基本原理

C4.5 算法是一种用于分类任务的决策树生成算法，它引入信息增益率来作为节点划分标准，从而构建决策树。与 ID3 算法相比，C4.5 算法引入信息增益率来替代 ID3 中的信息增益，从而解决了 ID3 倾向于选择取值较多的特征的问题。

C4.5 可以处理具有连续值的特征。对于连续特征，C4.5 通过对特征值进行排序，选择一个最佳的阈值进行划分，再将其转换为离散特征进行处理。例如，如果某个特征可以取多个连续值，C4.5 会尝试不同的切分点，并选择能最大化信息增益率的点作为分裂点。这种动态阈值划分的方法，使得 C4.5 算法在处理连续数据时更加灵活和有效。

C4.5 还引入了对缺失值的处理能力，这使得它在现实世界中的应用更加广泛。在训练数据中可能存在缺失值的情况下，C4.5 能够通过概率分布的方法来处理这些缺失值，从而依然可以有效地进行决策树的构建。具体来说，给定数据集 D 和属性 a，假设 $\widetilde{D}$ 表示 D 中在 a 上没有缺失值的样本子集，属性 a 有 v 个可能的取值 $\{a_1, a_2, \cdots, a_v\}$，令 $\widetilde{D}_v$ 表示 $\widetilde{D}$ 中在属性 a 上取值为 a_v 的样本子集，$\widetilde{D}_k$ 表示 $\widetilde{D}$ 中属于第 k 类的样本子集。并假设每个样本 x 赋予一个权重 w_x，则定义：

$$\rho = \frac{\sum_{x \in \widetilde{D}} w_x}{\sum_{x \in D} w_x} \tag{8-5}$$

$$\widetilde{p}_k = \frac{\sum_{x \in \widetilde{D}_k} w_x}{\sum_{x \in \widetilde{D}} w_x} (1 \leqslant k \leqslant K) \tag{8-6}$$

$$\widetilde{r}_v = \frac{\sum_{x \in \widetilde{D}_v} w_x}{\sum_{x \in \widetilde{D}} w_x} (1 \leqslant v \leqslant V) \tag{8-7}$$

式中，ρ 表示属性 a 上无缺失值样本所占的比例；$\widetilde{p}_k$ 表示无缺失值样本中第 k 类所占的比例；$\widetilde{r}_v$ 表示无缺失值样本中在属性 a 上取值 a_v 的样本所占的比例。那么对于属性 a 的信息增益计算如下：

$$\text{Gain}(D,a) = \rho \times \text{Gain}(\widetilde{D},a) = \rho \times \left[H(\widetilde{D}) - \sum_{v=1}^{V} \widetilde{r}_v H(\widetilde{D}_v) \right] \tag{8-8}$$

根据公式(8-1) 得：

$$H(\widetilde{D}) = -\sum_{k=1}^{K} \widetilde{p}_k \log_2 \widetilde{p}_k \tag{8-9}$$

式中，对于带有缺失值的样本 x，其在子节点 v_i 的权重 w_i 由 $P(v_i)$ 表示。

C4.5 还支持剪枝技术，通过对已经生成的决策树进行修剪，去除一些不必要的分支，从而避免过拟合现象，提高模型的泛化能力。C4.5 的剪枝过程通常是在决策树生成之后进行的，通过评估各个节点对整体分类效果的贡献，删除那些对最终分类没有显著贡献的节点，简化决策树结构。

8.1.3.2 C4.5 算法的实现流程

下面是 C4.5 算法类算法的基本实现流程。

输入：训练样本 $D = \{x_1, x_2, \cdots, x_m\}$，类别 C，每个样本有 M 个特征，特征集合 F，停止划分的阈值 ε。

算法步骤如下。

① 检查停止条件：对于训练样本 D，当所有样本属于相同类别时，返回单节点树 T，当前类别的标签作为该树节点的类别。或者，当所有样本不属于同一类别，但特征集合 F 只有一个特征时，返回单节点树 T，将样本 D 中样本数最大的类作为当前树的类别。

② 信息增益率的计算：对于特征集合 F 中的每个特征，计算其信息增益率。假设

F_m 是信息增益率最大的特征，当该特征的信息增益率小于阈值 ε 时，返回单节点树 T ，将样本 D 中样本数最大的类作为当前树的类别。

③ 样本集的划分：根据所选特征 F_m 的不同取值，将原始样本集 D 划分为若干子样本集 D_i 。每个子样本集对应于特征 F_m 的一个可能取值。对于连续特征，将特征值排序并进行离散化，找到最佳分割点，将样本集 D 划分为两个子集。

④ 处理缺失值：对于有缺失值的样本 x_i ，其含有缺失值特征的所有可能取值为 $\langle v_1，v_2，\cdots，v_k \rangle$ ，计算它们在样本集中出现的概率 $P(v_i)$ ，并将这些概率作为样本在各子节点中的权重。

⑤ 对于每个子节点，令 $D=D_i$ ，$F=F-F_m$ ，递归调用步骤①到步骤④，直到满足停止条件为止。

输出：C4.5 算法返回的一个决策树模型。

8.1.3.3　C4.5 算法的优缺点

（1）优点

① 引入信息增益率：C4.5 引入了信息增益率，可以平衡不同特征的影响，避免偏向取值多的特征。

② 处理缺失数据：C4.5 能够处理数据中的缺失值，使得在数据集中存在缺失数据的特征也能参与树的构建。

（2）缺点

① 计算复杂度高：C4.5 使用的熵模型（信息增益率）需要对数据集的每个特征的每个取值进行计算，这在大型数据集上可能会导致较高的计算复杂度。

② 内存消耗大：在计算信息增益和信息增益率的过程中，C4.5 需要大量的内存来存储中间结果，尤其是在处理大数据集时，内存消耗可能成为一个问题。

8.1.4　CART 算法

CART（classification and regression trees）算法是一种常用的决策树学习算法，它既可以用于分类和也可以用于回归任务。CART 的主要目标是将数据集划分成纯度更高的子集，从而构建出一个树状结构，以便对新数据进行分类或回归预测。

8.1.4.1　CART 算法的基本原理

CART 算法通过递归分割数据集来构建决策树，包括特征选择、分割点确定、停止条件判断、树构建等步骤。不同于 ID3 和 C4.5 算法，在分类任务中，CART 算法使用基尼系数作为特征选择准则，以最大化节点的纯度；在回归任务中，它使用均方误差作为特征选择准则。

在 CART 算法中，主要采用二分递归分裂方式来构建决策树。这种分裂方式要求首先选择一个特征及其对应的切分点作为树的根节点，并将数据集根据特征的取值分成两个部分。然后，递归地对两个部分的数据集再次进行切分，构建出左子树和右子树，直到满足停止条件：为每个叶节点寻找最佳分割特征及其最佳分割点。

其中，选择最佳分割特征和分割点是构建决策树的关键步骤。在 CART 算法中，同一个叶节点上的样本集应该尽量属于同一类别，也就是希望样本集的纯度更高。对于分类问题，使用基尼（Gini）系数来选择最佳分割特征和分割点，基尼系数越小，即数据集中的样本更有可能属于同一个类别。基尼系数的计算公式如下：

$$\text{Gini}(D) = 1 - \sum_{k=1}^{K} (p_k)^2 \tag{8-10}$$

式中，D 是数据集；K 是类别数；p_k 是类别 k 的样本数在数据集 D 中的比例。

当对数据集 D 进行分割时，CART 算法对属性 a 的每个取值 v 计算基尼系数，并根据这些基尼系数和各自的样本比例来加权求和，从而得到属性 a 在数据集 D 下的基尼系数。算法将选择使得分割后基尼系数最小的属性作为分割点。采用与式(8-2) 相同的符号表示，每个属性 a 基尼系数定义如下：

$$\text{Gini}(D, a) = \sum_{v=1}^{V} \frac{|D_v|}{|D|} \text{Gini}(D_v) \tag{8-11}$$

8.1.4.2 CART 算法的实现流程

下面是 CART 算法在分类任务上的基本实现流程。

输入：训练样本 $D = \{x_1, x_2, \cdots, x_m\}$，类别 C，特征集合 F，集合中的特征数量为 M。

算法步骤如下。

① 检查停止条件：对于训练样本 D，当所有样本属于相同类别时，返回单节点树 T，当前类别的标签作为该树节点的类别。

② 计算基尼系数：如果当前节点不满足停止条件，计算特征集合 F 中的 M 个特征在不同分割点下的基尼系数。

③ 选择最佳分割点：对于每个特征，遍历其所有可能的分割点，计算由该分割点产生的两个子集的基尼系数。选择使得基尼系数最小的分割点。根据选择的最佳分割点，将训练样本集 S 划分为两个子集 S_1 和 S_2。

④ 创建子节点：这两个子集分别对应二叉树的两个子节点。令左子节点的样本集为 S_1，右子节点的样本集为 S_2。

⑤ 分别递归调用步骤①到步骤④，直到得到满足条件的 CART 分类树。

输出：CART 算法返回的一个决策树模型。

8.1.4.3 CART 算法的优缺点

（1）优点

① 适用于多种任务：CART 不仅可以应用于分类任务也可以应用于回归任务。

② 简洁的二叉树：CART 算法是一种二分递归分割技术，因此它生成的决策树是结构简洁的二叉树。

③ 支持连续/离散型数据：CART 算法既可以使用连续型数据，也可以使用离散型数据，同时支持特征的多次使用。

（2）缺点

处理不平衡数据不佳：对于不平衡的分类问题，CART 决策树倾向于生成偏向于多数类的树，需要采用策略来处理不平衡数据。

8.1.5　Sklearn 实现决策树算法

Sklearn 的 tree 模块是专门用于构建决策树和随机森林的工具集。它提供了用于分类和回归任务的决策树算法，以及一些有关决策树的功能和可视化工具。本小节将使用 Sklearn 中的葡萄酒产地数据集来对比分别使用 Gini 系数（CART）和熵方法（ID3/C4.5）的决策树的分类性能。

数据集：Sklearn 的葡萄酒数据集包含了 178 个样本，每个样本描述了一种葡萄酒的化学特性。该数据集可以被用来进行分类任务，其目标是根据化学特性将葡萄酒分为三种类别。

代码如下。

```
1. from sklearn. datasets import load_wine
2. from sklearn. tree import DecisionTreeClassifier
3. from sklearn. model_selection import train_test_split
4. from sklearn. metrics import accuracy_score
5. import matplotlib. pyplot as plt
6. from sklearn. tree import plot_tree
7. # 定义训练和评估决策树模型的函数
8. def train_evaluate_decision_tree(criterion, X_train, X_test, y_train, y_test):
9.     clf = DecisionTreeClassifier(criterion= criterion)
10.    clf. fit(X_train, y_train)
11.    y_pred = clf. predict(X_test)
12.    accuracy = accuracy_score(y_test, y_pred)
13.    return clf, accuracy
14. # 加载葡萄酒数据集
15. data = load_wine()
16. X = data. data
17. y = data. target
18. # 将数据集划分为训练集和测试集
19. X_train, X_test, y_train, y_test = train_test_split(X, y, test_size= 0. 2,
random_state= 42)
20. # 定义要使用的算法
21. algorithms = ["gini", "entropy"]  # gini 对应 CART, entropy 对应 ID3
22. # 存储结果
23. results = {}
24. # 训练和评估每种算法的决策树模型
25. for criterion in algorithms:
26.     model, accuracy = train_evaluate_decision_tree(criterion, X_train, X_test, y
```

```
_train, y_test)
27.    results[criterion]=(model, accuracy)
28. # 打印性能比较
29. print("Performance comparison:")
30. for criterion,(model, accuracy)in results.items():
31.    print(f"{criterion} algorithm accuracy: {accuracy:.4f}")
32. # 可视化决策树
33. for criterion,(model, accuracy)in results.items():
34.    plt.figure(figsize=(20, 12))
35.     plot_tree(model, feature_names = data.feature_names, class_names =
data.target_names, filled= True, rounded= True)
36.    plt.title(f"{criterion} algorithm\nAccuracy: {accuracy:.4f}")
37.    plt.show()
```

程序运行结果如下，生成的两种决策树如图 8-3 和图 8-4 所示。

Performance comparison：

gini algorithm accuracy：0.9444；

entropy algorithm accuracy：0.9167。

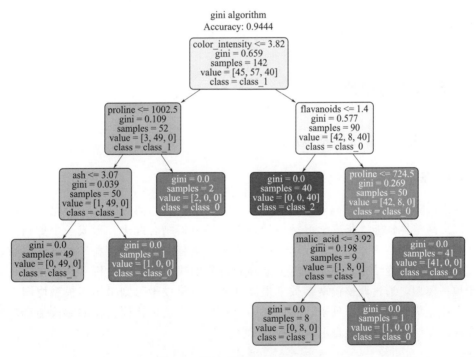

图 8-3　基于 Gini 系数的决策树

如图 8-3 和图 8-4 所示，可以观察到两种算法的准确率有所不同。具体而言，使用 Gini 系数算法的准确率为 0.9444，而使用熵算法的准确率为 0.9167。这表明在这个数据集上，CART 算法的分类性能略胜一筹，即 CART 算法在处理该数据集时对决策树的划分更为有效。

彩图 8-3

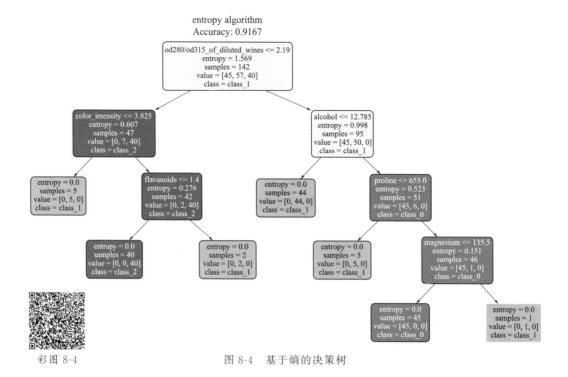

彩图 8-4

图 8-4 基于熵的决策树

8.2 集成学习理论

8.2.1 集成学习算法的基本原理

8.2.1.1 基本概念

在机器学习的领域中，集成学习是一种强大的技术，通过整合多个模型的预测能力，以提高整体性能。集成学习是一种将多个学习器结合起来，形成一个更强大且鲁棒性高的学习模型的方法。集成学习的核心思想类似于"集思广益"的观念，通过组合多个模型的预测结果，来获得更为准确和可靠的决策。传统的机器学习方法通常依赖于单一模型，通过调整模型参数来提高性能。而集成学习则采用多模型协同工作的方式，通过集合模型的意见来达到更好的泛化性能。这种协同工作的方式使得集成学习在应对复杂、多样性数据上表现更为出色。

8.2.1.2 个体与集成的关系

在机器学习中，个体（individual）和集成（ensemble）是两个关键概念，它们在构建和优化模型时发挥着重要的作用。

个体模型指的是单一的机器学习模型，它独立地学习从输入到输出的映射关系。这可以是任何单一的算法或模型结构，如决策树、支持向量机、神经网络等。个体模型通常通过学习数据中的模式来调整其参数，以最小化预测输出与实际标签之间的差异。这个过程使模型能够捕捉数据的特征，从而提升其预测能力。

集成模型是通过结合多个个体模型的预测结果来获得更强大且鲁棒性更高的模型。集成方法为了克服个体模型的局限性，通过利用多样性和合理的组合，提高整体性能。常见的集成方法包括 Bagging、Boosting、Stacking 等，这些集成方法可以在分类、回归等不同任务上发挥关键作用。

个体模型与集成模型之间存在密切的关系，个体模型是构建机器学习系统的基础组件，而集成模型通过充分发挥多个模型的优势，从而提升整体性能。首先，集成模型的性能优势通常源于个体模型之间的多样性。这种多样性体现在多个方面，包括数据差异、参数差异以及特征子集差异等，这些差异使得各个模型在不同情况下能够表现得更加出色。其次，集成方法通过不同的策略组合个体模型的输出，如投票、平均值和加权平均等。这些策略有效地强化了正确的预测，并减弱了错误的预测。因此，合理设计和选择个体模型，使得集成模型通常比单一的个体模型更具鲁棒性，从而更好地应对噪声和复杂性。因此，确保个体模型之间的多样性和选择合适的组合策略是提高集成性能的关键。

8.2.1.3 多样性

在集成学习中，个体模型的多样性可以通过多种方式实现，比如使用不同的数据集、应用不同的个体模型、设置不同的参数等。这样，每个个体模型在学习和预测时所依据的信息和假设会有所不同，从而提高了整体集成模型的鲁棒性和泛化能力。

（1）数据多样性

集成学习通过数据采样来获取多样性的数据集。常见的数据采样方法主要包括自助采样（bootstrap sampling）和随机子空间采样（random subspace sampling）。这些方法通过在数据或特征空间上引入随机性，从而生成多个不同的训练集，用于训练不同的基学习器。

① 自助采样：自助采样是一种有放回的抽样方法，通过从原始数据集中随机抽取样本，并将抽取的样本放回原数据集，形成一个新的训练集。由于是有放回抽样，某些样本可能在新训练集中出现多次，而其他样本可能根本不被抽到。自助采样可以使用新的数据集训练多个基学习器，同时允许某些样本在多个训练集中出现。这有助于引入数据多样性，提高集成的泛化性能。

② 随机子空间采样：随机子空间采样是在特征空间上引入随机性的一种采样方法。它通过在特征维度上进行采样，从而生成不同的特征子集，每个基学习器都在不同的特征子空间上进行训练。随机子空间采样通过在特征空间上引入差异性，从而提高了基学习器之间的多样性。这对于处理高维数据集和噪声特征非常有益。

（2）模型多样性

模型多样性是通过组合不同的模型类型来构建集成模型的一种方法。这些模型可以是不同的算法，也可以是相同算法的不同变体。模型多样性可以有效地利用各个模型的优势，弥补单个模型的不足，从而提高整体集成模型的性能。

（3）参数多样性

参数多样性是通过为不同的个体模型设置不同的参数来实现的。这些参数包括学习率、树的深度、正则化系数等。通过调整这些参数，每个基学习器在学习过程中会有不同的表现，从而增加模型的多样性。

8.2.1.4 组合策略

集成学习通过不同的组合策略来整合各个个体模型的预测结果。在集成学习的基学习器组合阶段，不同学习任务所用的组合策略会有所不同。对于输出空间为离散集合的分类任务，通常用投票法实现多个基学习器的组合；对于输出空间为实数域的回归任务，通常使用平均法实现多个基回归器的组合。

（1）投票法

投票法通过多数投票的方式来确定最终的预测结果。它可以被分为绝对多数投票法①、相对多数投票法②和加权投票法③三种。其中①和②属于硬投票方法，③属于软投票方法。

① 绝对多数投票法：这种方法仅在某个类别获得超过一半基学习器支持的情况下，才选择该类别作为最终预测。如果没有类别得到超过半数的票，则不进行预测。

② 相对多数投票法：相对多数投票法选择得票最多的类别作为预测结果，不论其票数是否过半。如果存在多个类别票数相同且最高，则随机选择其中一个作为输出。

③ 加权投票法：加权投票法考虑了基学习器的性能差异，通过预先估计每个基学习器的准确度来分配权重，使得准确度较高的基学习器在最终决策中具有更大的影响力。

（2）平均法

平均法通过计算所有个体模型预测结果的平均值作为最终预测。它可以被分为简单平均法和加权平均法两种。

① 简单平均法：独立地训练每个个体模型，然后在预测阶段简单地计算它们的预测结果的平均值。

② 加权平均法：简单平均法在集成学习中将所有基学习器的预测结果平等对待，但这种做法忽视了不同基学习器可能存在的重要性差异。这种平等对待的方法并不总是最佳选择，因为不同的弱回归器可能在预测能力上存在显著差异。为此，加权平均法引入权重机制，根据每个基学习器的性能或置信度分配一个权重，然后计算加权后的预测结果。

8.2.2　决策树和集成学习在食品领域的应用

决策树和集成学习在食品科学领域的应用广泛，涵盖了从食品质量评估、安全性检测、成分分析与配方优化和生产过程优化等多个方面。决策树和集成学习已成为食品科学领域中分析复杂数据集、提高预测准确性和优化决策过程的重要工具。

食品质量评估：食品质量评估是确保食品安全和营养的重要环节。在临床环境中，快速准确地评估成年人的饮食质量对于医疗专业人员来说至关重要。例如，Lafrenière等人（2019）采用了分类和回归树方法，构建并验证了一个简短的饮食质量评估工具。它以替代健康饮食指数作为参考标准，使得医疗专业人员能够更有效地识别出那些饮食质量较低的个体，从而及时给予饮食建议或干预。在食品工业领域，食品质量的快速检测和评估也是保证消费者健康的关键。有人（Neto et al, 2019）通过应用集成决策树学习方法对牛奶样本进行分类，成功检测了牛奶中的掺假物质。该方法在二分类和多类分类问题上均显示出高效性，实现了高达 98.76% 的分类准确率，显著提升了牛奶品质检测的性能。

食品安全性检测：在食品安全领域，决策树和集成学习技术可以用于开发快速、准确的检测方法。例如，马红迪（2020）使用决策树和改进的随机森林模型，基于山东省食品添加剂抽检数据，构建食品安全风险指数并进行风险评估与预警。研究揭示了食品分类和添加剂不合格项目对风险等级的影响，并通过合成少数过采样技术（SMOTE）优化模型，提高了预测的准确性和稳定性。Draayer（2004）使用决策树分析注册产品的可用性、公认的菌株变异以及当前疫苗技术状况，帮助确定了测试和生产场景，从而最小化自体疫苗规定的潜在滥用。这一方法不仅考虑了食品安全因素，还确保了自体产品的快速生产和测试。Wu 等人（2023）开发了第二代集成学习预测模型，该模型利用了包括 Bagging-Gradient Boosting Machine 和 Bagging-Elastic Net 在内的七种算法，以提高食品安全风险预测的准确性。通过这种方法，模型成功提升了识别不合格食品的能力，增强了边境食品管理的效率和效果。

食品营养与健康：在食品营养与健康领域，决策树和集成学习技术的应用不仅限于饮食质量的评估，还在个性化营养建议和疾病风险预测中发挥着关键作用。这些技术能够精确分析个体的饮食模式，如食物摄入和用餐时间，从而为消费者提供定制化的饮食建议，帮助他们实现更健康的生活方式。Lin 等人（2022）采用决策树模型预测成人饮食质量，发现水果和全谷物的摄入是关键因素。集成学习结合多个决策树，创建了一个综合性营养评估系统。该系统个性化地考虑个体的营养需求、健康状况和饮食习惯，提供定制化的饮食建议，实现营养目标与个人口味的平衡。涂嘉欣等人（2023）应用决策树模型对城市居民的日常饮食和营养素摄入进行了深入分析。通过这一算法，研究团队识别出了与抗衰老效果显著相关的饮食因素，包括适量的饮水量、鱼虾类、茄果类摄入，以及蛋白质、膳食纤维等营养素的充足摄入。研究结果强调了合理饮食结构在延缓衰老过程中的重要性，为城市居民提供了科学的饮食建议，以促进健康老龄化。

食品生产与加工：在食品生产与加工过程中，集成学习技术的应用能够显著优化加工参数，提升产品的质量与一致性。通过将多个决策树模型集成起来，构建出的鲁棒过程控制模型能够综合考虑温度、时间、pH 值等多种因素，实现对食品加工过程的精确控制。例如，Saber 等人（2023）通过决策树学习算法确定了影响普鲁兰多糖生物合成的重要变量，并找到了最佳发酵条件，从而提高了普鲁兰多糖的产量。朱良宇等人（2024）则采用了 Bagging 集成学习模型结合决策树、随机森林和极端随机树算法，对猪早期生长数据进行分析，以预测猪达到 100 kg 体重的日龄。该方法预测的准确度达到了 90.01%，为养殖企业管理决策提供了科学依据，提升了食品原材料供应链中的生产效率和成本控制。

决策树与集成学习技术在食品科学领域的应用展现了巨大的潜力。尽管面临挑战，这一领域同样蕴含着无限的机遇。未来的研究方向可以聚焦于设计更高效的算法、整合多源数据，以及在食品供应链中部署智能决策系统。这些创新将为食品工业的发展开辟新的路径，并为确保食品质量和安全提供切实可行的策略。

8.2.3　Bagging 算法

8.2.3.1　Bagging 算法的基本原理

Bagging 是一种并行的集成学习方法，通过结合多个模型的预测结果来改善整体的预测准确性和稳定性。Bagging 的基本思想是通过对训练数据集进行有放回抽样，生成多个子数据集，然后在每个子数据集上训练一个独立的基学习器。最后，通过对所有基学习器的预测结果进行投票或加权平均来得到最终的预测结果。

Bagging 算法的流程如图 8-5 所示。它首先从原始数据集出发，即用于训练的完整数据集。接着，通过自助采样生成多个子数据集，这些子数据集的大小与原始数据集相同，但可能包含重复的数据点。这种采样的方式有助于增加数据的多样性，从而使得训练的模型更加稳健。然后，对每个采样数据集训练一个基学习器，得到多个不同的基学习器，每个基学习器都在不同的子数据集上训练。这样可以保证每个基学习器拥有独立的训练数据，从而减少了模型之间的相关性，进一步提高了整体的泛化能力。最后，通过投票机制或平均法将所有基学习器的预测结果组合起来，得到最终的预测结果。Bagging 通过这种方式得到多个独立的基学习器，然后集成它们的结果，以提高模型的准确性和稳定性。这种方法有助于降低模型的方差，增强模型的泛化能力，尤其适用于处理不稳定的学习算法，比如决策树。Bagging 在处理大规模数据集和复杂任务时表现出色，是一种广泛应用于实际问题中的有效机器学习技术。

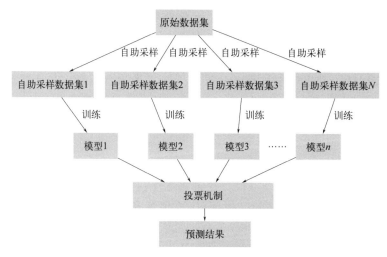

图 8-5　Bagging 算法流程图

8.2.3.2　Bagging 算法的实现流程

下面是 Bagging 算法的基本实现流程。

输入：训练样本集 $D = \{(x_1, y_1), (x_2, y_2), \cdots, (x_N, y_N)\}$，基学习器 $h = \{h_1, h_2, \cdots, h_T\}$，基学习器数量 T，停止条件（如最大迭代次数、误差阈值等）。

算法步骤如下。

① 自助采样：从原始训练集 D 中使用有放回抽样的方法生成 T 个新的训练集 $\widetilde{D}$。每个新的训练集大小与原始训练集相同，即都包含 N 个样本。

② 训练基学习器：使用 T 个新的训练集 $\widetilde{D}$ 分别训练 T 个基学习器 h_t。

③ 集成预测：让每个基学习器 h_t 分别对测试样本 z 进行预测，最终得到 T 个预测结果 $\{h_1(z)，h_2(z)，\cdots，h_T(z)\}$。对于分类问题，使用多数投票法作为最终预测结果；对于回归问题则使用平均法计算最终预测结果。

输出：集成模型的最终预测结果。

8.2.3.3 Bagging 算法的优缺点

（1）优点

① 减少过拟合风险：通过使用随机抽样的方式生成多个子集，Bagging 有效地减少了模型对训练数据的过拟合，从而提高了模型的泛化能力。

② 支持并行计算，加速训练速度：由于每个基学习器都是独立训练的，Bagging 算法可以并行处理多个子集，从而显著加速训练过程。

（2）缺点

① 依赖于基学习器的性能：Bagging 的最终效果在很大程度上依赖于所使用的基学习器。如果基学习器本身表现不佳，那么即使通过 Bagging 也很难获得良好的结果。

② 一致性问题：在处理分类问题时，如果不同的基学习器对同一个测试样本做出了相同的错误预测，那么 Bagging 算法将无法有效纠正这个错误。

8.2.4 Boosting 算法

8.2.4.1 Boosting 算法的基本原理

Boosting 是一种串行的集成学习算法，其基本思想是通过一系列基学习器的串行训练，逐步提高模型的性能。Boosting 算法中基学习器之间存在依赖关系，每个基学习器的训练集都与前一个基学习器的预测结果相关，因此必须按顺序逐个训练。Boosting 的工作机制是通过增加前一个基学习器在训练过程中预测错误的样本的权重，使得后续基学习器更加关注这些被错误预测的训练样本。这个过程通过对错误样本的加权实现，目的是纠正前一步的预测错误，以提高整体模型性能。Boosting 算法一直向下串行，直至产生预设数量（n 个）的基学习器。最终，Boosting 对这 n 个基学习器的预测结果进行加权组合，用于最终的预测。

如图 8-6 所示，展示了一个基于 Boosting 的算法流程。首先，从训练数据集 X 及其对应的标签 Y 开始，这是算法的初始输入。随后，Boosting 算法通过迭代增强的方式构建模型。在每次迭代中，算法会训练一个弱学习器，同时计算每个弱学习器的权重和误差率。这些权重和误差率用于调整模型的重要性和影响力。所有迭代完成后，算法将所有弱学习器的组合用于最终预测。具体而言，算法根据每个弱学习器的权重对它们的预测结果进行加权平均，从而得出最终的预测输出。通过上述流程，最终形成一个强学习器，该强学习器在训练过程中逐渐减小训练误差，提升了模型的泛化性能。

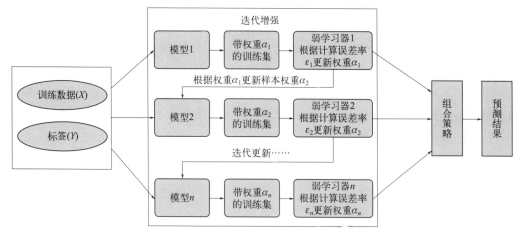

图 8-6　Boosting 算法示例图

著名的 Boosting 算法包括 AdaBoost（adaptive boosting）、XGBoost（extreme gradient boosting）、LightGBM（light gradient boosting machine）和 CatBoost（categorical boosting）。这些算法通过不同的策略来更新样本权重和组合弱学习器，以逐步提升整体模型性能。

8.2.4.2　Boosting 算法的实现流程

以 AdaBoost 算法为例，下面是 AdaBoost 分类算法的基本实现流程。

输入：训练样本集 $D = \{(x_1, y_1), (x_2, y_2), \cdots, (x_N, y_N)\}$，$x_i$ 是训练样本，y_i 是样本标签；基学习器 $h = \{h_1, h_2, \cdots, h_T\}$；迭代次数 T，指定 AdaBoost 算法迭代的次数。

算法步骤如下。

① 初始化样本权重：对于每个样本，初始化权重 $w_1(i) = \dfrac{1}{N}$。

② 迭代过程：对于每一轮迭代 $t = 1, 2, \cdots, T$，执行以下步骤。

训练基学习器：使用当前样本权重训练一个弱学习器，得到 $h_t(x)$。

计算错误率：计算当前轮迭代中样本的分类错误率，即 $\varepsilon_t = \sum\limits_{i=1}^{N} w_t(i) \cdot \mathbb{I}(h_t(x_i) \neq y_i)$，其中 $\mathbb{I}(\cdot)$ 是指示函数。

计算学习器权重：计算当前学习器的权重 $\alpha_t = \dfrac{1}{2}\ln\left(\dfrac{1-\varepsilon_t}{\varepsilon_t}\right)$。

更新样本权重：根据分类错误率更新每个样本的权重，即 $w_{t+1}(i) = \dfrac{w_t(i) \cdot \exp(-\alpha_t y_i h_t(x_i))}{Z_t}$，其中 Z_t 是范化因子，使得 w_{t+1} 之和为 1。

输出：最终的集成模型为 $F(x) = \sum\limits_{t=1}^{T} \alpha_t h_t(x)$。其中 α_t 是第 t 个学习器的权重。

8.2.4.3 Boosting 算法的优缺点

（1）优点

提高准确性：Boosting 通过迭代训练模型并集成多个模型的结果，有效减少模型误差，提高预测准确性。

（2）缺点

① 难以并行化：由于 Boosting 的逐步训练过程，后一个学习器依赖于前一个学习器的输出，这使得 Boosting 算法难以并行化，限制了其在大规模数据集上的应用。

② 对噪声敏感：因为依赖前一轮模型结果调整训练数据权重，对数据中的噪声较为敏感，可能影响模型的稳定性和泛化能力。

8.2.5 Stacking 算法

8.2.5.1 Stacking 算法的基本原理

Stacking 是一种堆叠泛化的集成学习方法，通过结合多个基学习器的预测结果，构建一个元学习器，从而提高整体模型的性能。与 Bagging 和 Boosting 等集成方法不同，Stacking 不仅关注如何组合基学习器的预测，还通过一个元学习器来学习如何最好地结合这些基学习器。图 8-7 是一个简化的 Stacking 模型，它的核心原理是利用基学习器的预测结果作为新特征来训练一个元模型，以此来提高整体模型的预测性能。Stacking 算法的基本步骤是，首先使用不同的基学习器在原始数据集上进行训练。这些基学习器可以是不同类型的机器学习模型，如决策树、支持向量机、神经网络等。然后，使用每个基学习器对输入数据进行预测，其预测结果作为新的特征，与原始标签一起，形成一个新的数据集。接着，使用新的数据集来训练一个元模型，得到最终的预测结果。这个元模型可以是任何一种机器学习算法，通常选择与基学习器不同的算法以增加多样性。

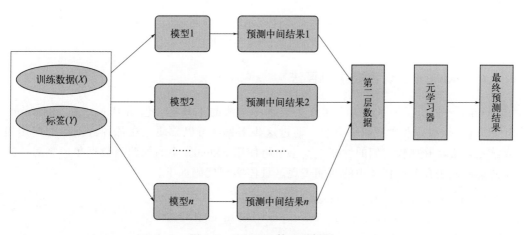

图 8-7 Stacking 算法示例图

8.2.5.2 Stacking 算法的实现流程

下面是 Stacking 算法的基本实现流程示意。

输入：训练数据集 $D=\{(x_1,y_1),(x_2,y_2),\cdots,(x_N,y_N)\}$，$x_i$ 是训练样本，y_i 是样本标签；基学习器 $h=\{h_1,h_2,\cdots,h_T\}$；元学习器 g。

算法步骤如下。

① 训练基学习器：使用训练数据集训练每个基学习器 h_t。

② 生成元特征：将每个基学习器在每个样本 x_i 上得到的输出 $z_{it}=h_t(x_i)$ 作为元特征，由此，基于样本 x_i 产生的元数据样本为 $z_i=\{(z_{i1},z_{i2},\cdots,z_{iT}),y_i\}$。

③ 构建元数据集：构建元学习器的数据集 $\widetilde{D}=\{(z_1,y_1),(z_2,y_2),\cdots,(z_N,y_N)\}$。

④ 训练元学习器：使用新的元数据集 $\widetilde{D}$ 训练元学习器 g。

输出：得到最终的集成模型 $F(x)=g\{h_1(x),h_2(x),\cdots,h_T(x)\}$。

8.2.5.3 Stacking 算法的优缺点

（1）优点

① 提高预测性能：Stacking 通过多个模型的预测结果作为新的特征输入元模型中，有助于提高预测精度。

② 灵活性：Stacking 算法通过元学习器代替原始的简单组合策略，具有更强的灵活性，能够适应不同类型的数据和问题。

（2）缺点

① 计算资源和时间消耗：多个模型的训练和元数据样本的构建需要较多的计算资源和时间。

② 超参数选择：元学习器的输入属性表示和元学习器模型对集成的性能影响较大，需要仔细选择模型和超参数配置，增加了调参和实验的复杂性。

8.2.6 Sklearn 实现集成学习算法

Sklearn 提供了一系列用于实现集成学习算法的工具集，包括 Bagging、Boosting、Stacking、软投票和硬投票等方法。通过这些工具，可以方便地在各种数据集上应用集成学习算法，并比较它们的性能。本小节将使用 Sklearn 中的葡萄酒数据集，来对比这几种集成方法在分类任务中的性能表现。具体实现代码如下。

```
1. import matplotlib.pyplot as plt
2. from sklearn.model_selection import train_test_split
3. from sklearn.ensemble import BaggingClassifier, AdaBoostClassifier,
   StackingClassifier,VotingClassifier
4. from sklearn.tree import DecisionTreeClassifier
5. from sklearn.linear_model import LogisticRegression
```

```
6. from sklearn. svm import SVC
7. from sklearn. metrics import accuracy_score
8. from sklearn. datasets import load_wine
9. import matplotlib
10. matplotlib. rcParams['font. sans-serif']= ['SimHei']  # 用来正常显示中文标签
11. # 加载数据集
12. data =  load_wine()
13. X, y =  data. data, data. target
14. # 将数据集拆分为训练集和测试集
15. X_train, X_test, y_train, y_test =  train_test_split(X, y, test_size= 0. 3, random_state= 42)
16. # 定义基学习器
17. clf1 =  DecisionTreeClassifier(random_state= 50)
18. clf2 =  LogisticRegression(random_state= 28)
19. clf3 =  SVC(probability= True, random_state= 65)
20. # 定义 Bagging 集成方法
21. bagging_clf =  BaggingClassifier(base_estimator= clf1, n_estimators = 50, random_state= 45)
22. bagging_clf. fit(X_train, y_train)
23. bagging_pred =  bagging_clf. predict(X_test)
24. bagging_acc =  accuracy_score(y_test, bagging_pred)
25. # 定义 Boosting 集成方法
26. boosting_clf =  AdaBoostClassifier(base_estimator= clf1, n_estimators = 50, random_state= 16)
27. boosting_clf. fit(X_train, y_train)
28. boosting_pred =  boosting_clf. predict(X_test)
29. boosting_acc =  accuracy_score(y_test, boosting_pred)
30. # Stacking 集成方法
31. stacking_clf =  StackingClassifier(estimators= [('dt', clf1),('lr', clf2),
('svc', clf3)], final_estimator= LogisticRegression())
32. stacking_clf. fit(X_train, y_train)
33. stacking_pred =  stacking_clf. predict(X_test)
34. stacking_acc =  accuracy_score(y_test, stacking_pred)
35. # 硬投票集成方法
36. hard_voting_clf =  VotingClassifier(estimators= [('dt', clf1),('lr', clf2),
('svc', clf3)], voting= 'hard')
37. hard_voting_clf. fit(X_train, y_train)
38. hard_voting_pred =  hard_voting_clf. predict(X_test)
39. hard_voting_acc =  accuracy_score(y_test, hard_voting_pred)
40. # 软投票集成方法
41. soft_voting_clf =  VotingClassifier(estimators= [('dt', clf1),('lr', clf2),
('svc', clf3)], voting= 'soft')
42. soft_voting_clf. fit(X_train, y_train)
43. soft_voting_pred =  soft_voting_clf. predict(X_test)
```

```
44. soft_voting_acc = accuracy_score(y_test, soft_voting_pred)
45. # 绘制不同集成方法的性能比较图
46. labels = ['Bagging', 'Boosting', 'Stacking', '硬投票', '软投票']
47. accuracies = [bagging_acc, boosting_acc, stacking_acc, hard_voting_acc, soft_
voting_acc]
48. plt.figure(figsize=(10, 6))
49. plt.bar(labels, accuracies, color=['blue', 'green', 'red', 'purple', 'cyan'])
50. plt.xlabel('集成方法')
51. plt.ylabel('准确率')
52. plt.title('不同集成方法的性能比较')
53. for i in range(len(labels)):
54. plt.text(i, accuracies[i]+ 0.01, f'{accuracies[i]:.4f}', ha='center')
55. plt.ylim(0, 1.05)
56. plt.show()
```

程序运行结果如图 8-8 所示。

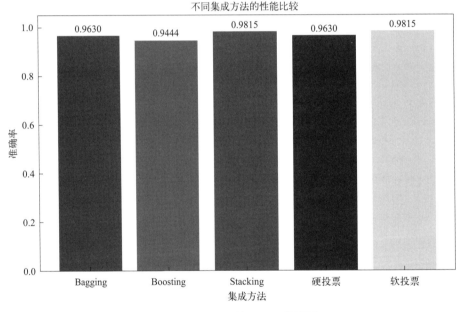

图 8-8 集成学习算法对比结果图

如图 8-8 所示，实验结果表明，Stacking 和软投票的准确率均为 0.9815，表现最佳；Bagging 和硬投票的准确率为 0.9630，而 Boosting 的准确率最低，仅为 0.9444。

Bagging 方法通过有放回抽样生成多个训练子集，显著降低了模型的方差，从而提升了预测的稳定性和准确性。硬投票依赖于多种模型的投票机制，其性能与 Bagging 相似。相较之下，Boosting 方法通过逐步调整模型以聚焦于错误预测的样本，尽管其理论上能够提高准确率，但在本实验中表现不如预期，这可能与数据集的特征和参数设置有关。Stacking 方法通过组合多种不同类型的学习器，能够更全面地捕捉数据中的多样性，而软投票则通过加权模型的预测概率来进行决策，提供了更为灵活的处理方式。以上结果表明，在复杂数据环境下，结合多种模型的优势能够显著提升分类性能。

8.3 随机森林

随机森林（random forest）是 Bagging 集成算法的一种扩展变体。随机森林以决策树为基学习器来构建基于 Bagging 算法的集成模型，并进一步在决策树的训练过程中引入了随机属性选择。随机森林通过组合多棵决策树的预测结果，使得最终模型更为稳定和准确，解决了单一决策树过拟合的问题，并提升了模型的泛化能力。

8.3.1 随机森林算法的基本原理

随机森林的基本原理包括两部分：首先，使用自助采样方法从原始数据集中使用有放回抽样的方法生成多个子样本集，每个子样本集都包含部分重复的数据，同时也可能遗漏一些原始数据，从而增加了模型的多样性；其次，不同于传统决策树在选择划分属性时是在当前节点的属性集合中选择最优属性，随机森林采用随机属性选择的方式，在构建每棵决策树时，对当前节点随机选择一个特征子集进行划分，然后从这个子集中选择最佳分裂属性特征。这种方法不仅增加了模型的多样性，还减少了决策树之间的相关性，避免了所有树都集中在同一特征上。对于分类任务，随机森林通过对所有决策树的预测结果进行多数投票决定最终分类结果；对于回归任务，则通过对所有决策树的预测结果求平均值来做出最终预测。通过这种集成方法，随机森林能够显著提升模型的泛化能力和预测性能。图 8-9 是一个简单的随机森林示例图。

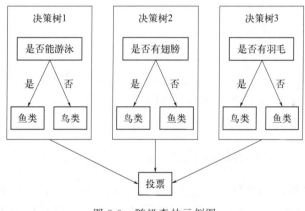

图 8-9　随机森林示例图

8.3.2 随机森林算法的实现流程

下面是随机森林算法的基本实现流程。

输入：训练样本集 $D = \{(x_1, y_1), (x_2, y_2), \cdots, (x_N, y_N)\}$，特征矩阵 $\boldsymbol{X}$；基学习器 $h = \{h_1, h_2, \cdots, h_T\}$。

算法步骤如下。

① 数据采样：从训练数据集中有放回地抽取多个子数据集。每个子数据集都包含

相同的数量，但可能包含相同数据的多次复制。

②　特征选择：对于每个子数据集，从原始特征中随机选择一部分特征用于构建决策树，这增加了每棵树的多样性。

③　决策树构建：使用每个子数据集和随机选定的特征来构建决策树。

④　投票集成：在分类任务中，每棵决策树为每个样本进行投票，最终的分类结果是多数投票后的类别。在回归任务中，可以取所有树的平均预测值。

输出：最终预测结果。

8.3.3　随机森林算法的优缺点

（1）优点

①　并行处理：由于每棵树都可以独立生成，随机森林可以很容易地进行并行处理，加快训练速度。

②　处理高维数据：随机森林采用随机特征选择的方式构建决策树，能够处理高维数据。

（2）缺点

①　计算资源消耗大：随机森林需要构建多个决策树，进行大量的特征选择和节点划分，因此在处理大规模数据集时，会增加显著的训练时间和内存消耗。

②　模型可解释性降低：随机森林包含多个决策树，随着决策树数量增加，整体模型的解释复杂度也增加。这使得随机森林的解释性不如单个决策树直观。

8.4　梯度提升决策树

梯度提升决策树（gradient boosting decision trees，GBDT）是一种迭代的集成学习算法，它通过逐步训练多个决策树来提高预测性能。相比于其他集成学习算法，GBDT 以其在复杂数据集上的强大性能而闻名。

8.4.1　梯度提升决策树的基本原理

从名字中可以看出，GBDT 是属于 Boosting 的策略，可以通过迭代优化来增强模型的预测精度。GBDT 的基本原理是，在每一轮迭代中，算法识别出当前模型预测与实际目标值之间差异最大的样本点，这些点的梯度较高，表明它们在当前模型预测的误差更大。针对这些样本点，算法训练一个新的决策树模型，目的是减少这些样本的预测误差。通过逐步累加这些新模型的预测，GBDT 能够逐步减小整体模型的损失，从而提高预测的准确性。

由此可见，新的决策树模型是建立在上一个模型梯度的方向上，这种对性能提升的方式就是梯度提升。梯度提升算法的思想是，首先给定一个目标损失函数，其定义域是所有可行的弱函数集合（基函数），通过迭代地选择一个负梯度方向上的基函数来逐渐逼近局部极小值。GBDT 的这些特性使其在处理复杂数据集时表现出色，特别适用于需要高精度预测的任务。相比于其他集成学习方法，如随机森林，GBDT 在误差优化、模型复杂度控制和逐步提升模型性能方面具有显著优势。

8.4.2　梯度提升决策树的实现流程

下面是梯度提升决策树算法的基本实现流程。

输入：训练数据集 $D = \{(x_1, y_1), (x_2, y_2), \cdots, (x_N, y_N)\}$，其中 x_i 是输入样本，y_i 是对应的标签；提升树 $F(x; \theta_t)$；基学习器 $G(x; \theta_t)$；损失函数 $L\{y, F(x)\}$，定义了模型 $F(x)$ 预测与真实标签 y 之间的误差。

算法步骤如下。

① 初始化模型：$F_0(x) = 0$，即用一个常数作为初始模型。

② 对每一轮 $t = 1, 2, \cdots, T$ 进行如下步骤：

a. 计算残差 $r_{it} = y_i - f_{t-1}(x_i)$，$i = 1, 2, \cdots, N$。

$$g_{it} = \left[-\frac{\partial L(y_i, F(x_i))}{\partial F(x_i)} \right]_{F(x) = F_{t-1}(x)}$$ 是损失函数的负梯度。

b. 拟合残差 r_{it} 学习一个回归决策树，得到 $G(x; \theta_t)$。

c. 计算步长 $\sigma_t = \arg\min_\sigma \sum_{i=1}^{N} L\{y_i, F_{t-1}(x_i) + \sigma G(x; \theta_t)\}$。

d. 更新模型：$F_t(x) = F_{t-1}(x) + \sigma_t G(x; \theta_t)$。

输出：迭代 T 次后模型的组合 $F_T(x) = \sum_{t=1}^{T} G(x; \theta_t)$。其中 θ_t 是第 t 个学习器的权重。

8.4.3　梯度提升决策树的优缺点

（1）优点

① 适应不同数据类型：相对于一些其他机器学习算法，GBDT 算法可以灵活地处理各种类型的数据。

② 自动进行特征组合：GBDT 可以自动进行特征组合，这使得它在拟合非线性数据方面表现出色。

（2）缺点

① 对异常值敏感：GBDT 对于训练数据中的异常值敏感，因为每一轮迭代都在尝试拟合残差，如果存在异常值，可能导致模型受到较大影响。

② 不适用于高维稀疏数据：在处理高维稀疏数据时，会导致计算和存储开销过大。

8.5　极端梯度提升决策树

极端梯度提升决策树（XGBoost）是一种基于梯度提升决策树的改进算法，同时结合了一些独特的优化和增强技术，使其在性能和效率上优于传统的随机森林和梯度提升决策树。

8.5.1 极端梯度提升决策树的基本原理

XGBoost 是一种高效且灵活的集成学习方法，通过构建多个弱学习器来提高模型的预测性能。它与 GBDT 一样属于 Boosting 集成算法，通过采用梯度提升的原理，在每次迭代中构建新的决策树以拟合前一轮的残差（即预测值与真实值之间的误差），逐步减少总体误差。这种逐步优化的过程使得模型能够不断改进，从而提高准确性。但是，XGBoost 在 GBDT 的基础上引入了更多改进，包括正则化、使用更高阶导数、特征子采样和并行处理等，这些改进使得 XGBoost 在许多实际应用中表现更为出色。具体而言，XGBoost 引入了正则化技术，通过在优化目标函数中加入 L2 正则化项来防止过拟合。这种正则化损失函数不仅度量模型的预测误差，还加入了对树模型复杂度的惩罚，从而有效控制模型的复杂性并降低过拟合的风险。与传统的梯度提升决策树（GBDT）相比，XGBoost 在分裂节点的计算上更加精确，利用了二阶导数信息。例如，GBDT 的损失函数使用一阶收敛并应用梯度下降法，而 XGBoost 则采用牛顿法进行二阶收敛。这一方法通过对损失函数进行二阶泰勒展开，使用前两阶导数来改进残差的计算。相较于只利用一阶偏导数的梯度下降法，牛顿法通过考虑目标函数的二阶偏导数，能够更好地捕捉梯度的变化趋势，因此收敛速度更快。在寻找最佳分割点时，XGBoost 采用一种完全搜索式的贪心算法，该算法遍历特征的所有可能分裂点，分别计算损失的减小量，从中选择最佳的分裂点。选择分裂特征时，基于增益的情况来决定哪一个特征和分割点最优。特征的重要性则根据该特征在所有树中出现的次数进行计算。增益计算完成后，选择增益最高的特征进行分裂，并将该特征的重要性加 1。由于 GBDT 中的树模型之间存在强依赖性，通常无法实现并行处理，而 XGBoost 则能够在特征维度上实现并行处理。在训练之前，XGBoost 会对每个特征的样本进行预排序，并以 Block 结构存储。这样，在寻找特征分割点时，可以重复利用预排序的信息，并通过多线程对每个 Block 进行并行计算，从而显著提高训练速度和效率。

XGBoost 在算法效率、泛化能力和特征重要性评估等方面都有所提升，相较于传统的 GBDT 在实际应用中更加强大和高效。

8.5.2 极端梯度提升决策树的实现流程

下面是极端梯度提升决策树算法的基本实现流程。

输入：训练数据集 $D = \{(x_1, y_1), (x_2, y_2), \cdots, (x_N, y_N)\}$，其中 x_i 是输入样本，y_i 是对应的标签；基础学习器 $G(x; \theta_t)$；损失函数 $L\{y, F(x)\}$；正则项 $\Omega(G) = \gamma T + \frac{1}{2}\lambda \sum_j \theta_j^2$，其中 γ 和 λ 是正则化参数。

算法步骤：
① 初始化模型：$F_0(x) = 0$，即用一个常数作为初始模型。

② 对每一轮 $t = 1, 2, \cdots, T$ 进行如下步骤：

a.计算一阶导数和二阶导数：

$$g_{it} = \left[\frac{\partial L\{y_i, F(x_i)\}}{\partial F(x_i)} \right]_{F(x) = F_{t-1}(x)}$$

$$h_{it} = \left[\frac{\partial^2 L\{y_i, F(x_i)\}}{\partial F(x_i)^2} \right]_{F(x) = F_{t-1}(x)}$$

b.拟合残差一阶导数和二阶导数，学习一个回归树，得到 $G(x; \theta_t)$。

c.计算叶子节点权重：对于每个叶子节点 j，计算叶子节点权重 w_j。

$$w_j = -\frac{\sum\limits_{i \in I_j} g_{it}}{\sum\limits_{i \in I_j} h_{it} + \lambda}$$

式中，I_j 表示叶子节点 j 中的样本集合。

d.计算损失函数的变化：计算损失函数变化量。

$$\Delta L = \sum_{j=1}^{T} \left[\frac{1}{2} \frac{(\sum\limits_{i \in I_j} g_{it})^2}{\sum\limits_{i \in I_j} h_{it} + \lambda} + \gamma T \right]$$

e.更新模型：$F_t(x) = F_{t-1}(x) + \eta \sum\limits_j w_j \amalg(x \in R_j)$。其中，$\eta$ 是学习率，R_j 表示叶子节点 j 的区域，$\amalg(x \in R_j)$ 是指示函数，表示 x 是否属于区域 R_j。

输出：

最终模型为所有迭代模型的组合：$F(x) = F_0(x) + \sum\limits_{t=1}^{T} \eta \sum\limits_j w_j \amalg(x \in R_j)$。

8.5.3 极端梯度提升决策树的优缺点

（1）优点

① 防止过拟合：XGBoost 引入了正则化项，可以有效防止模型过拟合。

② 效率更高：XGBoost 在选取最佳分割点时可以并行进行，大大提高了模型的运行效率。

（2）缺点

复杂度高：预排序过程需要存储特征值和梯度统计值的索引，增加了内存的消耗。

8.6 案例一：随机森林算法预测牛奶品质类别

在本案例将基于 6.6 节案例中的牛奶数据集，并使用随机森林算法对牛奶品质进行预测。

首先，导入必要的库，包括 Pandas 用于数据处理，Seaborn 和 Matplotlib 用于数据可视化，以及 Scikit-Learn 中的相关模块用于实现随机森林分类算法。然后读取并加载牛奶数据集。数据集中名为"Grad"的目标变量表示牛奶的质量（差、中等、高）。对目标变量进行预处理，将其转换为数值类型，其中"差""中等"和"高"质量的牛奶分别标记为 0、1 和 2。接下来划分特征和目标变量，并将数据集划分为训练集和测试集。创建随机森林分类器，并在训练集上训练模型。使用训练好的模型在测试集上进行预测。使用热力图可视化混淆矩阵，以直观地展示分类结果。最后，打印出分类报告，其中包括准确率、召回率、F1 分数等指标，以评估模型的性能。通过这些步骤，能够对牛奶数据集进行随机森林分类，并利用可视化工具直观地展示分类结果。同时，分类报告也提供了模型性能的详细评估。案例实现代码如下。

```
1. import pandas as pd
2. import seaborn as sns
3. import matplotlib.pyplot as plt
4. from sklearn.model_selection import train_test_split
5. from sklearn.ensemble import RandomForestClassifier
6. from sklearn.metrics import classification_report, confusion_matrix
7. import matplotlib
8. matplotlib.rcParams['font.sans-serif']= ['SimHei']  # 用来正常显示中文标签
9. # 读取数据集
10. df = pd.read_csv('./datasets/milknew.csv')
11. # 数据预处理,将目标变量转换为数值类型
12. df['Grade']= df['Grade'].map({'low': 0, 'medium': 1, 'high': 2})
13. # 划分特征和目标变量
14. X = df.drop(['Grade'], axis= 1)
15. y = df['Grade']
16. # 划分训练集和测试集
17. X_train, X_test, y_train, y_test = train_test_split(X, y, test_size= 0.2,
random_state= 42)
18. # 创建随机森林分类器
19. rf_classifier = RandomForestClassifier(n_estimators= 100, random_state= 42)
20. # 在训练集上训练模型
21. rf_classifier.fit(X_train, y_train)
22. # 在测试集上进行预测
23. y_pred = rf_classifier.predict(X_test)
24. # 可视化分类结果
25. sns.heatmap(confusion_matrix(y_test, y_pred), annot= True, cmap= 'Blues',
fmt= 'g')
26. plt.xlabel('预测标签')
27. plt.ylabel('真实标签')
28. plt.title('混淆矩阵')
29. plt.show()
30. # 打印分类报告
31. print(classification_report(y_test, y_pred))
```

程序运行结果如下，混淆矩阵预测结果见图 8-10。

	precision	recall	f1-score	support
0	1.00	0.99	0.99	78
1	1.00	1.00	1.00	86
2	0.98	1.00	0.99	48
accuracy			1.00	212
macro avg	0.99	1.00	0.99	212
weighted avg	1.00	1.00	1.00	212

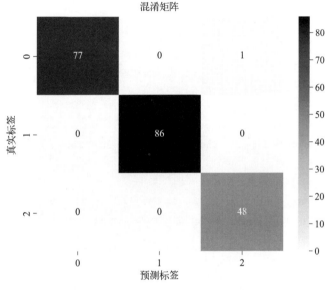

彩图 8-10

图 8-10　混淆矩阵预测结果图

由结果可知，随机森林模型在牛奶品质预测中的准确率接近 100%。图 8-10 的混淆矩阵显示：实际低品质的 78 个样本中，77 个被正确分类，仅 1 个被误分类为高品质；中等品质的 86 个样本和高品质的 48 个样本均被正确分类。模型表现出色，误分类率极低，尤其在中等和高品质样本的分类上完全没有误差，证明了模型的高准确率和稳定性。

8.7　案例二：　Boosting 算法预测食物热量

分析和预测食物热量是机器学习在健康和营养领域的重要应用之一。随着人们对健康生活方式的关注不断增加，了解食物的热量含量对于控制体重、设计健康饮食计划以及预防慢性疾病至关重要。估算食物热量通常依赖于营养学家和专业人员对食物成分的手工分析和计算。然而，这种方法可能存在一些不确定性，并且对于个人日常饮食的准确评估具有挑战性。因此，借助机器学习技术，可以利用大数据和算法来分析食物的营养价值和热量含量。机器学习可以通过对大量已知热量含量的食物样本进行分析和训练，从而建立预测模型。这些模型可以基于食物的特征，如成分、质量、烹饪方法等，来预测食物的热量含量。采用这种方法，人们可以更准确地了解他们所摄入食物的能量价值，从而更好地控制饮食，保持健康生活方式。

在本案例中，利用食品营养成分数据集来训练回归模型，预测食物的热量。数据集中包含了数千种食物的详细营养信息，如水分、蛋白质、脂肪、碳水化合物等，为热量预测提供了丰富的特征支持。随后，使用了四种梯度提升算法（XGBoost、LightGBM、CatBoost 和 GBDT）来进行回归建模，并使用交叉验证评估模型性能，输出 MAE 作为主要评估指标。通过这些模型，可以为个体提供更精确的热量估算，支持更科学的饮食管理和健康维护。

案例实现代码如下。

```
1. import pandas as pd
2. from sklearn. model_selection import train_test_split, cross_val_score
3. from xgboost import XGBRegressor
4. from lightgbm import LGBMRegressor
5. from catboost import CatBoostRegressor
6. from sklearn. ensemble import GradientBoostingRegressor
7. # 读取数据并清理
8. nut = pd. read_csv('ABBREV.csv')
9. nut_measure = nut[['Water_(g)', 'Energ_Kcal', 'Protein_(g)', 'Lipid_Tot_(g)',
   'Ash_(g)', 'Carbohydrt_(g)', 'Fiber_TD_(g)', 'Sugar_Tot_(g)']]. dropna()
10. # 定义特征和目标变量
11. X = nut_measure. drop(columns= ['Energ_Kcal'])
12. y = nut_measure['Energ_Kcal']
13. # 数据集划分
14. X_train, X_valid, y_train, y_valid = train_test_split(X, y, train_size= 0. 8,
test_size= 0. 2, random_state= 0)
15. # 通用模型训练和评估函数
16. def evaluate_model(model):
17.     model. fit(X_train, y_train)
18.     scores = -1 * cross_val_score(model, X, y, cv= 5, scoring= 'neg_mean_
absolute_error')
19.     return scores. mean()
20. # 各模型评估
21. xgb_mae = evaluate_model(XGBRegressor(n_estimators= 1000, learning_rate=
0. 05))
22. lgb_mae = evaluate_model(LGBMRegressor(n_estimators= 1000, learning_rate=
0. 05))
23. cat_mae = evaluate_model(CatBoostRegressor(iterations= 1000, learning_rate=
0. 05, verbose= 0))
24. gbdt_mae = evaluate_model(GradientBoostingRegressor(n_estimators= 1000,
learning_rate= 0. 05))
```

```
25. #  打印结果
26. print(f"XGBoost MAE: {xgb_mae}")
27. print(f"LightGBM MAE: {lgb_mae}")
28. print(f"CatBoost MAE: {cat_mae}")
29. print(f"GBDT MAE: {gbdt_mae}")
```

程序运行结果如下：

XGBoost MAE：7.320456911768798；

LightGBM MAE：7.711075700863077；

CatBoost MAE：6.873825997128058；

GBDT MAE：7.403721268797218。

本次实验比较了 XGBoost、LightGBM、CatBoost 和 GBDT 四种梯度提升算法。结果表明，CatBoost 的 MAE 最低，在该食品营养成分数据集上预测食物热量的性能最好。

8.8　小结

本章节介绍了一类重要的监督学习方法，即决策树和集成学习。决策树是一种基于树形结构的分类模型，其主要思想是通过一系列的决策规则来对数据进行分类或预测。具体介绍了决策树的基本原理、构建过程和常见的分裂准则，如信息增益。此外，还讨论了决策树的剪枝技术，包括预剪枝和后剪枝，以及它们的优缺点和应用场景。集成学习是一种通过组合多个基学习器来提高模型性能的方法，其中最流行的集成方法之一是随机森林。本章详细介绍了随机森林的原理、构建过程和优势，以及如何使用随机森林进行分类和回归任务。通过学习决策树和集成学习，可以深入了解分类模型的工作原理和应用场景，为解决实际问题提供了有力的工具和方法。

◆ 参考文献 ◆

马红迪，2020. 基于决策树和随机森林模型的食品安全风险预警——以山东省食品添加剂为例［D］. 大连：东北财经大学.

涂嘉欣，吴磊，杨善岚，等，2023. 基于决策树模型的城市居民日常饮食-营养素抗衰老方案筛选研究［J］. 中华疾病控制杂志，27(1)：82-88.

朱良宇，杨喜堤，朱康平，等，2024. 利用早期测定数据预测猪达 100 kg 体重日龄的集成学习模型研究［J］. 中国畜牧杂志，60(5)：94-100.

Draayer H A, 2004. Autogenous vaccines: determining product need and antigen selection, production and testing considerations［J］. Developments in biologicals, 117(1): 43-47.

Lafrenière J, Harrison S, Laurin D, et al, 2019. Development and validation of a Brief Diet Quality Assessment Tool in the French-speaking adults from Quebec［J］. International Journal of Behavioral Nutrition and Physical Activity, 16(1): 61.

Lin A, Cornely A, Kalam F, et al, 2022. Prediction of Diet Quality Based on Day-Level Meal Pattern: A Preliminary Analysis Using Decision Tree Modeling［J］. Current Developments in Nutrition, 6(S1): 417.

Neto H A, Tavares W L, Ribeiro D C, et al, 2019. On the utilization of deep and ensemble learning to detect milk adulteration [J]. BioData Mining, 12(13): 1-13.

Saber W I A, Al-Askar A A, Ghoneem K M, 2023. Exclusive biosynthesis of pullulan using Taguchi's approach and decision tree learning algorithm by a novel endophytic Aureobasidium pullulans strain [J]. Polymers, 15(6): 1419.

Wu L Y, Liu F M, Weng S S, et al, 2023. EL V. 2 Model for Predicting Food Safety Risks at Taiwan Border Using the Voting-Based Ensemble Method [J]. Foods, 12(11): 2118.

9 深度学习

深度学习是机器学习的一个子领域，它利用人工神经网络模拟人脑的计算过程，并通过多层次的神经网络进行信息传递和处理，从而实现对复杂数据的高效分析和理解。在当今信息时代，大数据的爆炸式增长为深度学习的发展提供了丰富的数据基础，使得这一技术在众多领域取得了惊人的成就。本章将介绍深度学习的基本原理、常用模型和算法，以及其在食品大数据中的广泛应用。

9.1 深度学习简介

9.1.1 人工神经网络

9.1.1.1 基本结构

人工神经网络是深度学习的核心组成部分，也是深度学习模型的基本组成单元。它是一种模拟生物神经网络的计算模型，用于仿照人脑的学习和认知过程。人工神经网络由多个互相连接的神经元组成，这些神经元之间通过权重来传递信息，从而实现信息的处理和学习能力。作为人工神经网络的基本组成单元，神经元的信号传递过程是一种类似于生物神经元的数学模型。如图 9-1 所示，神经元首先接收来自上一层神经元传递过来的输入数据，其中，每个输入 x_i 都有一个用来调节输入对神经元的影响程度的权重 w_i。然后，将输入与对应的权重相乘，并将结果相加得到加权求和的值，通常情况下，该过程会引入一个常量偏置项 b。接着，加权求和后的值通常会

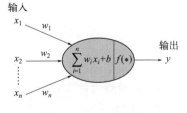

图 9-1 神经元结构

经过激活函数 $f(g)$ 进行非线性变换，以增加网络的灵活性和表达能力。最后，经过激活函数后得到的输出值 $y = f(\sum_{i=1}^{n} w_i x_i + b)$ 会传递给下一层神经元，作为下一层神经

元的输入。

人工神经网络通常具有多层结构。如图 9-2(a) 所示，感知机包含输入层和输出层两个部分。输入层接收外部数据或特征，并将其传递到输出层。输出层是一个神经元，它接收输入层传递过来的信息，并产生网络的处理结果。如图 9-2(b) 所示，三层神经网络包含输入层、隐藏层和输出层三层结构。隐藏层位于输入层和输出层之间，负责对输入数据进行处理和提取特征，从而学习数据中的模式和规律。通过增加隐藏层的层数便可以构建多层神经网络，随着网络隐藏层数量的不断增加，神经网络可以学习到更加抽象和复杂的特征，从而提高网络的性能和泛化能力。

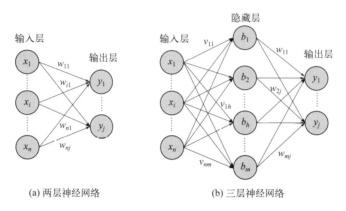

(a) 两层神经网络 (b) 三层神经网络

图 9-2 人工神经网络结构

输入数据从输入层经过神经网络的各层传递，最终得到输出的过程就是人工神经网络的前向传播过程。因此，通过一层一层地传递数据和参数的计算，人工神经网络就实现了对输入数据的处理和预测。

9.1.1.2 激活函数

人工神经网络中通过加入激活函数来引入非线性变换，以增加模型的表达能力和学习能力。一些常见的激活函数有：Sigmoid 函数、Tanh 函数、ReLU 函数和 Softmax 函数。

（1）Sigmoid 函数

Sigmoid 函数又称 Logistic 函数，它能够将输入映射到（0，1）的范围，适合用于输出层进行二分类任务。Sigmoid 函数的表达式为：

$$\sigma(x) = \frac{1}{1 + e^{-x}} \tag{9-1}$$

（2）Tanh 函数

Tanh 函数也称为双曲正切函数，它能够将输入映射到（−1，1）的范围。Tanh 函数的表达式为：

$$\tanh(x) = \frac{e^x - e^{-x}}{e^x + e^{-x}} \tag{9-2}$$

（3）ReLU 函数

ReLU 函数是神经网络中最常用的激活函数之一，ReLU 函数的表达式为：

$$f(x) = \max(0, x) \tag{9-3}$$

（4）Softmax 函数

Softmax 函数适用于多分类问题，它将每个类别的原始得分转换成概率形式，输出的值位于（0，1）之间，并且所有类别的输出概率之和为 1。Softmax 函数的表达式为：

$$f(x_i) = \frac{e^{x_i}}{\sum\limits_{j=1}^{N} e^{x_j}} \tag{9-4}$$

式中，x_i 为输入向量的第 i 个元素；N 为类别个数。

9.1.1.3　反向传播算法

相较于简单的感知机网络，多层神经网络通常具有更复杂的非线性关系。为了应对多层神经网络的需要，D. E. Rumelhart 等人提出了反向传播（back propagation，BP）算法。反向传播是深度学习中用于训练神经网络的一种常见的算法。它通过计算损失函数对每个参数的梯度，可以指导参数更新方向，使得网络在训练过程中逐渐最小化损失函数，提高模型性能。

反向传播算法实际上是基于梯度下降算法，从输出层开始实现权重参数更新的过程。梯度下降算法通过沿着目标函数的负梯度方向进行搜索，以求得函数的局部最小值或全局最小值。如图 9-3 所示，在给定了输入数据 x_i 和标签 $\overline{y}_k$ 的情况下，首先，随机初始化神经网络内所有的权重参数和偏置。然后，根据当前的参数，输入数据通过前向传播过程计算得到预测的输出值 y_k，并计算预测误差 E_k。最后，反向传播算法根据误差计算梯度并更新网络中的权重和偏置，从而帮助网络找到使损失函数最小化的方向。

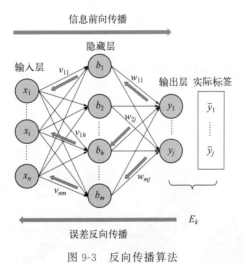

图 9-3　反向传播算法

9.1.2　深度学习框架

在开始深度学习项目之前，确定一个适宜的深度学习框架至关重要。深度学习框架是一种为了方便开发者设计、训练和部署深度学习模型而提供的软件工具。它们通常包含了各种深度学习算法的实现，并提供了高效的计算和优化功能，使得开发者可以更容易地构建、调试和优化深度学习模型。通过提供各种强大、灵活且高效的工具集，深度学习框架为研究人员在深度学习领域的探索和创新提供了有力的支持。目前，TensorFlow 和 PyTorch 是广受欢迎的两种深度学习框架。

TensorFlow 是由 Google 使用 C＋＋语言开发的一款开源数学计算软件，它于 2015 年发布，并迅速成为深度学习领域最受欢迎的框架之一。TensorFlow 的核心是数据流图，图中的节点代表数学运算，而图中的线条表示多维数据数组之间的交互。TensorFlow 通过节点和边来表示数据的流动和计算过程，使得模型的构建更加直观和易于理解。同时，通过这种静态计算图的设计方式，TensorFlow 更有利于模型的优化和部署。此外，Keras 作为一个开源的神经网络库被集成到了 TensorFlow 中，成为 TensorFlow 的一个高级 API，使得模型的构建和修改变得简单和灵活。

PyTorch 是一个开源的深度学习框架，由 Facebook 于 2016 年发布。PyTorch 的设计借鉴了 NumPy 等科学计算库的接口风格，使得研究人员可以使用类似的语法和操作来处理张量数据。通过使用 Python 的控制流语句和函数，PyTorch 可以支持动态计算图构建。因此，与静态计算图的 TensorFlow 相比，PyTorch 在模型构建和调试上更加灵活和方便。

9.2　卷积神经网络

卷积神经网络（convolutional neural networks，CNNs）是一种深度学习模型，特别适用于处理图像和视频等具有网格结构的数据。通过卷积层、池化层和全连接层的丰富组合，卷积神经网络能够从输入数据中自动学习特征，从而在图像分类、物体检测、语义分割等任务上取得优秀的性能。

9.2.1　卷积神经网络的结构和工作原理

9.2.1.1　网络结构

卷积神经网络的结构如图 9-4 所示，它主要包括以下几个组成部分。

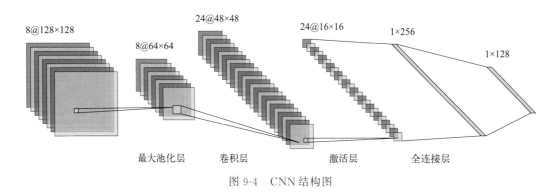

图 9-4　CNN 结构图

① 池化层：池化层用于降低特征图的空间尺寸（高度和宽度），从而减少计算量和

避免过拟合。最常见的池化操作包括最大池化和平均池化。

② 卷积层：卷积层是 CNN 的核心，负责从输入数据中提取特征。卷积层使用一组可学习的过滤器（或称为卷积核）在输入数据（如图像）上滑动，并在每一个局部区域计算过滤器和输入数据的点积，最后生成特征图。这一过程使网络能够捕捉到输入数据中的空间层次结构。

③ 激活层：激活层通常紧随卷积层之后，它引入非线性激活函数（如 ReLU 等），使得网络具有学习非线性关系的能力。

④ 全连接层：CNN 的最后几层通常是全连接层，它们将学习到的"高级"特征组合用于分类或其他任务，全连接层中的每个节点都与前一层的所有节点相连接。

9.2.1.2 工作原理

（1）特征提取

在卷积神经网络中，对输入数据进行特征提取是关键。通过一系列的卷积层和池化层，神经网络可以自动从图像中提取有用的特征，从而加深网络对数据的理解，为后续的分类或其他任务奠定基础。其中，卷积层通过滤波器（或称为卷积核）在输入数据上进行滑动窗口操作，计算滤波器与其覆盖的局部区域之间的点积，以此来提取特征。每个滤波器都能够检测输入数据中的某种特定模式或特征，例如边缘、颜色或纹理信息。通过堆叠多个卷积层，卷积神经网络能够从简单特征开始，逐渐合成出更复杂、更抽象的特征表示。而池化层则通过减少卷积层输出特征的空间尺寸，来减少网络参数的数量和计算复杂度，同时增强网络对输入变化的鲁棒性。

（2）输出预测

以分类问题为例，在经过多个卷积层和池化层之后，卷积神经网络通常会将特征图展平成一维向量，并输入全连接层中进行分类。全连接层包含一个或多个全连接（密集连接）的神经元，用于将输入特征与类别标签之间建立映射关系。对于多分类任务，最后一层全连接层通常使用 Softmax 函数对输出进行归一化，从而得到每个类别的概率分布。

通过卷积操作，CNN 能够识别不同层次的特征，从简单的边缘和纹理到复杂的形状和对象，形成一种逐层抽象的特征表示。CNN 这种分层的特征学习机制不仅提高了特征提取的效率，还降低了对人工特征设计的依赖，同时减少了参数量和计算复杂性，使其成为当前深度学习领域中的重要工具。

9.2.2 卷积神经网络在食品领域的应用

CNN 在食品科学领域的应用广泛，涵盖了从食品质量评估、安全性检测、成分分析到配方优化和生产过程优化等多个方面。CNN 已成为食品科学领域中处理复杂图像数据、提高检测准确性和优化分析过程的重要工具。

（1）食品质量评估

CNN 在食品质量评估方面应用广泛，展示了其在提高检测精度和效率方面的巨大潜力。例如，Iosif 等人（2023）优化了多个 CNN 模型，实现了对苹果质量的准确评估。该方法不仅实现了类比人工评估的精确识别，还提高了苹果质量评估的效率。这不仅降低了劳动力成本，并且为苹果质量控制提供了新的解决思路。在植物叶片疾病分类方面，Meghashree 等人（2021）采用 CNN 模型来区分健康和患病叶片，旨在为提高农业生产的质量提供助力。该方法通过设计图像预处理、图像分类、特征提取和健康或疾病检测等多个阶段，有效地检测出不同类型的植物叶片疾病，从而实现了成本效益极高的植物叶片疾病检测能力。

（2）食品安全性检测

在食品安全性检测过程中，CNN 扮演了重要的角色。例如，在食品掺假检测方面，Saranya 等人（2023）采用 CNN 算法并结合图像处理技术有效地检测出了腰果、大米、玉米籽、绿咖啡豆和初榨橄榄油等多种食品中的掺假物质。这种方法提高了食品质量检测的准确性和效率，有助于识别掺假食品，确保食品纯度和安全。在食品加工人员口罩佩戴检测方面，李涛等人（2024）使用改进的 YOLOv8-YC 模型来检测食品加工人员是否规范佩戴口罩。他们的研究能够区分"规范佩戴口罩""未规范佩戴口罩"和"未佩戴口罩"三种状态，不仅提高了口罩自动检测的速度和精确度，还为食品加工环境的安全性提供了实时监控手段，确保了食品加工过程中卫生标准的落实。

（3）食品营养与健康

CNN 强大的数据分析能力为食品营养与健康领域带来了更多的便利。Deshmukh 等人（2021）利用食物图像作为输入，并使用 Nearer R-CNN 模型来感知食物和校准目标。随后，通过利用 GrabCut 算法得到每个食物的轮廓，并根据体积计算公式对食物体积进行估算，最后估计食物的热量。然而，由于 RGB 图像只体现出二维的信息，而菜品中的食物项则是三维的，仅从 RGB 图像中获取菜品的营养信息是困难的。为了更准确地分析食物营养，Thames 等人（2021）尝试将 RGB 菜品图像与深度图像融合在一起，将深度图像作为第四维通道与 RGB 图像一起输入 CNN 中进行训练。结果表明，与单独使用 RGB 图像相比，这种方法显著降低了估算误差，提升了食物营养分析的准确性和可靠性。通过结合 RGB 图像和深度图像，CNN 能够更全面地捕捉食物的三维特征，为营养分析任务提供了更强大的技术支持。

（4）食品生产与加工

CNN 在食品生产与加工领域的深入应用极大提高了生产加工过程的效率和准确性。例如，为了实现鱼片的自动化切割，肖哲非等人（2023）改进了 Mask R-CNN 模型，设计了一种基于深度学习的自动化控制系统。通过结合 Mosaic 数据增强方法，以及 ResNetXt50 主干网络和 SKNet 注意力机制，所提出的卷积神经网络模型能够准确快速地识别鱼片轮廓，辅助系统高效完成切割，为智能化水产品加工提供了新思路。除此之外，Thakur 等人（2023）通过应用 CNN 模型，针对非耐用食品项目如冰淇淋和冷冻甜品的工业生产过程进行预测分析。CNN 在捕捉时间序列数据中的局部模式方面表现出色，使得在这些特定食品行业的预测精度得到显著提升。这些方法为食品行业的生产规划和库存管理提供了有力的决策支持。

9.2.3 食物目标检测

食物目标检测是一种利用深度学习模型和计算机视觉算法，从图像或视频中精确识别和定位食物种类的方法，也是提升食品行业管理和服务质量的重要技术。传统的食品管理和检测方式通常依赖人工操作，这不仅效率低下，而且容易出现人为错误，难以满足现代食品行业对效率和精度的高要求。通过引入食物目标检测技术，可以实现自动化、高效和精确的食品管理和检测，为食品行业带来革命性的变革。一些基于深度学习的目标检测算法如 YOLO（you only look once）、Faster R-CNN（region-based convolutional neural networks）和 SSD（single shot multiBox detector）等，能够在大规模食物数据集上学习并识别数百种不同类型的食物。

本节将通过案例展示基于 YOLO 模型实现食物目标检测的过程。其中所使用的 YOLOv3 模型基于卷积神经网络结构，通过单次前向传播完成目标检测和分类，具有实时性强、精度高的特点，适合需要高效率和快速响应的应用场景。

案例使用 ZSFooD 数据集进行训练和评估，ZSFooD 数据集是一个专门用于食品图像分类和检测的公开数据集，包含了丰富且多样的食品图像数据。该数据集由 10 个不同餐厅场景中的 20603 张食物图像组成，每个场景中都包含多个用边界框标注的食物对象。数据集总共标注了 95322 个边界框，覆盖了 288 个不同的食品类别。

在运行代码前，首先需要打开 mmdetection/configs/yolo/yolov3 _ d53 _ 8xb8-ms-608-273e _ coco. py 配置文件，并修改数据集路径 data _ root、bbox _ head 中的 num _ classes 为 288，以及数据集的标签文件 ann _ file 和 data _ prefix。然后打开 mmdetection-main/mmdet/datasets/coco. py 文件，将 coco 类中的 METAINFO 和 palette 属性分别修改成 ZSFooD 的类别名字和选框颜色。最后，在 mmdetection 目录下执行脚本 python. /tools/train. py configs/yolo/yolov3 _ d53 _ 8xb8-ms-608-273e _ coco. py 训练 YOLO 模型。

运行结果如下：

Average Precision(AP)@[IoU=0.50:0.95|area=all|maxDets=100]=0.520
Average Precision(AP)@[IoU=0.50|area=all|maxDets=1000]=0.685
Average Precision(AP)@[IoU=0.75|area=all|maxDets=1000]=0.637
Average Precision(AP)@[IoU=0.50:0.95|area=small|maxDets=1000]=0.000
Average Precision(AP)@[IoU=0.50:0.95|area=medium|maxDets=1000]=0.000
Average Precision(AP)@[IoU=0.50:0.95|area=large|maxDets=1000]=0.526
Average Recall(AR)@[IoU=0.50:0.95|area=all|maxDets=100]=0.580
Average Recall(AR)@[IoU=0.50:0.95|area=all|maxDets=300]=0.580
Average Recall(AR)@[IoU=0.50:0.95|area=all|maxDets=1000]=0.580
Average Recall(AR)@[IoU=0.50:0.95|area=small|maxDets=1000]=0.000
Average Recall(AR)@[IoU=0.50:0.95|area=medium|maxDets=1000]=0.000
Average Recall(AR)@[IoU=0.50:0.95|area=large|maxDets=1000]=0.580
06/13 13:46:51-mmengine-INFO-bbox_mAP_copypaste:0.520 0.685 0.637 0.000 0.000 0.526
06/13 13:46:52-mmengine-INFO-Epoch(val)[23][10084/10084]coco/bbox_mAP:0.520 coco/bbox_mAP_50:0.685 coco/bbox_mAP_75:0.637 coco/bbox_mAP_s:0.0000coco/bbox_mAP_m:0.0000coco/bbox_mAP_l:0.526 data_time:0.0010time:0.0177

从结果中可以得出以下结论，YOLOv3 在 ZSFooD 数据集上表现出良好的检测性能，整体平均精度（AP）为 0.520，整体平均召回率（AR）为 0.580。这表明模型在大多数情况下能够有效地检测和分类食品图像中的目标。另外，在 IoU＝0.50 和 IoU＝0.75 的情况下，AP 分别为 0.685 和 0.637，显示了 YOLOv3 在较高交并比（IoU）阈值下的强大性能。这意味着模型在较高精度的目标检测任务中表现出色。由此可见，YOLOv3 模型在确保食品图像检测的高效性和准确性方面有显著的优势。

模型训练完成后可以对食物图片进行检测，在 mmdetection 目录下运行命令：

python demo/image_demo.py［IMAGE_PATH］configs/yolo/yolov3_d53_8xb8-ms-608-273e_coco.py--weights［CHECKPOINT_PATH］--dev

检测结果如图 9-5 所示，YOLOv3 模型成功识别了食物，并通过标注框实现了准确的标注。

彩图 9-5

图 9-5　食物目标检测测试图

9.2.4　食物营养分析

随着社会经济的发展和人们生活水平的提高，人们对食品安全和营养健康的关注日益增加。食品图像营养分析作为一种结合计算机视觉和营养学的交叉研究领域，近年来备受关注。这一技术旨在利用计算机视觉和机器学习技术，通过对食品图像的识别和分析，实现对食品的自动识别、分类和营养成分分析，为人们提供更加方便、快捷和准确的饮食健康管理工具。传统的食品营养分析方法往往需要人工采集食品样本，进行化验和分析，过程烦琐且耗时。而食品图像识别与自动化营养分析技术的出现，极大地简化了这一过程。通过将食品的图像输入计算机系统中，系统可以自动识别食品的种类或品牌，并通过图像分析技术计算出食品的营养成分，例如能量、脂肪含量、蛋白质含量等，为用户提供全面的饮食营养信息。食品图像识别与营养分析技术在多个领域具有广泛的应用前景。首先，它可以帮助个人和家庭更好地管理饮食，了解食品的营养成分，合理搭配饮食，从而更加科学地保持健康。其次，对于饮食相关的医疗保健行业，该技术可以用于疾病预防和治疗，如通过识别食品图像并分析其营养成分，为患者提供个性化的饮食建议。此外，食品图像识别与营养分析技术还在食品安全监管、餐饮服务、健康管理等领域发挥着重要作用。

本节基于 Inception_v4 架构实现了一个用于食物营养分析的模型。该模型的主要组件包括：以 Inception_v4 进行特征提取的卷积主干网络，以及用于每个营养预测任务的两个全连接层（营养预测头），这些全连接层负责特征转换和最终输出。所构建的模型架构支持多任务学习，可以同时预测多个与营养相关的任务。

案例将使用 Nutrition5k 数据集实现营养分析模型的训练。Nutrition5k 数据集包含 5006 个真实餐盘的扫描数据，这些数据在谷歌（Google）食堂使用定制扫描设备捕获。其中，每个餐盘的数据包括：4 个旋转侧面角度的视频，俯视 RGB-D 图像，精细的食材列表，每种食材的质量，总菜品质量和热量以及宏量营养素脂肪、蛋白质和碳水化合物的含量。这些丰富的数据特性将支持构建和训练一个营养分析模型，以促进视觉营养理解方面的研究。

在模型训练之前，首先需要使用 preprocess_dataset.py 代码文件对数据进行预处理。将四个环绕的视频按一帧一帧裁剪下来，该数据集作为 only_RGB 实验的数据集。同时按菜品的 ID 号以 9：1 的比例将数据集划分成训练集和测试集（属于同一盘菜的图片不能同时存在于训练集和测试集）。在 nutrition5k-rgb/configs/config_template.yml 文件中设置超参数，然后在 nutrition5k-rgb 文件下运行 train.py 文件进行模型的训练。

实验结果如下：

Epoch 99 val loss：48.8343

Epoch 99 val calorie mean average error：5.6149

Epoch 99 val calorie n5k relative mean average error：0.0220

Epoch 99 val calorie my *relative* mean average error：0.0422

Epoch 99 val calorie thresholded accuracy：0.1975

Epoch 99 val calorie PMAE：0.1763

Epoch 99 val mass mean average error：3.3976

Epoch 99 val mass n5k relative mean average error：0.0158

Epoch 99 val mass my relative mean average error：0.0283

Epoch 99 val mass thresholded accuracy：0.1995

Epoch 99 val mass PMAE：0.1255

Epoch 99 val fat mean average error：0.4302

Epoch 99 val fat n5k relative mean average error：0.0339

Epoch 99 val fat my relative mean average error：0.1683

Epoch 99 val fat thresholded accuracy：0.1889

Epoch 99 val fat PMAE：0.2788

Epoch 99 val carb mean average error：0.5673

Epoch 99 val carb n5k relative mean average error：0.0292

Epoch 99 val carb my relative mean average error：0.0926

Epoch 99 val carb thresholded accuracy：0.1953

Epoch 99 val carb PMAE：0.2228

Epoch 99 val protein mean average error：0.5111

Epoch 99 val protein n5k relative mean average error：0.0284

Epoch 99 val protein my relative mean average error：0.0835

Epoch 99 val protein thresholded accuracy：0.1928

Epoch 99 val protein PMAE：0.2196

Training complete in 8106m 57s

best training loss is 6.2260

如图 9-6 所示，该模型能够预测食物的热量、碳水化合物、脂肪、质量和蛋白质。分析预测结果发现，模型在预测热量和质量方面表现较好，其 PMAE 分别为 17.63％ 和 12.55％。然而，模型在预测碳水化合物、脂肪和蛋白质方面表现稍逊，其 PMAE 分别为 22.28％、27.88％和 21.96％。

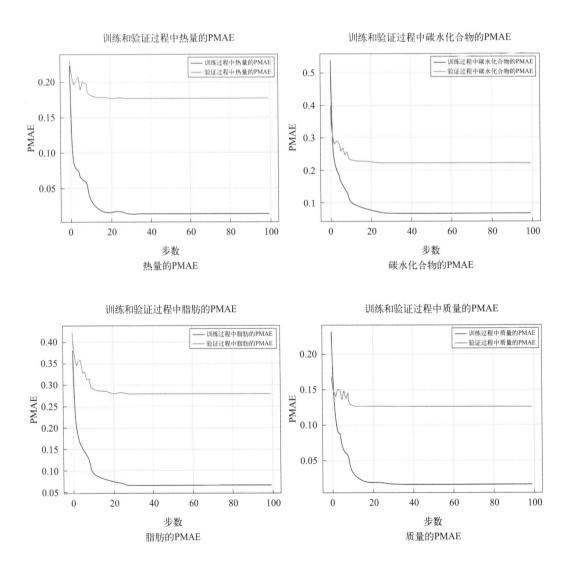

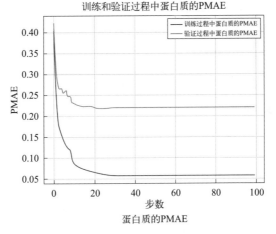

训练和验证过程中蛋白质的PMAE

蛋白质的PMAE

图 9-6　训练过程中训练集和验证集的 PMAE 趋势图

彩图 9-6

9.3　循环神经网络

循环神经网络（recurrent neural network，RNN）是一种用于处理序列数据的具有循环连接的神经网络结构。RNN 因其递归性质和内部状态（隐藏状态）的持久性而引人注目。它们能够在不同时间步之间共享信息，并在处理时间序列、文本、语音等数据时表现出色。作为一种经典的神经网络结构，RNN 已被广泛应用于自然语言处理、时间序列分析、语音识别、机器翻译等领域。

9.3.1　循环神经网络的结构和工作原理

（1）RNN 单元

RNN 的基本组成元素是 RNN 单元，它接受输入和上一个时间步的隐藏状态，并生成当前时间步的输出和下一个时间步的隐藏状态。图 9-7 展示了一个典型的 RNN 单元结构。

可以看到，RNN 单元中模块 A 的输入除了来自输入层的 x_t，还有一个循环的边来提供上一时刻的隐藏状态 h_{t-1}。在每一个时刻，RNN 的模块 A 在读取了 x_t 和 h_{t-1} 之后会生成新的隐藏状态 h_t，并产生本时刻的输出 o_t（在很多模型中隐藏状态 h_t 也被直接用于输出，这类模型可以看作 $o_t = h_t$ 的特例，一些资料直接用 h_t 同时代表这两个输出）。模块 A 中的运算和变量在不同时刻是相同的，因此 RNN 理论上可以被看作是同一神经网络结构被无限复制的结果。

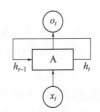

图 9-7　RNN 单元结构

（2）RNN 网络结构

将多个 RNN 单元连接起来形成 RNN 网络，这样就可以处理整个序列的数据。在 RNN 网络中，每个时间步的输入都会传递到下一个时间步，并影响到后续的计算。

RNN 的循环连接是指当前时间步的隐藏状态 h_t 会作为下一个时间步的输入，从而使得网络能够在时间上持续地处理序列数据。这种连接方式使得网络能够记忆之前的信息，并在后续的计算中加以利用。将 RNN 展开成为一个具有多个中间层的前馈神经网络的视角，有助于理解 RNN 在处理序列数据时的内部运作方式。通过这种视角，可以将 RNN 的处理过程描述为一个连续的、逐步展开的过程，每个时间步都是网络中的一个中间层，能够更清晰地理解 RNN 的前向传播和反向传播过程，以及它们如何帮助网络捕捉到序列数据中的时间依赖关系。将完整的输入序列展开，可以得到如图 9-8 所展示的结构。

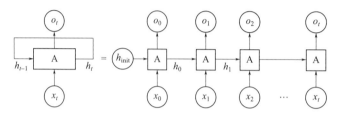

图 9-8　RNN 网络结构展开图

将 RNN 的循环结构在时间维度上展开，可以将其视为一个具有 N 个中间层的网络，其中每个中间层对应序列中的一个时间步，相应地影响下一个时间步的计算。在前向传播过程中，RNN 逐步处理序列中的每个时间步的数据，从序列的第一个时间步开始，持续至最后一个时间步。每个时间步，RNN 接收当前时间步的输入数据和上一个时间步的隐藏状态，并据此计算当前时间步的隐藏状态和输出。这个隐藏状态会成为下一个时间步的输入时所用的隐藏状态，影响后续的计算。因此，RNN 能够逐步处理整个序列，利用时间上的依赖关系捕捉序列中的信息。在训练过程中，通过反向传播算法调整网络参数以最小化损失函数。由于 RNN 具有时间上的依赖关系，需要在时间上展开反向传播，并考虑到序列中每个时间步的计算。这个过程从序列的最后一个时间步开始，持续至第一个时间步，计算损失函数关于当前时间步参数的梯度，并将其传播回前一个时间步以计算前一个时间步的参数梯度。通过这样的反向传播过程，可以有效传播梯度并据此更新网络参数以最小化损失函数。

9.3.2　循环神经网络在食品领域的应用

在食品领域，随着人工智能技术的飞速发展和数据驱动决策的需求日益增长，RNN 因其在捕捉时间序列数据动态特性和预测未来趋势方面的卓越能力而变得日益重要。RNN 提供了一种强大的机器学习模型，允许研究者分析和理解食品生产、加工和消费过程中的连续变化，并通过历史数据来预测和优化操作条件。这种方法在食品加工过程的自动化控制、食品安全的实时监测及食品营养成分的动态分析等方面展现出了巨大的应用潜力和实际价值。

（1）食品质量与安全

在食品质量与安全领域，RNN 以其出色的时间序列数据处理能力，为食品安全的实时监控、风险评估和预警系统提供了强大的技术支持。例如，江志英等人（2021）基于一种名为长短期记忆网络（LSTM）的特殊 RNN 结构，构建了一个食品安全网络舆情预警模型。这种模型通过分析网络事件指标体系和食品安全事件指标数据，提高了预警的准确性和稳定性。此外，RNN 在食品潜在风险预测方面也展现出巨大潜力，能够增强食品安全管理的前瞻性和主动性。张瑞芳等人（2020）通过改进的循环神经网络模型对牛肉新鲜度进行预测研究，通过整合历史数据和实时数据，该模型能够对牛肉生产过程中可能出现的安全问题进行预测和预警，从而为监管部门提供科学的决策支持，提高食品安全管理的效率和效果。

（2）食品生产与加工

在食品生产与加工领域，RNN 对于优化食品生产过程、提高产品质量控制水平以及增强供应链管理能力至关重要。通过对生产过程中产生的数据进行分析，RNN 可以帮助识别影响产品质量的关键因素，并提供相应的优化建议。例如，王少英（2023）为了满足物联网边缘计算的需求，引入循环神经网络算法构建了一个食品包装实时分类识别系统。该方法采用循环神经网络对时序化后的并行输入数据进行训练，不仅实现了对食品包装数据集的准确分类，还实现了对时序信号的实时在线识别。孙琳（2021）针对黏稠食品灌装过程中的流量精准计量问题，提出一种基于 LSTM-Attention 的黏稠食品灌装流量检测方法，实现了灌装流量的主动感知。与此同时，Zhang 等人（2023）对青霉素发酵过程建立了循环卡尔曼变分自编码器模型，来对青霉素的生产过程进行监测，通过对生产过程中产生的数据进行分析，该方法可以帮助识别生产的状态，对生产过程进行监测并提供相应的优化建议。

（3）食品营养与健康

在食品营养与健康领域，RNN 的应用前景同样广阔。随着人们对健康饮食的日益关注，RNN 在个性化营养推荐、健康风险预测以及营养流行病学研究中的应用日益受到重视。RNN 能够分析个体的饮食历史和健康数据，提供个性化的营养推荐，帮助个体实现更健康的饮食模式。Veena 等人（2024）使用优化的离散循环神经网络（GLSO-DRNN）模型提出了一种智能化的多菜肴食物识别方法，用于预测食物中的能量和营养成分。Kyritsis 等人（2017）基于 LSTM 提出了一种使用智能手表的加速度计和陀螺仪信号检测进餐过程中的食物摄入时间的方法，为人们的健康饮食提供参考。

9.3.3 食品评论情感分析与消费者意见挖掘

在当今数字化时代，消费者的购买决策不再仅仅受制于传统的广告宣传和产品推销，而是更加倾向于通过网络平台上的评论和反馈来获取信息和决策支持。尤其是在食品行业，消费者对于口味、质量、服务等方面的期望越来越高，他们在网上分享的评论不仅仅是一种交流方式，更是一种对品牌和产品的实时评价和反馈。在这样的背景下，食品企业意识到了利用消费者评论数据进行情感分析和消费者意见挖掘的重要性。通过对海量评论数据进行深度分析，企业可以了解到消费者的喜好和需求，掌握市场趋势和竞争动态，进而调整产品开发方向、改善产品质量、优化服务体验，从而提升品牌形象和市场竞争力。这种数据驱动的消费者洞察和反馈机制，不仅可以帮助企业更加精准地把握市场需求和消费者心理，还可以提高企业的敏捷性和应变能力。最终，通过及时回应消费者的反馈和投诉，企业可以建立起良好的用户关系，增强消费者对品牌的信任和忠诚度，进而实现持续增长和可持续发展。

本节案例将基于长短期记忆神经网络实现对消费者意见的挖掘。长短期记忆（long short-term memory，LSTM）神经网络是一种特殊的循环神经网络，专门设计用于解决 RNN 中的长期依赖问题。传统的 RNN 在处理长序列数据时，由于梯度消失和梯度爆炸问题，往往难以捕捉和记忆长时间跨度的信息。LSTM 通过引入三个门控机制（输入门、遗忘门和输出门），能够选择性地记住和遗忘信息，从而有效地缓解了这一问题。这些门控机制使得 LSTM 能够在较长时间内保持有效的梯度传递，从而在处理长序列数据（如文本、时间序列数据）时表现出色。相比于传统的 RNN，LSTM 在捕捉长期依赖关系方面具有显著优势。

案例使用的 Amazon Fine Food Reviews 数据集是一个公开数据集，它包含了大约 50 万条亚马逊网站上关于食物产品的评论。这些评论来自 2002 年至 2012 年期间发布在亚马逊网站上的用户，涵盖了超过 7000 种不同的食品。

代码首先从 Amazon Fine Food Reviews 数据集的 CSV 文件中读取数据，并过滤掉评分为 3 的评论，将评分转换为二元分类问题（正面情感为 1，负面情感为 0）。然后按照产品 ID 对数据进行排序，并去除重复的评论和异常数据。最后，统计了正负面情感的评论数量，并绘制了情感分布的条形图，以直观展示评论情感的分布情况，如图 9-9 所示。

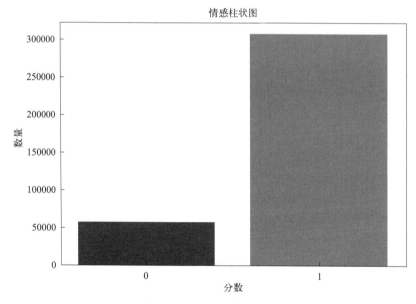

图 9-9　情感分布的条形图

代码接下来将文本信息进行了预处理。在文本预处理步骤中，对评论文本执行移除网站链接、移除 HTML 标签、展开缩略词（从原始形式扩展）、移除包含数字的单词、移除非单词字符、转换为小写、移除停用词以及执行词形还原的操作，并将数据集划分为训练集和测试集。然后，使用 Tokenizer 对训练集中的文本进行标记化，并保留前 top_words 个常用词，将训练集中的文本序列填充或截断到指定的最大长度。接着，代码构建了一个基于 LSTM 的神经网络模型，包括嵌入层、LSTM 层和输出层，并定义了二分类交叉熵损失函数和 Adam 优化器。随后，使用训练集的一部分数据进行模型训练，指定了训练轮数和批量大小。通过对测试集中的文本进行标记化和序列转换，最终使用训练好的模型对测试集进行预测，计算出了模型的准确率、F1 分数和混淆矩阵。最终实验结果如下：

Accuracy of the model：0.9403995331914602；

F1-score：0.964995040762513；

Confusion matrix：

array([[8659,2702],

[1639,59835]])

从结果中可以看到，该模型的准确率约为 94.04%，F1 分数约为 0.965。该结果显示了模型在精确度和召回率之间取得了很好的平衡，这在文本分类任务中是一个非常重要的指标。混淆矩阵显示了模型的分类结果。在混淆矩阵中，第一行表示真实类别为负面情感的样本，第二行表示真实类别为正面情感的样本。混淆矩阵显示，模型在识别正面情绪方面表现尤为出色，有 59835 个正面情绪被正确识别，只有 1639 个正面情绪被误判为负面情绪。然而，负面情绪的识别稍逊一筹，有 2702 个负面情绪被错误地分类为正面情绪，有 8659 个负面情绪被正确识别。

9.3.4　食品生产过程故障监测

食品行业在保障产品质量和安全方面面临诸多挑战，复杂的生产过程和环境条件波动使得监测和调控变得尤为关键。为解决这一问题，过程监测技术成为一种关键工具，通过高精度传感器和实时数据分析算法，实现对生产过程中关键参数的即时监测。这项创新技术旨在提高产品质量的稳定性，降低食品安全风险，为整个行业创造更为可靠的质量和安全保障体系。乳酸菌发酵过程是乳制品生产中的关键环节，对其进行监控具有多方面的重要意义和作用。

本节案例使用基于长短期记忆网络的自动编码器（long short-term memory based autoencoder，LSTM-AE）来对乳酸菌发酵过程进行故障检测。所使用的数据集是乳酸菌发酵过程中采集的数据。该过程中的每批数据保持 8h 的反应时间，加上 1min 的采样间隔，每批总共收集 480 个样本数据，每个样本数据中包含 7 个变量，分别为温度、pH、溶解氧浓度、搅拌功率、酸流速、碱流速和补料速率。该数据集共包含 5 个批次，其中 4 个批次用于训练，1 个批次用于故障测试数据，该故障为从第 120min 开始pH 值上升了 0.5。

在案例代码中，首先对训练的 4 批数据进行 Z-score 标准化，输入 LSTM-AE 中并进行重构，如此循环往复对模型进行训练，直至模型的重构误差收敛。然后，计算每个样本的平方预测误差，通过核密度估计的方法计算出正常样本数据的平方预测误差的控制极限（一般设定为 99%）。对于故障数据，使用和正常数据一样的均值和方差进行 Z-score 标准化，然后输入训练好的模型进行重构并计算出每个样本的平方预测误差，与控制极限进行比较计算出误检率和故障检测率，最后画出故障检测图。

模型训练完成后，所绘制的故障检测图如图 9-10 所示。

图 9-10 中垂直虚线代表第 120 个采样时刻，虚线之后代表的是故障数据，可以清晰地观察到这些数据点都位于控制极限的上方。这表明 LSTM-AE 模型充分学习了正

常数据中的潜在规律，并且能够明确地将故障数据与正常数据区分开来。

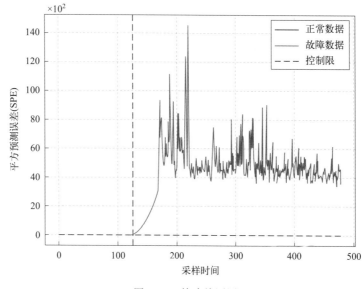

彩图 9-10

图 9-10　故障检测图

9.4　生成对抗网络

生成对抗网络（generative adversarial network，GAN）是当今计算机科学中最有趣的概念之一，它是一种强大的生成式深度学习模型，主要由生成器和判别器两个部分组成。其生成器负责生成与真实数据相似的假数据样本，而判别器则负责区分真实数据和生成器生成的假数据。GAN 的训练过程可以被描述为一个博弈过程，生成器和判别器通过对抗训练的方式相互竞争和合作，逐渐提升生成器的生成能力。GAN 的发展为深度学习领域带来了新的思路和方法，也为食品科学领域带来了更多的创新可能性。

9.4.1　生成模型简介

（1）生成模型概述

在学习生成对抗网络之前，先来了解一下生成模型的概念。前面的章节中提到的逻辑回归、支持向量机等模型均属于判别模型，它们都专注于判别性分类过程，即仅通过直接从训练数据中学习来模拟类之间的决策边界。因此，判别模型不会建模观测变量的分布，故而无法表达观测变量与目标变量之间更复杂的关系。然而，对于生成模型，情况并非如此，生成模型的主要任务是学习数据的分布，从而能够生成新的数据样本。因为生成模型假设数据是由概率分布创建的，通过估计该概率分布可以生成与原始分布非常相似的分布，此外，还能够根据生成的分布计算以给定输入变量为条件的目标变量的概率。简而言之，生成模型通过学习训练数据的统计特征和分布规律，可以生成与训练数据类似的新数据样本，这些新数据样本在统计特性上与真实数据相似，但并非直接复制真实数据。

图 9-11 展示了生成模型的原理图，对于输入的随机分布的样本生成模型能够产生期望的真实数据分布的生成数据。生成模型的应用在日常的生活中非常常见，例如，一个生成模型可以通过视频的某一帧预测输出下一帧的内容；生成模型可以根据已有的文本数据学习到语言的规律，然后生成类似风格的新文本，比如自动写作、对话生成等。可以发现，生成模型的特点在于学习训练数据，并根据训练数据的特点来产生特定分布的输出数据。

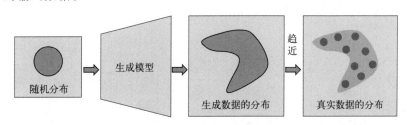

图 9-11　生成模型原理图

训练生成模型，尤其是深度生成模型，比判别模型需要更长的时间。因为创建类似于原始模型的概率分布涉及要学习的相关性要多得多，而不是像判别模型那样简单地将实例标记为最可能的类别。例如，对于两幅猫和狗的图像，卷积神经网络分类器只需要发现猫和狗图像之间的部分明显差异就可以来区分它们，而生成模型必须通过学习两幅图像的全部特征来生成新的猫和狗的图像，这当然包括了卷积神经网络分类器可能忽略的特征。从根本上说，判别模型只在数据空间中绘制决策边界，而生成模型则需要学习数据的整体分布。

（2）自编码器与变分自编码器

自编码器（autoencoder，AE）和变分自编码器（variational autoencoder，VAE）都可以被看作生成模型的一种。其中，自编码器是深度学习中的一种经典结构，它的主要目的是特征学习和数据降维，同时还具备了重构原始数据的能力。变分自编码器是自编码器的一种扩展，也是生成模型中的一种常见结构。自编码器和变分自编码器的结构如图 9-12 所示。

如图 9-12(a) 所示，自编码器由编码器（encoder）和解码器（decoder）两部分组成。其中，编码器部分负责将输入数据进行压缩和转换，从而将高维的输入数据映射成低维且有意义的表示。编码器通常是由一系列的神经网络层组成的，输入数据 x 经过这些层的计算后得到编码表示 z（也叫潜在空间表示）。解码器部分的目标是将编码器生成的低维表示映射回原始输入空间，并尽可能地还原原始输入数据。解码器也通常由神经网络层构成，通过反向操作将编码表示转换为与原始输入相同维度的输出数据 $\bar{x}$。由于自编码器的训练过程通常使用重构误差（即输入数据与解码器输出之间的差异）作为损失函数。因此，它仅是一种确定性的模型，虽然能够重建原始数据但是无法生成新的数据。

变分自编码器在传统自编码器的基础上引入了限制条件，它结合了自编码器和概率潜变量模型的思想，要求生成的潜在表示向量被限制为一个近似的正态分布。如

图 9-12(b) 所示,在编码阶段,变分自编码器的编码器输出的结果不再是单个向量,而是包括均值 μ 和方差 σ 两个向量。通过从这两个向量中随机采样,可以形成一个隐向量,这种设计有助于自动编码器真正学习训练数据中的潜在规律,让自动编码器能够学习到参数的概率分布。最终,在解码器的作用下,编码的潜在隐向量被还原成与原始数据非常接近的数据。变分自编码器的损失函数不仅包括重构误差,还包括一个正则化项,即 KL 散度。这个散度项衡量编码器输出的潜在分布与先验分布(通常是标准正态分布)之间的差异,促使模型学习到的数据表示具有统计上的合理性。变分自编码器的优势在于通过引入概率分布的概念,在数据表示学习的同时能够生成符合潜在分布的新样本,从而提高了生成模型的表现力。

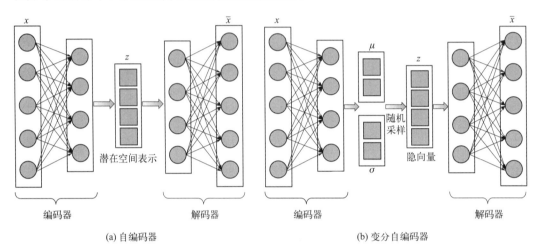

(a) 自编码器   (b) 变分自编码器

图 9-12　自编码器和变分自编码器结构图

9.4.2　生成对抗网络的基本原理

生成对抗网络是由 Ian Goodfellow 等人在 2014 年提出的一种生成模型。如图 9-13 所示,以图像生成为例,生成对抗网络由生成器和判别器两部分组成,生成器负责生成伪造的数据样本,判别器负责判断输入的数据是真实数据还是生成器生成的伪造数据。生成对抗网络中的生成器和判别器通过对抗训练的方式来生成逼真的数据。

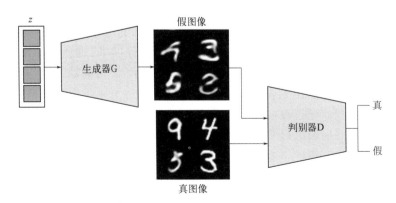

图 9-13　生成对抗网络结构

生成器：生成器接收一个随机向量作为输入，通过神经网络生成一个伪造的数据样本。生成器生成的数据样本会被送入判别器进行评估。生成器的目标是生成尽可能逼真的数据，使得判别器无法区分真实数据和生成数据。

判别器：判别器接收真实数据样本和生成器生成的伪造数据样本，通过神经网络对这两类数据进行判断。判别器的目标是尽可能准确地区分真实数据和生成数据，即最大化正确分类真实数据和生成数据的概率。

目标函数：生成对抗网络的训练目标是通过训练生成器网络和判别器网络来使其达到平衡，它的目标函数被看作是一个最大最小化问题。

$$\min_{G} \max_{D} V(D,G) = E_{x \sim P_{\text{data}}(x)} \left[\log D(x) \right] + E_{z \sim P_z(z)} \left[\log(1 - D(G(z))) \right] \quad (9\text{-}5)$$

式中，G 表示生成器网络；D 表示判别器网络；$P_{\text{data}}(x)$ 是真实数据的分布；$P_z(z)$ 是输入生成器网络的随机变量分布。

生成对抗网络训练的最终目标是达到一个纳什平衡状态，此时生成器生成的数据足够好，以至于判别器无法区分真假，判别器的性能也达到了极限，无法进一步改进其区分能力。最终，完成训练后的生成器即可以被用来生成逼真的数据样本。

9.4.3　生成对抗网络在食品领域的应用

生成对抗网络以其在生成逼真图像和数据方面的优秀表现而备受关注，对于食品科学领域具有重要意义。在食品领域的研究中，生成对抗网络能够模拟食品的外观、纹理和其他特征，以生成大量逼真的食品图像和营养数据，实现对食品数据的增强。这些增强后的食品数据能够辅助食品识别和质量检测技术的发展，为食品产业的智能化发展提供技术支持。以下是生成对抗网络在食品科学领域中的一些实际应用。

（1）食品生产与加工

及时了解食品在生产加工过程中的状态，对于指导食品生产管理、提高食品产量和质量、促进相关食品产业的发展具有重要意义。生成对抗网络强大的数据增强能力在食品的生产与加工过程中得到了广泛的应用。Sun 等人（2024）构建基于多头注意力的并行残差块循环生成对抗网络模型来重建油茶果实的现场光谱数据，从而解决由环境干扰导致的油茶果实高光谱图像光谱信噪比低的问题。经过重建后的高光谱图像可以有效提高分类模型对油茶果实成熟度的检测精度。同样地，Zhang 等人（2022）采用高光谱成像技术和深度卷积生成对抗网络对单粒玉米籽粒的含油量进行预测。实验结果表明，经过深度卷积生成对抗网络扩展的光谱数据和含油量数据能够有效提高含油量预测模型的性能。Yang 等人（2021）首次将生成对抗网络应用于孜然、茴香高光谱图像中，以准确识别孜然和茴香的产地。实验结果表明，当训练数据有限且维度较高时，生成对抗网络利用竞争性学习得到的模型具有更强的泛化能力和更高的分类精度。同样地，近红外光谱和深度学习结合的思路也是大米品种检测的重要研究方向，其准确检测模型的建立依赖大规模的样本数据。因此，杨森等人（2023）提出了一种基于近红外光谱结合改进深度卷积生成式对抗神经网络的数据增强方法。实验结果表明，大米品种检测模型在增强后的数据集上实现了更加准确的检测性能，这为高效准确的大米品种检测方案提供了新思路。

（2）食品质量与安全

生成对抗网络在食品质量控制与安全检测中的广泛应用可以帮助食品生产企业更好地管理和监控产品质量，保证消费者的健康和安全。例如，Stephen 等人（2024）提出了一种基于回溯搜索算法优化的深度生成对抗网络模型用于水稻病害的检测和分类。该方法首先通过快速鲁棒的模糊 C 均值算法进行水稻图像的增强，然后通过深度卷积神经网络提取水稻图像的纹理（空间）、颜色、脉络和形状特征，最终基于回溯搜索算法优化的深度生成对抗网络识别水稻的细菌性枯萎病、叶瘟病和褐斑病三种不同的病害类型。及时发现水稻病害类型有助于研究人员对病害的快速诊断和治疗。因此，该方法对于避免病害向水稻植物其他部位的传播具有重要意义。同样地，刘易雪等人（2023）使用改进的生成对抗网络分别对每一类的葡萄园正射影像的分块图像进行学习，从而生成多样化和逼真的图像以增强数据，并使用基于 Transformer 的深度学习模型来检测葡萄卷叶病感染程度。Deshpande 等人（2022）提出了一种基于卷积神经网络和生成对抗网络的番茄植株叶片病害检测方法。该方法使用生成对抗网络进行数据增强来最小化由于数据集大小不平等引发的类别不平衡问题，并使用卷积神经网络提取特征表示，实现了对番茄叶片病害的自动检测。皮卫等人（2023）利用条件生成对抗网络，合成表面无缺陷和有缺陷的苹果图像，通过图像数据的扩充来提高基于深度卷积神经网络的苹果表面缺陷检测性能。Dai 等人（2020）提出了一种双注意力和拓扑融合的生成对抗网络模型，用于农作物叶片病害图像的超分辨与识别。所提出的生成对抗网络模型可以有效地将不清晰的农业病害图像转换为清晰、高分辨率的图像，从而提高农业病害识别精度。

（3）食品营养与健康

人们越来越关注与营养饮食有关的慢性疾病和其他健康问题，因此开发准确的方法来估计个人摄入的食物种类和数量是至关重要的。Mandal 等人（2018）开发了一种高效的基于深度卷积神经网络学习的食物识别方法，并通过在生成对抗网络上使用部分标记的训练数据进行数据扩充，来缓解大规模标记数据集难以获取的问题。Fang 等人（2018）使用生成对抗网络架构学习食物图像到食物能量分布图像的映射，以便为任何进食场合构建能量分布图像，然后使用该能量分布来估计食物的份量。结果表明，通过学习图像到能量映射，可以良好地估计食物的份量。从食谱和成分信息生成食物图像可以应用于许多任务，例如食物推荐、食谱开发和健康管理。针对食品图像的特征，Liu 等人（2023）提出了一种新型生成对抗网络用于根据食谱和成分标签生成食品图像。该网络的生成器部分将食谱和成分标签转换为不同的粒度特征，并生成相应的食品图像，鉴别器部分通过多分支结构实现了图像的判别和分类。

9.4.4 食品图像数据生成

食品计算中基于图像的饮食评估是一种有效且准确的解决方案，用于使用饮食场合图像作为输入来记录和分析营养摄入量。基于深度学习的技术通常用于执行图像分析，例如食物分类、分割和份量估计，这些技术依赖于大量带有注释的食物图像进行训练。然而，这种数据依赖性对实际应用构成了极大的障碍，因为获取大量、多样化和平衡的食物图像集可能具有挑战性。一种潜在的解决方案是使用合成食品图像进行数据增强。本案例旨在使用生成对抗网络实现食品图像数据的生成，为食物数据的增强提供一种可行的方式。

本案例使用公共食物图像数据集 Food101，该数据集总共包含 101000 张图像，且图像的分辨率为 512×512，这些食物总共被分为 101 个类别。本次案例使用其中的三个类别："waffles""paella" 和 "macaroni_and_cheese"，共 3000 张食物图像作为生成对抗网络的训练数据。

代码所构建的生成对抗网络包括生成器和判别器两个部分。其中，生成器由 5 个核大小为 4×4 的转置卷积组成，判别器由 5 个核大小为 4×4 的卷积组成。生成器的输入是一个随机噪声向量，通过一系列转置卷积层逐步增加其尺寸，最终生成一个高分辨率的食物图像。模型输出的结果如图 9-14 所示，对比原始图像和生成图像可以发现，虽然生成对抗网络生成的结果有部分模糊，但是所生成的食物图像基本能够保留食物的特征。

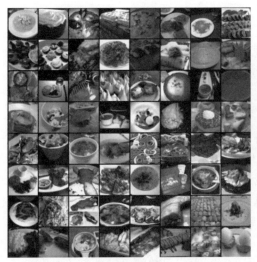 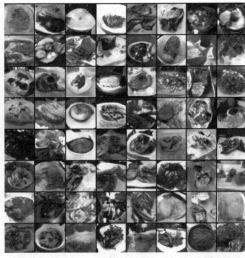

(a) 原始图像　　　　　　　　　　　　　　(b) 生成图像

图 9-14　原始食物图像和生成的食物图像

彩图 9-14

9.5　迁移学习

迁移学习（transfer learning）是一种机器学习方法，其核心思想是将在一个任务上学习到的知识或模型迁移到另一个相关任务上，从而加速学习过程或提高其在新任务的性能。通常情况下，迁移学习发生在两个存在一定程度相关性或相似性的任务之间。

9.5.1　迁移学习的基本概念

在传统的机器学习中，通常假设训练集和测试集的数据分布是相同的，而且训练和测试任务是相同的。然而，在现实世界中，很多时候训练和测试任务可能并不完全相同，甚至是完全不同的。在这种情况下，传统的机器学习方法可能会面临样本稀缺或者需要大量重新训练的问题。迁移学习的提出就是为了解决这种情况下的问题。

迁移学习的关键是通过利用在源领域（source domain）上学习到的知识，来帮助目标领域（target domain）的学习。这个过程可以是直接使用源领域的模型参数作为目标领域的初始参数，然后在目标领域上进行微调（fine-turning），也可以是利用源领域的特征提取器来提取目标领域的特征，然后再训练一个针对目标领域的新的预测器。下面是迁移学习中涉及的几个重要概念。

源领域和目标领域：在迁移学习中，通常会涉及两个领域，即源领域和目标领域。源领域是已经有了一定量的数据或知识的领域，而目标领域则是希望解决的新任务或新领域。

知识迁移：迁移学习的核心思想是通过将源领域的知识迁移到目标领域上，来帮助解决目标领域的学习任务。这个知识迁移可以是参数级别的，即直接使用源领域的模型参数作为目标领域的初始参数，然后在目标领域上进行微调以适应新任务；也可以是特征级别的，即利用源领域的特征提取器来提取目标领域的特征，然后再训练一个针对目标领域的分类器或回归器。

领域差异和相似性：迁移学习中一个重要的考虑因素是源领域和目标领域之间的差异和相似性。如果两个领域之间的差异较小，那么迁移学习可能会更加有效；而如果两个领域之间的差异较大，那么可能需要更多的适应性调整。

9.5.2　迁移学习在食品领域的应用

迁移学习在食品领域的应用是一个创新的途径，它允许机器学习模型通过在一个领域学到的知识，快速适应并解决另一个领域的问题。食品行业拥有大量的数据资源，但同时面临数据多样性和复杂性带来的挑战，因此通过迁移学习能够利用已有的模型和数据，减少对大量标注数据的依赖，加速新任务的学习过程，从而在食品质量与安全、食品生产与加工及食品营养与健康等关键领域发挥重要作用。

（1）食品质量与安全

在食品质量与安全领域，迁移学习的应用可以显著提升检测系统的准确性和效率。例如，为了获得更好的食品质量，需要尽量减少农作物受到疾病的侵害，及时诊断和准确地识别葡萄叶病害。秦伟博（2022）通过对多个基础网络模型的改进提出了新的SE-MobileNet V2模型，并运用迁移学习的方法实现了对葡萄叶病害高达98.89%的识别准确率。该方法不仅减少了重新收集和标注数据的需求，而且提高了模型对新数据的适应能力。Pradana-López等人（2021）使用迁移学习的方法将预训练好的ResNet34模型用于阿拉比卡咖啡和罗布斯塔咖啡的分类任务中，通过进一步训练和微调，实现了以更直接、即时和准确的方法检测咖啡类型的新方式。此外，Nobel等人（2024）基于混合深度迁移学习技术对脱水食品进行分类，该方法通过融合包括VGG16和ResNet50在内的多种深度学习模型和迁移学习策略，在各种脱水食品图像的分类任务上实现了99.78%的准确率。

（2）食品生产与加工

在食品生产与加工领域，迁移学习技术的应用正成为提升生产效率和产品质量的关键。通过在特定生产线上训练模型识别影响产品质量的关键参数，并将这些知识迁移到其他生产线或相似的生产环境中，可以快速调整生产设置以适应不同的产品需求。例如，Kazi 等人（2022）的研究利用迁移学习技术对食品工业中六种不同类型的水果进行图像分类，以确定其新鲜程度。此外，Wang 等人（2021）提出了一种基于深度迁移学习的马铃薯表面缺陷检测方法，该方法在马铃薯数据集上微调三个深度卷积神经网络模型（SSD Inception V2、RFCN ResNet101 和 Faster RCNN ResNet101），其准确率分别达到了 92.5％、95.6％和 98.7％。这些研究成果充分证明了迁移学习技术在食品加工自动化和智能化中的潜力，以及其在提高产品检测精确度方面的重要价值，为食品行业带来了革命性的改进。

（3）食品营养与健康

在食品营养与健康领域，迁移学习技术的应用正日益成为个性化营养建议和健康风险评估的创新解决方案。例如，Hafiz 等人（2022）开发了一个基于图像的饮料类型分类与营养评估系统，该系统运用了深度卷积神经网络和迁移学习技术对饮料进行分类，并巧妙地利用特征袋和距离比计算来估计饮料瓶的尺寸，结合从营养成分表获取的信息准确计算其营养价值。Moumane 等人（2023）的研究则采用了 MobileNetV2 CNN 架构，通过迁移学习技术成功训练出一个能够识别 190 种不同食物类别的卷积神经网络模型，该模型不仅能够识别西餐和当地美食，还能分析图像并提取关键营养成分信息，如热量、蛋白质含量等。

9.5.3　迁移学习在食品加工原料质量控制中的应用

在食品加工过程中，对原材料进行分类具有重要的作用和意义。水果作为食品加工的重要原料之一，其质量直接影响到最终产品的品质、口感和安全性。因此，对水果进行分类可以提高食品加工的效率、降低生产成本，并保证加工产品的质量和安全性。本节旨在使用迁移学习的思想，利用在 ImageNet 数据集上预训练的 InceptionResNetV2 模型来提取图像特征，并在此基础上构建一个新的模型来解决水果图像分类问题。

案例使用的 Amazon Fruits（Small）数据集是一个用于水果图像分类的开放数据集。该数据集包含了来自亚马孙热带雨林地区的 6 种常见水果的图像，分别是：acai、cupuacu、graviola、guarana、pupunha 和 tucuma，共计约 3700 张图像。

在代码中，首先导入了一些常用的 TensorFlow 和 Keras 库，用于图像处理和深度学习模型构建。其中包括数据生成、图像处理、预训练模型、全连接层、Flatten 层、模型构建、优化器等。另外还导入了一些常用的 Python 库，如 NumPy 和 Matplotlib。并且设定了模型的初始参数和数据的路径。

然后，使用 Keras 中的 ImageDataGenerator 函数来对训练、验证和测试数据进行预处理。该函数首先配置了数据增强的参数，例如旋转、平移、缩放等，然后创建了三个数据生成器：一个用于训练集，一个用于验证集，还有一个用于测试集。这些生成器会从对应的目录中读取图像数据，并根据指定的参数进行数据增强和预处理。图 9-15 展示了训练集中一个批次的图像。

代码接下来包含了对模型进行构建和训练的部分。该阶段首先构建了一个基于 InceptionResNetV2 的预训练模型，并在其顶部添加了一些自定义的全连接层，形成一个新的模型，然后冻结了预训练模型的参数并在水果数据集上进行迁移学习训练。此

图 9-15　训练集中的一批图像

彩图 9-15

外，使用未经过预训练的 InceptionResNetV2 模型在水果数据集中进行重新训练。其中，基于预训练的模型和未经过预训练的模型都选择了 Adam 优化器和交叉熵损失函数。

　　然后，代码绘制了两个模型训练和验证过程的损失函数大小以及准确率的变化曲线，如图 9-16 所示。其中，图 9-16(a) 为没有经过预训练的 InceptionResNetV2 模型，图 9-16(b) 为使用经过预训练进行迁移学习的模型，可以看到使用预训练的模型损失收敛更快，在验证集上的准确率比没有经过预训练的模型更高。

　　接下来，将对训练好的模型进行测试。加载训练过程中保存的最佳模型参数在测试集上对模型进行评估，展示分类结果并绘制分类结果的混淆矩阵。两个模型在测试集上的分类混淆矩阵和分类报告如图 9-17 所示，图 9-17(a) 为不进行迁移学习的分类结果，图 9-17(b) 为使用迁移学习的分类结果。

　　根据分类报告和混淆矩阵，可以对迁移学习模型的表现进行分析。可以看到迁移学习在本分类任务中有效地提高了模型的精确度和召回率，整体精确度达到了 90%。在 acai、cupuacu、graviola 和 tucuma 类别上，模型实现了 100% 的预测精确度，显示出对这些类别的极高识别能力。guarana 和 pupunha 类别的预测召回率也保持在100％，这意味着所有正例均可被正确识别。综上所述，该案例表明迁移学习通过利用预训练模型的知识，加速了模型在新数据集上的学习过程，提高了分类的准确性和鲁棒性。

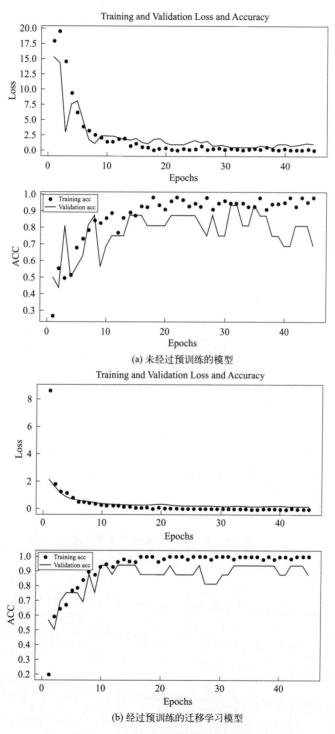

(a) 未经过预训练的模型

(b) 经过预训练的迁移学习模型

图 9-16 训练和测试的损失和准确率

```
Confusion Matrix                              Confusion Matrix
[[5 0 0 0 0 0]                                [[4 0 0 0 1 0]
 [1 1 2 0 0 1]                                 [0 5 0 0 0 0]
 [2 0 3 0 0 0]                                 [0 0 5 0 0 0]
 [0 0 0 5 0 0]                                 [0 0 0 5 0 0]
 [0 0 0 4 1 0]                                 [0 0 0 0 5 0]
 [3 1 0 0 0 1]]                                [0 0 0 1 1 3]]
Classification Report                        Classification Report
            precision  recall  f1-score  support          precision  recall  f1-score  support

     acai     0.45      1.00     0.62        5      acai     1.00      0.80     0.89        5
  cupuacu     0.50      0.20     0.29        5   cupuacu     1.00      1.00     1.00        5
 graviola     0.60      0.60     0.60        5  graviola     1.00      1.00     1.00        5
  guarana     0.56      1.00     0.71        5   guarana     0.83      1.00     0.91        5
  pupunha     1.00      0.20     0.33        5   pupunha     0.71      1.00     0.83        5
   tucuma     0.50      0.20     0.29        5    tucuma     1.00      0.60     0.75        5

 accuracy                       0.53       30  accuracy                       0.90       30
macro avg     0.60      0.53     0.47       30 macro avg     0.92      0.90     0.90       30
weighted avg  0.60      0.53     0.47       30 weighted avg  0.92      0.90     0.90       30
```

(a) 未经过预训练的模型　　　　　　　　　　(b) 经过预训练的迁移学习模型

图 9-17　模型分类性能图

9.5.4　食品生产过程控制

在现实世界的工业生产过程中，产品种类繁多，每种产品可能对应不同的工艺流程和配方。传统方法需要重新训练模型以适应新产品，这一过程可能会消耗大量资源并且效率低下。此外，在将新产品投入生产后，通常很难及时积累足够数量的过程数据。由于训练数据不足，传统的建模方法经常表现出低于标准的性能。事实上，许多工业过程往往具有相似或相同的物理机制和结构，称为相似过程。这里将旧批次称为源域，将新的相似批次称为目标域。如果能通过适当的方法将源域的有用经验转移到目标域，协助建立有效的过程监控模型，将提高生产效率，为企业带来经济效益。

本节案例将使用一个基于二维对抗域自适应图卷积网络模型（2D-ADGCN）来对乳酸菌发酵过程中的故障进行分类。本小节收集了两种不同乳酸菌的发酵数据，并重点关注用于建模研究的七个关键过程变量，如表 9-1 所示。

表 9-1　案例研究中使用的过程变量

序号	变量	旧批次	新批次
		初始值	初始值
1	温度/℃	37	36.8
2	pH	6	5.8
3	溶解氧浓度/(mg/L)	6.98	7.12
4	搅拌功率/W	30	30
5	酸/(mL/min)	10	10
6	碱/(mL/min)	30	28
7	补料速率/(mL/min)	30	30

两组数据发酵时间和采样时间相同，每次发酵过程持续 8h，监测设备每分钟采集一次数据，每个批次有 480 个监控样本。第一组数据（旧批次）包括 2 批正常数据和 2 批故障数据。故障数据包括温度故障和 pH 故障。另一组数据（新批次）包括 2 批正常发酵数据、1 批温度故障数据、1 批 pH 故障数据。所有故障从所在批次的 120min 开始到 480min 结束。根据数据类型，将收集到的发酵数据分为正常、故障 1 和故障 2，共三个类别。表 9-2 给出了故障的详细信息。

表 9-2　源批次和目标批次的故障类型

数据集	变量	描述	类型
旧批次	pH	+0.5	故障 1
	温度	+1%	故障 2
新批次	pH	−0.2	故障 1
	温度	+0.3%	故障 2

接下来将这两批数据构建成两个迁移学习任务。在任务 1（T1）中，源域为"旧批次"，目标域为"新批次"，重点针对目标域中的故障分类结果。在任务 2（T2）中，源域为"新批次"，目标域为"旧批次"，同时也关注目标域中的故障分类结果。2D-ADGCN 模型在两个迁移学习任务中的分类准确率分别为 96.67% 和 92.78%。图 9-18 展示了模型在两个迁移学习任务中的分类混淆矩阵，其中图 9-18(a) 为任务 1 中的分类混淆矩阵，图 9-18(b) 为任务 2 中的分类混淆矩阵。

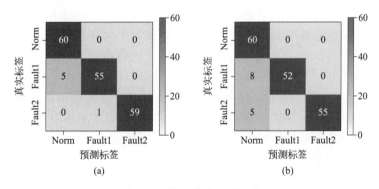

图 9-18　模型分类混淆矩阵

9.6　自然语言处理

自然语言处理（natural language processing，NLP）是人工智能和语言学领域的分支学科。它致力于使计算机能够理解、解释和生成人类语言的内容，缩小人类语言和计算机之间的差距，使计算机能够执行文本挖掘、分析和生成等任务。随着技术的发展，自然语言处理在提高效率、促进人机交互和提供个性化服务等方面发挥着越来越重要的作用。

9.6.1 自然语言处理的基本任务

自然语言处理主要包括认知、理解和生成等多个阶段，其中，认知和理解是让电脑把输入的语言变成有意思的符号和关系，然后根据目的进行再处理，而自然语言生成系统则是把计算机数据转化为自然语言。这些阶段包含了许多基本任务，例如：分词与词性标注、句法分析、命名实体识别和关系抽取。接下来将分别介绍这些任务的实现原理，从而实现对 NLP 的系统性概述。

（1）分词与词性标注

分词和词性标注是 NLP 中的两个基础但极其重要的任务。分词是将文本分割成更小单位（如单词、短语或符号）的过程，这是 NLP 任务的第一步，对后续的语言理解至关重要。在处理英文文本时，一个句子被分割成单词和标点符号，而在处理中文文本时，因为中文没有明显的词与词之间的分隔符，分词变得更加复杂，需要通过算法来识别词语的边界。词性标注是指为文本中的每个词汇分配一个词性（如名词、动词、形容词等）。这一过程对于理解单词在句子中的作用和意义非常重要，有助于深入分析句子结构和语义。举个例子，对于句子"我爱自然语言处理"，分词与词性标注的结果可能是"我/r 爱/v 自然语言/n 处理/v"，其中"我"被标注为代词，"爱"被标注为动词，"自然语言"被标注为名词，"处理"被标注为动词。

（2）句法分析

句法分析在 NLP 中扮演着至关重要的角色，它负责对给定句子的结构进行详细分析，并构建一个反映句子内部结构的句法树或依存关系图。句法树揭示了句子中短语和各句子成分如何组合在一起，而依存关系图则展示了句子中各个词汇之间的依存关系，即它们如何相互修饰、关联和控制。以句子"我喜欢吃水果"为例，通过句法分析，可以构建一个句法树，该树清晰地展示了"我"作为主语，"喜欢"作为谓语，"吃"构成动词短语，而"水果"则是宾语。另一种表示方法是构建依存关系图，其中"喜欢"直接依赖于主语"我"，"吃"依赖于"喜欢"，而"水果"则依赖于"吃"，清晰地描绘了词与词之间的修饰和关联关系。

（3）命名实体识别

命名实体识别（named-entity recognition，NER）是从文本中识别出具有特定意义的实体，如人名、地名、组织机构名等。它可以用于信息提取、实体链接等任务。一个高效的命名实体识别系统应能准确地识别出文本中的命名实体，并提供相应的标注信息，以帮助理解文本中的关键实体。

（4）关系抽取

关系抽取（relation extraction，RE）是指从文本资料中挖掘并提炼实体间的相互关联的过程。这一过程不仅包括识别文本中出现的实体，还涉及将这些实体归类到恰当的关系类型中，并以结构化的形式表示这些知识。关系抽取的核心在于能够精确地识别并对文本中实体间的相互作用分类，这一能力对于挖掘文本中的关键信息、丰富知识图谱以及加强知识库的深度和广度至关重要。例如，从众多新闻报道中抽取食物与微生物关联，有助于建立详尽的食物微生物关系网络。

9.6.2　自然语言处理在食品领域的应用

NLP技术在食品领域的应用正日益扩展，它通过自动化分析和文本挖掘，在食品质量与安全、生产与加工及营养与健康方面发挥着重要作用。

（1）食品质量与安全

NLP技术在食品质量和安全中的应用主要包括自动化食品召回信息处理、食品检测报告分析和食品安全事件监测。NLP可以从新闻报道、官方公告和实验室报告中提取和分类相关信息，帮助监管机构快速响应和处理食品安全问题。例如，Xia等人（2022）利用NLP和社交网络分析（SNA）技术开展了一项研究，旨在通过分析公众在社交媒体平台上对食品安全的讨论来提升食品安全意识和了解公众观点。该研究使用从中国一个流行的问答平台上收集的真实数据，首先识别与食品安全相关的热门话题，然后分析每个社区用户的情感状态，以了解公众对不同食品安全话题的情绪反应。Goel等人（2021）利用NLP技术开发了一种食品安全监测系统，该系统通过自动化分析食品召回公告、新闻报道和实验室检测报告，提取和分类召回的食品种类、原因和影响范围。这个系统显著提高了监管机构在食品安全事件中的响应速度和处理效率，有助于及时发现和处理潜在的食品安全问题。Aggarwal（2015）的研究综述了NLP在食品安全中的多种应用，特别是在文本数据挖掘方面。他们讨论了如何利用NLP技术从大量食品检测报告和监管文档中提取有用信息，帮助识别食品污染和其他安全隐患。他们的研究为进一步开发基于NLP的食品安全监测工具提供了理论基础和实践指导。

（2）食品生产与加工

在食品生产与加工领域，NLP技术用于监控生产流程、分析生产文档和优化供应链管理。通过处理生产过程中的日志或文件报告，NLP可以识别潜在问题，改进生产流程，提高生产效率。Buzby等人（2012）的研究强调了食品生产过程中食品浪费的问题，并提出了使用NLP技术来分析和处理生产数据，从而减少食品浪费的可能性。他们的研究显示，NLP技术可以帮助优化供应链管理，提升生产效率，最终减少食品浪费。May等人（2022）的研究通过细致地分析生产过程中生成的日志和文件报告，发现NLP技术不仅能够识别出生产流程中存在的问题，还能预警可能的风险点。这种能力使得生产管理者能够及时采取措施，避免或减轻潜在的生产中断，从而保障生产线的顺畅运行。

（3）食品营养与健康

NLP在食品营养与健康方面的应用包括营养信息提取、个性化饮食推荐和消费者健康反馈分析。NLP可以从食品标签、菜单和消费者评论中提取营养成分和健康信息，帮助消费者做出健康的饮食选择，同时为企业改进产品提供数据支持。Popkin等人（2018）利用NLP技术从食品标签和餐厅菜单中提取营养成分信息，并开发了个性化的饮食推荐系统。他们的研究帮助消费者了解食品的营养价值，做出更健康的饮食选择，同时也为企业改进产品提供了数据支持。Chbeir等人（2013）展示了NLP在食品营养和健康管理中的应用。他们利用NLP技术处理和分析多媒体数据，从食品标签和营养信息中提取关键信息，并将这些信息整合到一个综合管理系统中，帮助消费者和医疗专业人员更好地管理饮食和健康。

近几年，大语言模型（LLM）的兴起进一步推动了自然语言处理在食品领域的快速发展。最近，一些研究人员认识到 LLM 在食品领域的潜力，一个显著的例子是 FoodGPT，它提出了一个通过知识图构建知识库的框架，并开发了一个专门用于食品的 LLM。此外，FoodLLM 创建了一个多任务饮食助手，能够同时识别食物并估算营养。最近，FoodSky 在理解和生成食品相关内容方面展示了优异的能力，在厨师和营养师考试中均超过了现有的通用 LLM。但是现实中的信息资源不局限于文本形式，还包括图像等多种形式。UMDFood-VL 通过结合图像和文本数据，利用多模态大语言模型在食品领域进行了创新应用，该模型显著提升了营养估计的准确性和效率，为营养科学和食品行业的发展提供了新的方向。

9.6.3　大型语言模型挖掘微生物组-疾病关联

人们越来越认识到微生物组对人类健康的影响，这促使了广泛的研究，以发现微生物组失调与疾病（健康）状态之间的联系。然而，这些有价值的信息以非结构化的形式分散在生物医学文献中。微生物-疾病相互作用的结构化提取和鉴定是重要的，与此同时，基于深度学习的自然语言处理算法的最新进展已经彻底改变了与语言相关的任务。

本节将使用微调后的基于 BERT 的大语言模型挖掘微生物组和疾病的关联。BERT（bidirectional encoder representations from transformers）是由 Google AI 在 2018 年提出的一种预训练自然语言处理模型。BERT 模型的创新之处在于它的双向训练架构，这使得模型能够更全面地理解语言上下文和单词之间的关系。BERT 的出现标志着在语言表示的深度学习中的一个重大突破，尤其是在文本理解和语言推理任务中的应用。具体来说，BERT 的基础是 Transformer 模型，这是一种依赖于自注意力机制（self-attention mechanism）的架构，它可以同时考虑序列中所有单词之间的关系，而不是依赖于传统的顺序处理。这种全面考虑上下文的能力是 BERT 区别于之前模型的关键。在 BERT 的预训练阶段，它利用大量文本数据来学习语言的通用特征，并通过两个主要的任务来进行训练：掩码语言模型（masked language model，MLM）和下一句预测（next sentence prediction，NSP）。MLM 任务中，模型学习预测句子中被随机掩盖的单词是什么，而在 NSP 任务中，模型则预测两个句子是否顺序相连。预训练完成后，BERT 可以用于各种下游任务，如情感分析、问题回答、文本摘要等，通常只需要最小的任务特定调整（微调）即可。BERT 的这种设计和能力使它在多个自然语言处理的基准测试中取得了当时的最先进性能，推动了整个行业在理解和生成自然语言方面的进展。此后，BERT 也催生了多种变体和改进，如生物医学领域的 BioLinkBERT、BioClinicalBERT、PubMedBERT 等，进一步扩展了其应用范围和效能。

本案例数据集为手动创建的两个用于微生物-疾病相互作用的语料库：一个高质量的金标准语料库（GSC）和一个已知包含错误的银标准语料库（SSC）。数据集内包含以下信息。

　-MICROBE：微生物。

　-DISEASE：疾病。

　-EVIDENCE：包含微生物和疾病关系的证明语句。

　-RELATION：微生物和疾病的关系（positive 正相关，negative 负相关，relate 有

关系但不确定是正相关还是负相关，NA 不确定是否有关系）。

-QUESTIONS：对微生物和疾病关系的提问，通常格式是"What is the relationship between A（某种微生物）and B（某种疾病）?"，用于模型的输入。

在代码中，首先从 CSV 文件中加载数据，并对数据进行包括文本到数字标签映射的预处理。然后，使用预训练的 BERT 模型和自定义的训练及评估函数来训练模型，并对其进行评估，以获得模型在不同数据集上的表现。此外，代码中通过交叉验证的方法来验证模型的泛化能力。具体来说，交叉验证将数据集划分为多个子集，模型在每个子集上都进行训练和评估，并记录每次迭代的性能指标，如准确率、加权平均 F1 分数等，以确保模型在不同的数据集上都能保持良好的性能。这种方法有效地避免了过拟合问题，并提供了对模型稳定性和可靠性的更全面评估。

其他模型的代码整体框架相同，仅在加载模型时需要进行适当调整，因此这里不再详细介绍其他模型的完整代码。最终，各个模型的预测结果如图 9-19 所示。

BERT：

	precision	recall	f1-score	support
na	0.14	0.20	0.17	10
negative	0.65	0.85	0.74	54
positive	0.84	0.63	0.72	81
relate	0.81	0.80	0.81	75
accuracy			0.72	220
macro avg	0.61	0.62	0.61	220
weighted avg	0.75	0.72	0.73	220

(a) 运用BERT模型得出的结果

PubMedBERT：

	precision	recall	f1-score	support
na	0.31	0.50	0.38	10
negative	0.75	0.87	0.80	54
positive	0.84	0.73	0.78	81
relate	0.82	0.77	0.79	75
accuracy			0.77	220
macro avg	0.68	0.72	0.69	220
weighted avg	0.79	0.77	0.77	220

(b) 运用PubMedBERT模型得出的结果

BioClinicalBERT：

	precision	recall	f1-score	support
na	0.50	0.30	0.37	10
negative	0.71	0.76	0.73	54
positive	0.72	0.78	0.75	81
relate	0.87	0.79	0.83	75
accuracy			0.75	220
macro avg	0.70	0.66	0.67	220
weighted avg	0.76	0.75	0.75	220

(c) 运用BioClinicalBERT模型得出的结果

BioLinkBERT：

	precision	recall	f1-score	support
na	0.32	0.70	0.44	10
negative	0.84	0.91	0.88	54
positive	0.87	0.80	0.83	81
relate	0.85	0.73	0.79	75
accuracy			0.80	220
macro avg	0.72	0.79	0.73	220
weighted avg	0.83	0.80	0.81	220

(d) 运用BioLinkBERT模型得出的结果

图 9-19 不同模型的预测结果

上述结果表明，预训练的大语言模型在垂直领域和特定问题数据上进行微调时表现出色，即使在从科学出版物中提取微生物组-疾病相互作用的有限训练数据下，也能获得良好的结果。

9.7 小结

深度学习作为人工智能领域的一个重要分支，正在食品行业中发挥着越来越重要的作用。本章从深度学习的基础概念出发，逐步深入各种深度学习模型及其在食品领域的具体应用中。从基础的神经网络结构到复杂的模型如卷积神经网络、循环神经网络、生成对抗网络和迁移学习，以及自然语言处理技术，本章详细阐述了这些技术如何助力于食品行业的质量控制、安全监测、营养分析和消费者反馈挖掘等实际需求，展现了深度学习技术在推动食品科学发展中的巨大潜力和发展前景。

◆参考文献◆

江志英，李宇洋，李佳桐，等，2021. 基于层次分析的长短记忆网络（AHP-LSTM）的食品安全网络舆情预警模型 [J]. 北京化工大学学报（自然科学版），48(6)：98-107.

李涛，林子榆，罗雯蕙，2024. YOLOv8-YC 模型在食品安全场景中的应用 [J]. 中国新技术新产品，32(4)：143-145.

刘易雪，宋育阳，崔萍，等，2023. 基于无人机遥感和深度学习的葡萄卷叶病感染程度诊断方法 [J]. 智慧农业，5(3)：49-61.

皮卫，屈喜龙，王绍成，等，2023. 基于改进 CNN 和数据扩充的苹果表面缺陷检测 [J]. 食品与机械，39(8)：122-128，226.

秦伟博，2022. 基于迁移学习的葡萄叶病害识别 [D]. 昆明：云南农业大学.

孙琳，2021. 基于循环神经网络的黏稠食品灌装流量检测 [D]. 株洲：湖南工业大学.

王少英，2023. 基于改进型循环神经网络算法的食品包装智能实时识别系统研究 [J]. 食品与机械，39(9)：110-116.

肖哲非，马田田，张军文，等，2023. 基于深度学习的高压水鱼片切段装置控制系统设计 [J]. 渔业现代化，50(5)：79-89.

杨淼，张新昇，王振民，等，2023. 基于近红外光谱和深度学习数据增强的大米品种检测 [J]. 农业工程学报，39(19)：250-257.

张瑞芳，卞玉芳，左敏，等，2020. 基于改进 LSTM 的生鲜牛肉新鲜度预测模型研究 [J]. 计算机仿真，37(1)：469-472.

Aggarwal C C, 2015. Mining text data [M]. Switzerland：Springer International Publishing.

Buzby J C, Hyman J, 2012. Total and Per Capita Value of Food Loss in the United States [J]. Food Policy, 37(5)：561-570.

Chbeir R, Badr Y, 2013. Multimedia Data Management: Using Metadata to Integrate and Apply Digital Resources [M]. Berlin: Springer.

Dai Q, Cheng X, Qiao Y, et al, 2020. Crop leaf disease image super-resolution and identification with dual attention and topology fusion generative adversarial network [J]. IEEE Access, 8(1)：55724-55735.

Deshmukh P B, Metre V A, Pawar R Y, et al, 2021. Caloriemeter: Food Calorie Estimation using Machine Learning [C] // 2021 International Conference on Emerging Smart Computing and Informatics（ESCI），Pune, 418-422.

Deshpande R, Patidar H, 2022. Tomato plant leaf disease detection using generative adversarial network and deep convolutional neural network [J]. The Imaging Science Journal, 70(1)：1-9.

Fang S, Shao Z, Mao R, et al, 2018. Single-view food portion estimation: Learning image-to-energy mappings using generative adversarial networks [C] // In 2018 25th IEEE International Conference on Image Processing (ICIP), Athens, 251-255.

Goel, A, Jain, A, 2021. Natural Language Processing for Food Safety Monitoring: A Review [J]. Journal of Food Safety, 41(3)：e12853.

Hafiz R, Haque M R, Rakshit A, et al, 2022. Image-based soft drink type classification and dietary assessment system using deep convolutional neural network with transfer learning [J]. Journal of King Saud University-Computer and Information Sciences, 34(5), 1775-1784.

Iosif A, Maican E, Biriș S, et al, 2023. Automated Quality Assessment of Apples Using Convolutional Neural Networks [J]. INMATEH-Agricultural Engineering, 71(3): 483-498.

Karkera N, Acharya S, Palaniappan S K, 2023. Leveraging pre-trained language models for mining microbiome-disease relationships [J]. BMC bioinformatics, 24(1): 290.

Kazi A, Panda S P, 2022. Determining the freshness of fruits in the food industry by image classification using transfer learning [J]. Multimedia Tools and Applications, 81(6): 7611-7624.

Kyritsis K, Diou C, Delopoulos A, 2017. Food intake detection from inertial sensors using LSTM networks [C] // New Trends in Image Analysis and Process-ICIAP 2017: ICIAP International, Catania, 411-418.

Li J, Guan Z, Wang J, et al, 2024. Integrated image-based deep learning and language models for primary diabetes care [J]. Nature Medicine, 30(8): 2886-2896.

Liu Z, Niu K, He Z, 2023. ML-CookGAN: Multi-label generative adversarial network for food image generation [J]. ACM Transactions on Multimedia Computing, Communications and Applications, 19(s2): 1-21.

Ma P, Tsai S, He Y, et al, 2024. Large Language Models in Food Science: Innovations, Applications, and Future [J]. Trends in Food Science & Technology, 148: 104488.

Mandal B, Puhan N B, Verma A, 2018. Deep convolutional generative adversarial network-based food recognition using partially labeled data [J]. IEEE Sensors Letters, 3(2): 1-4.

May M C, Neidhöfer J, Körner T, et al, 2022. Applying natural language processing in manufacturing [J]. Procedia CIRP, 115(10): 184-189.

Meghashree A E, Shetty A S, 2021. Automated Quality Assessment of Crops Using CNN-Keras [J]. International Journal of Scientific Research in Computer Science, Engineering and Information Technology, 7 (3): 641-645.

Moumane K, El Asri I, Cheniguer T, et al, 2023. Food Recognition and Nutrition Estimation using MobileNetV2 CNN architecture and Transfer Learning [C] // 2023 14th International Conference on Intelligent Systems: Theories and Applications (SITA): 1-7.

Nobel S N, Wadud M A, Rahman A, et al, 2024. Categorization of dehydrated food through hybrid deep transfer learning techniques [J]. Statistics, Optimization & Information Computing, 12(4): 1004-1018.

Popkin B M, Reardon T, 2018. Obesity and the Food System Transformation in Latin America [J]. Obesity Reviews, 19(8): 1028-1064.

Pradana-López S, Pérez-Calabuig A M, Cancilla J C, et al, 2021. Deep transfer learning to verify quality and safety of ground coffee [J]. Food Control, 122(1): 107801.

Saranya P, Durga R, 2023. Food Safety Control Using CNN Model in Image Processing Technique [C] // 2023 International Conference on New Frontiers in Communication, Automation, Management and Security (ICCAMS), Zhengzhou, 1-8.

Stephen A, Punitha A, Chandrasekar A, 2024. Optimal deep generative adversarial network and convolutional neural network for rice leaf disease prediction [J]. The Visual Computer, 40(2): 919-936.

Sun M, Jiang H, Yuan W, et al, 2024. Discrimination of maturity of Camellia oleifera fruit on-site based on generative adversarial network and hyperspectral imaging technique [J]. Journal of Food Measurement and Characterization. 18(1): 10-25.

Thakur H K, Shah S K, Kumbhar V, 2023. Analysis and Forecasting of Industrial Production of Non-Durable Food Items [C] // 2023 International Conference on Integration of Computational Intelligent System (ICICIS). India.

Thames Q, Karpur A, Norris W, et al, 2021. Nutrition5k: Towards automatic nutritional understanding of generic food [C] // Proceedings of the IEEE/CVF conference on computer vision and pattern recognition, Kuala Lumpur, 8903-8911.

Veena N, Prasad M, Deepthi S A, et al, 2024. An Optimized Recurrent Neural Network for re-modernize food dining bowls and estimating food capacity from images [J]. Entertainment Computing, 50(1): 100664.

Wang C, Xiao Z, 2021. Potato surface defect detection based on deep transfer learning [J]. Agriculture, 11(9): 863.

Xia L, Chen B, Hunt K, et al, 2022. Food Safety Awareness and Opinions in China: A Social Network Analysis Approach [J]. Foods, 11(18): 2909.

Yang B, Chen C, Chen F, et al, 2021. Identification of cumin and fennel from different regions based on generative adversarial networks and near infrared spectroscopy [J]. Spectrochimica Acta Part A: Molecular and Biomolecular Spectroscopy, 260(1): 119956.

Zhang L, Wang Y, Wei Y, et al, 2022. Near-infrared hyperspectral imaging technology combined with deep convolutional generative adversarial network to predict oil content of single maize kernel [J]. Food Chemistry, 370(1): 131047.

Zhang Z, Zhu J, Zhang S, et al, 2023. Process monitoring using recurrent Kalman variational auto-encoder for general complex dynamic processes [J]. Engineering Applications of Artificial Intelligence, 123 (c): 106424.

附　　录

NumPy 中 ndarray 的参数说明如附表 1-1 所示。

附表 1-1　ndarray 的参数说明

名称	功能描述
object	数组或嵌套的数列
dtype	指定数组元素的数据类型，这是一个可选参数
copy	标识是否需要复制对象，这也是一个可选参数
order	决定数组的创建方式，C代表按行优先，F代表按列优先，A代表任意方式（默认设置）
subok	默认返回一个与基类类型一致的数组
ndmin	设定生成数组的最小维度

NumPy 中字符串函数及其功能描述如附表 1-2 所示。

附表 1-2　字符串函数及其功能描述

函数	功能描述
add()	对两个数组的每个字符串元素进行连接，返回连接后的新字符串数组
multiply()	将字符串数组中的每个元素重复指定次数，返回多次重复后的新字符串数组
center()	将字符串数组中的每个元素居中，并在两侧填充指定字符，以达到指定宽度
capitalize()	将字符串数组中的每个元素的首字母转换为大写
title()	将字符串数组中的每个元素的每个单词的首字母转换为大写
lower()	将字符串数组中的每个元素转换为小写
upper()	将字符串数组中的每个元素转换为大写
split()	根据指定的分隔符将字符串数组中的每个元素分割成子字符串，并返回包含分割后子字符串的新数组列表
splitlines()	将字符串数组中的每个元素按行分割，返回包含各行作为元素的新数组
strip()	移除字符串数组中每个元素开头和结尾的空白字符或指定字符
join()	使用指定的分隔符将字符串数组中的元素连接成新的字符串
replace()	将字符串数组中每个元素中的指定子字符串替换为新的字符串

续表

函数	功能描述
decode()	对字符串数组中的每个元素执行 str.decode 方法
encode()	对字符串数组中的每个元素执行 str.encode 方法

NumPy 中数学函数及其功能描述如附表 1-3 所示。

附表 1-3　数学函数及其功能描述

函数	功能描述
sin()/arcsin()	返回给定角度的正弦值或计算正弦值的反三角函数(反正弦)
cos()/arccos()	返回给定角度的余弦值或计算余弦值的反三角函数(反余弦)
tan()/arctan()	返回给定角度的正切值或计算正切值的反三角函数(反正切)
degress()	将弧度单位转换为角度单位
around()	对数字进行四舍五入到指定的小数位数
floor()	返回小于或等于给定数值的最大整数,即对数值进行向下取整
ceil()	返回大于或等于给定数值的最小整数,即对数值进行向上取整

NumPy 中算数函数及其功能描述如附表 1-4 所示。

附表 1-4　算数函数及其功能描述

函数	功能描述
add()	两数相加
subtract()	两数相减
multiply()	两数相乘
divide()	两数相除
reciprocal()	计算并返回输入参数的逐元素倒数
power()	使用第一个输入数组中的元素作为底数,第二个数组中的相应元素作为指数,计算幂
mod()	计算两个数组中相应元素相除后的余数

NumPy 中统计函数及其功能描述如附表 1-5 所示。

附表 1-5　统计函数及其功能描述

函数	功能描述
amin()/amax()	计算数组中的元素沿指定轴的最小值(amin)或最大值(amax)
ptp()	计算数组中元素的极差,即最大值与最小值之差
percentile()	计算数组中给定百分位数的数值
median()	计算数组中元素的中位数
mean()	返回数组中元素的算术平均值,如果指定了轴,将沿该轴计算
average()	根据另一个数组中给出的权重,计算数组中元素的加权平均值

NumPy 中排序、条件筛选函数及其功能描述如附表 1-6 所示。

附表 1-6　排序、条件筛选函数及其功能描述

函数	功能描述
sort()	返回输入数组的排序副本。可以指定排序方式
argsort()	返回数组元素从小到大的索引数组
lexsort()	根据提供的一系列序列，返回按字典序进行排序的索引数组
msort(a)	对数组沿第一个轴(通常是行)进行排序,等同于 np.sort(a, axis=0)
sort_complex(a)	对复数数组进行排序,先按实部排序,实部相同再按虚部排序
partition()	根据指定的数对数组元素进行分区,使得小于该数的元素排在前面,大于该数的排在后面
argpartition()	返回一个索引数组,按照指定的数进行分区,可通过 kind 关键字指定
argmax()/argmin()	分别返回数组中最大值和最小值的索引
nonzero()	返回数组中非零元素的索引
where()	返回满足条件的元素索引
extract()	根据提供的条件从数组中抽取元素,返回符合条件的元素数组

Matplotlib 中一些常见的 Pyplot 函数及其功能描述如附表 1-7 所示。

附表 1-7　常见的 Pyplot 函数及其功能描述

函数	功能描述
plot()	用于绘制线图和散点图,是最常用的绘图函数之一
scatter()	专门用于绘制散点图,可以调整点的颜色、大小等属性
bar()	用于绘制条形图,可以选择垂直或水平条形图
hist()	用于绘制直方图,用来观察数据的分布情况
pie()	用于绘制饼图,表示数据的占比情况
imshow()	用于显示图像数据,常用于显示二维数据数组
subplots()	用于创建一个或多个子图,方便进行多图并排或叠加显示